AI数字孪生建模与计算

[美] 兰詹·甘古里 桑迪蓬·阿迪卡里 苏维克·查克拉博蒂 姆里蒂卡·甘古利 著

郭 涛 译

清華大学出版社

北 京

北京市版权局著作权合同登记号 图字：01-2023-3564

图书在版编目(CIP)数据

AI 数字孪生建模与计算 / (美) 兰詹·甘古里等著；郭涛译. -- 北京：清华大学出版社, 2024. 10.
ISBN 978-7-302-67431-3
Ⅰ. N945.12
中国国家版本馆 CIP 数据核字第 2024SC2815 号

责任编辑：王　军
装帧设计：孔祥峰
责任校对：成凤进
责任印制：杨　艳

出版发行：清华大学出版社
网　　址：https://www.tup.com.cn，https://www.wqxuetang.com
地　　址：北京清华大学学研大厦 A 座　　邮　　编：100084
社 总 机：010-83470000　　邮　　购：010-62786544
投稿与读者服务：010-62776969，c-service@tup.tsinghua.edu.cn
质 量 反 馈：010-62772015，zhiliang@tup.tsinghua.edu.cn
印 装 者：大厂回族自治县彩虹印刷有限公司
经　　销：全国新华书店
开　　本：170mm×240mm　　印　　张：14.25　　字　　数：270 千字
版　　次：2024 年 10 月第 1 版　　印　　次：2024 年 10 月第 1 次印刷
定　　价：68.00 元

产品编号：103257-01

译者序

数字孪生可以说集数字化、系统工程论和科学前沿技术之大成，构造了与现实世界虚拟映射的数字空间，在数字空间中回溯历史、把握现在、预测未来。数字孪生旨在打通“物理域、信息域、认知域”三域认知，是一种新的发展范式。目前，行业把数字孪生看作复制(copy)物理信息，建立三维可视化的一个系统，作为系统建设的一部分。但实质上，数字孪生由几何孪生或属性孪生向数据驱动孪生演化，最终实现模型的迭代和演进，达到动态孪生和自主孪生。

如果领域和行业不同、需要解决的问题不同，那么对数字孪生的认识也不同。但数字孪生总体上主要分为仿真派、链接派和数据派三大流派，这三个流派分别基于仿真数字工程、物联网平台和数据驱动。仿真派认为数字孪生系统的核心是仿真，基础是建模，根据对物理世界或问题的理解建模，专注于对物理世界行为的复制能力。链接派着重于系统的 IoT 能力及双向交互控制的能力。数据派注重对数据的处理、建模及分析能力。这些流派对数字孪生的认识都是在自己的实践过程中形成的。

市面上已有的相关出版物主要集中于以下 3 方面：工业数字孪生、领域应用数字化(例如智慧城市数字孪生、流域数字孪生)、数字孪生系统建设。目前，将基于数据驱动和知识驱动的数字孪生系统与人工智能相结合论述的著作实为鲜见。本书内容涵盖复杂系统理论、数字孪生和人工智能技术，主要讲述由物理和数据驱动的混合数字孪生方法，并将之与人工智能模型结合，构建数字孪生动态和分析系统，洞察规律、了解机理、突破认知，从而回顾过去、把握现在和预测未来。

译者认为，数字孪生是数字化、智慧化和智能化建设不可或缺的技术手段。其中，数据是原材料，平台、系统是基础，动态计算是灵魂，服务产业是目标。要打破认知壁垒、技术壁垒和行业壁垒，将数字孪生与物联网技术、云计算技术、大数据技术及人工智能技术深度融合，发挥各项技术的价值和作用。本书四位作者从动态系统和计算视角全面、深入介绍理论知识，填补了数字孪生在该主题方面的空白。本书可作为计算机科学、人工智能等专业的本科生和研究生教材，也可作为研究数字孪生、数字化转型等技术的参考书。

在翻译本书的过程中，我查阅了大量的经典著作和译作，得到了很多人的帮助。在此，我要感谢李静女士对本书的细致审校，感谢清华大学出版社的工作人员对本书所做的编辑与校对工作，感谢参与本书排版、印刷、发行的所有工作人员。

由于本书涉及的内容广泛且深入，加上译者的翻译水平有限，难免存在不足之处，恳请广大读者批评指正。

译者简介

郭涛，主要从事人工智能、智能计算、现代软件工程、概率与统计学等前沿学科交叉研究。已经出版多部译作，包括《深度强化学习图解》《机器学习图解》和《集成学习实战》。

作 者 简 介

Ranjan Ganguli 博士目前是美国凤凰城 Viasat 公司的高级研究工程师。他于 1989 年获得印度理工学院航空航天工程专业的理工学士学位，1991 年和 1994 年分别获得美国马里兰大学帕克分校航空航天工程系的硕士和博士学位；2000 年至 2021 年，担任印度科学学院航空航天工程系教授；1998 年至 2000 年，就职于普惠公司，利用机器学习进行发动机诊断。他曾为波音、普惠、霍尼韦尔、HAL 等公司完成赞助研究项目，有多个研究成果发表在权威期刊上。他著有《等谱振动系统》《燃气轮机诊断》和《工程优化》等书，是美国机械工程师协会会员、美国航空航天学会副研究员、电气与电子工程师协会高级会员及印度国家工程院院士；分别于 2007 年和 2011 年获得亚历山大•冯•洪堡奖学金和富布赖特奖学金；曾在德国、法国和韩国担任访问科学家。

Sondipon Adhikari 教授现任格拉斯哥大学詹姆斯•瓦特工程学院工程力学教授。他曾作为贾瓦哈拉尔•尼赫鲁学者在剑桥大学三一学院获得博士学位，获颁英国皇家学会(英国科学院)著名的沃尔夫森研究功绩奖，曾是工程与物理科学研究委员会(EPSRC)高级研究员和菲利普•勒弗胡尔姆工程奖(Philip Leverhulme Award in Engineering)获得者，也曾担任斯旺西大学工程学院首任航空航天工程教席教授。在此之前，他还曾担任布里斯托尔大学讲师和剑桥大学菲茨威廉学院初级研究员，是里昂中央理工学院、莱斯大学、巴黎大学、UT Austin 和 IIT Kanpur 的客座教授，以及洛斯阿拉莫斯国家实验室的访问科学家。

Adhikari 教授的研究涉及多个学科，包括动态系统的不确定性量化、计算纳米力学、复杂系统动力学、线性和非线性动力学逆问题，以及振动能量采集。他在这些领域已出版 5 本专著，发表 350 多篇国际期刊论文和 200 多篇会议论文。Adhikari 教授是英国皇家航空学会研究员、美国航空航天学会(AIAA)副研究员和美国航空航天学会非确定性方法技术委员会(NDA-TC)成员，也是 *Advances in Aircraft and Spacecraft Science*、*Probabilistic Engineering Mechanics*、*Computer and Structures*、*Journal of Sound and Vibration* 等多家期刊的编委会成员。

Souvik Chakraborty 博士目前在印度理工学院应用力学系担任助理教授，并在印度理工学院亚迪人工智能学院担任联合教职。Chakraborty 博士的研究涉及科学机器学习(SciML)、随机力学、不确定性量化、可靠性分析、不确定性下的设计和贝叶斯统计等多个领域，他已在同行评审期刊上发表了超过 55 篇文章。Chakraborty 博士于 2017 年获得印度理工学院 Roorkee 分校博士学位。2020 年加入印度理工学院之前，他曾于 2017 年至 2019 年在美国圣母大学和加拿大英属哥伦比亚大学担任博士后研究员。

Mrittika Ganguli 是 NEXOCTO 英特尔网络和边缘架构团队的首席工程师兼云原生寻路总监。她在云硬件和软件管理、网络和存储处理控制、数据平面、云协调、遥测 QOS 和调度架构方面拥有 25 年以上的经验。她积极参与 CNCF 和 Open Infra 开源计划，并发起了名为 Meshmark 的 SMP 指数。她拥有计算机科学硕士学位，在该领域拥有 70 多项专利并发表多篇 IEEE 论文。

前　言

经过数十年的发展，建模和模拟已成为工程和科学的基石。人们针对改进建模的计算方法进行了大量的研究和开发工作。这些计算机模型对系统设计非常有用，可以削减实验和测试的高昂成本。然而在实操中，还需要跟踪系统随时间的演变情况，以便进行诊断、预报和寿命管理。系统的退化模型与系统传感器的数据结合可支持构建对物理系统进行实时跟踪的数字孪生系统。数字孪生系统是物理孪生系统位于云计算中的自适应计算机模型。

本书采用弹簧-质量-阻尼系统的物理孪生模型介绍数字孪生，这是一种大多数工程师和科学家都能上手的物理系统数学模型。学习数字孪生技术要求理解机械/航空航天工程、电气和通信工程，以及计算机科学领域的知识。本书介绍了这些建模和计算方法的背景。作者力求以大学机械/航空航天工程专业三年级学生和计算机科学/电气工程专业三年级学生都能读懂的方式介绍这些材料。这种写作方法确保本书适合大多数工程师和科学家，以及具有相关技术背景的专业人员和管理人员。

本书首先介绍实现数字孪生所需的计算和工程背景，其中包括传感器、执行器、物联网、云计算、估算算法、高性能计算、无线通信和区块链等助推数字孪生实现成为可能的概念；接着借用大量文献中的案例研究阐释这些概念；在多个章节提供了有关动态系统建模、电气类比、概率和统计、不确定性建模与量化，以及系统可靠性和鲁棒性的资料；通过一个动态系统的案例研究说明数字孪生的概念；然后回顾了代理模型，并使用高斯过程方法开发了基于代理模型的数字孪生系统。

本书可以帮助高年级本科生、研究生、科研人员和行业专业人士探索性理解数字孪生的概念。对于希望为数字孪生领域的发展做出贡献的工程和科学研究人员来说，本书也十分有用。

关于参考文献

在阅读本文的过程中，会看到提及的参考文献，形式为[*]；*表示编号。读者可扫描封底二维码，下载“参考文献”，找到具体的参考信息。

目　　录

第1章 引言和背景

1.1 引言

数字孪生系统是存在于计算机中的真实物理系统的化身。与试图在时间静止的意义上密切匹配物理系统行为的物理系统的计算机模型不同，数字孪生还跟踪物理系统的时间演变。计算机复制品随时间的演变是数字孪生的一个关键属性。一些研究人员从概念层面对数字孪生进行了定义。然而，由于试图将大量系统纳入定义范围，这些定义非常笼统。本章将试图概述数字孪生的概念，同时介绍学习本书后续章节所需的背景知识。

Tao 等[183]最近对有关数字孪生的文献进行了综述。文献中提出了多个数字孪生的定义，其中两个已成为流行定义。Reifsnider 和 Mujumdar[158]认为数字孪生是一种高保真模拟，集成了机载健康管理系统、维护历史，以及车辆和机队历史数据。他们希望数字孪生系统能反映特定物理孪生系统的整个飞行寿命。有了这样的数字孪生系统，飞行器的可靠性和安全性就会大大提高。Glaessgen 和 Stargel[84]给出了数字孪生的另一个流行定义。他们将数字孪生产品定义为复杂产品的多尺度、多物理概率综合仿真，利用现有的最佳物理模型、传感器更新等来反映物理孪生产品的寿命。第一个定义是从用户的角度出发，第二个定义则是从数字孪生开发者的角度出发。实际的数字孪生是这两种观点的综合体。

信息科学、生产工程、数据科学和计算机科学是数字孪生的理论基础[183]。Tao 等[183]指出了数字孪生研究的 4 个关键方面：①建模与模拟，②数据融合，③交互与协作，④服务。虽然参考文献[183]的重点是信息科学，但从物理系统的角度看仍可认为数字孪生研究的关键是这 4 个方面。

数字孪生第一个阶段“建模与模拟”的目标是创建一个作为物理模型镜像的虚拟模型[183]。对大多数物理系统而言，虚拟模型将是一个求解偏微分方程或矩阵方程的计算机程序。系统的这一仿真模型必须经过验证和确认，通常使用实验数据。在这一阶段，虚拟模型可能需要更新，模型的保真度也需要提高，以尽量减少物理模型与虚拟模型之间的差异。通常会对虚拟模型进行不确定性分析，以考虑物理系统属性的偏差。可以使用统计量来量化物理模型和虚拟模型之间的偏差，并使用优化方法来最小化这种差异。

数字孪生的第二个阶段称为数据融合，包括从系统中收集数据，通常使用传感器。传感器的例子包括压力传感器、光传感器、加速计、陀螺仪、温度传感器和运动传感器。近年来，工业传感器越来越昂贵，这促进了数字孪生概念的发展。传感器数据会通过信号处理、特征提取、数据挖掘、图像处理和其他方法进行处理，通常是为了放大数据的重要特征，以揭示物理系统的某些理想状态。由于传感器的采样率很高，而且物理系统中存在大量传感器，因此在这一阶段可能遇到与大容量数据(大数据)有关的问题。传感器还可连接到 Arduino Uno 和 Raspberry Pi 2 等原型板上，使它们(传感器)成为物联网(IoT)的一部分。基于模式识别方法的算法，如机器学习、模糊逻辑等，也可用于数据处理或特征提取。

数字孪生的第三个阶段涉及交互与协作，这意味着物理模型和数字孪生的数据融合功能之间必须有信息流。虚拟模型生成的输入也可能通过执行器传递给物理模型。因此，虚拟模型应纳入通过传感器数据传递的物理模型变化。虚拟模型应在选定的时间步长(迭代周期)内与物理模型同步，因此必须与物理模型在时间上同步发展。如有可能，这种同步应在频繁的离散时间间隔内进行，最好是实时同步。在这一阶段，卡尔曼滤波器或粒子滤波器等估计方法可用于同步物理模型和数字模型。由于虚拟模型通常以计算机程序的形式存在于云中，因此云计算的各个方面以及将物理模型放置在传感器中作为 IoT 的一部分变得非常重要[217]。

数字孪生的第四个阶段“服务”是数字孪生存在的原因，如“结构监控、寿命预测、实时制造”等[183]。数字孪生概念的一些应用包括估计物理系统的使用条件和寿命，以及预测所需的维护、停机和更换时间。

对数字孪生开发 4 个阶段的讨论表明，开发准确的数字孪生涉及大量的技术领域。数字孪生技术的几个方面在早期的预报和健康监测(PHM)[187, 191, 218]、制造[58，89，123]和其他领域[225,226]的工作中已经有所涉及。这些技术的整合是一个艰巨的任务，但是由于数字孪生能以较低的成本跟踪昂贵的系统，因此许多公司仍对数字孪生概念表现出极大的兴趣。Li 等[218]使用动态贝叶斯网络监控飞机机翼的运行状态。他们用概率模型取代了结构的确定性模型。Haag 和 Anderl[89]选择了一个弯曲梁试验台，并为该系统创建了一个数字孪生系统。试验台由物理孪生、数字孪生和两者之间的通信接口组成。

Worden 等[210]认为，数字孪生是结构计算表示中的一个强大理念。他们提到“目前还未真正达成尝试为数字孪生创建秩序的共识”，他们的论文试图朝着这个方向努力。首先，从系统结构(即放置在环境中的物理对象)入手。结构和环境都由状态向量来描述，而数字孪生则根据结构与其孪生或镜像的接近程度来定义，并使用误差约束。他们指出，数字孪生模型通常是基于物理的模型。不过，根据数据开发的黑盒模型或结合物理和数据开发的灰盒模型也可用于启动数字孪生。举例来说，我们可以从基于物理的模型入手，通过系统识别来更新系统参数。本文提出的多个有趣的想法都被置于相当抽象的背景中。有必要为一个简单系统(如离散动力系统)定义数字孪生系统，以具体理解这一概念。这样的例子也可以作为一种教学工具，向工程专业的学生和在职工程师介绍数字孪生的概念。本书后续章节将讨论离散系统的数字孪生。

1.2 建模与模拟

建模在数字孪生系统的开发中起着重要作用。模型大致可分为真实模型、物理模型和经验模型。例如公务机这样的系统的真实或实际模型，就是公务机在物理空间中的三维(3D)复制品。这种复制品可以是全尺寸模型，也可以是用于风洞试验的缩放模型。有时，在指定制造产品之前，会展示实际模型来说明产品。物理模型利用系统物理知识创建系统的数学模型。例如，汽车可以被建模为弹簧、质量块和阻尼器在外力作用下的集合。基于物理的模型通常使用方程来描述系统行为。例如，汽车的行为应遵循力学定律，而基于物理的模型可能使用牛顿运动定律为系统建立方程。第 3 章将详细研究这类基于物理的模型。经验模型是根据系统的输入-输出关系建立的。有时，这些经验模型也被称为基于数据的模型或识别模型。例如，使用非线性函数的多维曲线拟合，就是通过包含输入-输出关系的数据来拟合函数。这些方法力求使用的函数能很好地对曲线拟合中未使用的数据点进行插值。接下来，将简要回顾这些类型的模型，并分别举例说明。

这里考虑摆运动，这是物理学中经常用来说明简谐运动的模型。摆是一种结合了摆锤和几种减震装置的模型，钟表有时也用摆来计时。摆由长度为 L 的绳子悬挂质量为 m 的摆锤组成，让摆倾斜一个角度 θ 后再释放就得到摆运动。基于牛顿物理定律可以将摆的运动方程写成：

$$mL\frac{\mathrm{d}^2\theta}{\mathrm{d}t^2}+mg\sin\theta=0 \tag{1.1}$$

这里的 g 是重力加速度。假定没有空气阻力，绳子不可拉伸，质量足够小，就可以假定它是一个点质量或质点，系统中没有会导致系统能量耗散的内在阻尼(例如，绳子中的阻尼)。因此，式(1.1)代表了一个基于物理学的简单摆模型。然而即便这个模型很简单，但是由于式中存在带 $\sin\theta$ 的项，因此该式是一个非线性常微分方程，这意味着求解过程十分复杂。假设角度 θ 很小，便有 $\sin\theta\approx\theta$，从而可进一步简化模型。根据这个小角度假设，可以得到以下这个线性模型：

$$mL\frac{\mathrm{d}^2\theta}{\mathrm{d}t^2}+mg\theta=0 \tag{1.2}$$

求解这个微分方程可得：

$$\theta(t)=\theta_0\cos(\omega t) \tag{1.3}$$

其中，ω 是系统的固有频率：

$$\omega=\sqrt{\frac{g}{L}} \tag{1.4}$$

T 为时间段：

$$T=\frac{2\pi}{\omega}=2\pi\sqrt{\frac{L}{g}} \tag{1.5}$$

相对于式(1.2)给出的低保真物理模型而言，式(1.1)表示的是高保真物理模型。虽然基于物理的模型有助于理解系统，但由于其开发过程中的大量假设，所得到的结果可能与实际情况有很大偏差。此外，教科书中最终求解的物理模型都经过了大量简化，使其适用于大多数从业者现有或已知的数学工具。

数据驱动模型通常用于基于物理的模型不可用的情况以及变量之间存在输入-输出关系的情况。假设你记得高中物理钟摆的振荡周期取决于绳的长度 L 和重力加速度 g，但不记得函数关系。这种情况下，可以写出以下模型：

$$T=f_1(L,g) \tag{1.6}$$

这种函数关系将是一个基于数据的模型。需要在不同的重力情况下使用不同长度(L)的摆进行实验，以生成找到函数 f_1 所需的输入-输出关系。通常情况下，可以使用一些曲线拟合方法和一些选定的函数(如多项式)，以便在某个设定的数值范围内找到良好的拟合。

为帮助你了解简单物理模型的变量之间的关系，可以观察一下摆的运动时间周期；该周期取决于长度 L、质量 m、重力 g 和角度 θ：

$$T = f_2(m, \theta, L, g) \tag{1.7}$$

此时函数 f_2 尚不可知，需要找到它来开发基于数据的模型。可以使用机器学习方法找到这一模型，这种方法可以拟合输入和输出之间的非线性关系。第 3 章将详细介绍此类方法。数据驱动模型的准确性在很大程度上取决于为拟合数据选择的函数形式 f_2、为构建模型选择的变量，以及连接输入变量和输出变量的数据点的可用数据量。

假如想放弃无空气阻力和绳不可拉伸的假设，那么影响该系统的输入变量可能有摆锤的质量 m、绳的长度 L、重力加速度 g、角度 θ、空气密度 ρ、空气黏度 v、绳的阻尼 c 和绳的刚度 k。

$$T = f_3(m, \theta, L, g, \rho, v, c, k) \tag{1.8}$$

这里的 f_3 是一个需要求解的未知新函数。数据驱动模型的优势在于，可以在建立模型时考虑多个参数，并轻松添加新参数。数据和相应的曲线拟合将揭示某些参数是否重要。不过，数据驱动模型通常只在用于建立模型的数值数据附近有效。数据驱动模型也有“黑箱”之称，尤其是当函数表示变得复杂时，如神经网络的情况下。基于物理的模型更具普适性，但往往由于物理的复杂和数学的高难度而受限。例如，我们会忽略许多物理因素，以获得一个可操作的基于物理的钟摆模型。即使是处理大 θ 的过程，也会用到特殊函数求解。数据驱动模型的重要性与日俱增，是因为许多基于互联网的系统可以从用户那里获得大量数据。然而，数据驱动模型可能需要通过在一定范围内扰动变量值进行实验，这可能既困难又耗时。当输入-输出关系是系统运行和服务的一部分时，数据驱动模型就变得非常有用。为摆模型开发数据驱动模型需要在不同的 g 值下进行实验，这是一项繁重的任务[90]。因此，物理模型仍然是工程建模的基石，测量数据通常用于改进物理模型。

通常情况下，物理模型是简约的或者是特定情况下可用的最简单模型，通常能帮助我们很好地理解系统的复杂性。解析理论是科学中的一个重要概念，它认为我们应该尽可能使用最简单的可用模型和解释。换句话说，解析理论认为，应该选择对某一现象可能做出的最简单解释或拟合数据的最简单理论。遗憾的是，结构不合理和过于复杂的数据驱动模型虽然可能非常拟合数据，但可能并不简洁。在选择是基于物理还是基于数据的模型时，应牢记这一事实。过于复杂的模型可能无法很好地插值新数据和噪声数据。

模拟与建模是不同的。模拟涉及使用模型由给定的输入获得系统的输出，因此有助于创建系统的实现，通常在计算机上完成。在这里，模型可以是基于物理的，也可以是基于数据的。模拟利用模型，通过参数研究和敏感性分析来提取有关系统行为的信息。参数研究通常包括改变系统的一个或两个参数，而其他参数保持不变，以便在更易于理解的低维空间中获得系统行为的快照。模拟还被用于研究那些不易制造的系统，例如，飞行中某个旋翼叶片上存在裂纹的直升机[78]。这种模拟可以帮助我们阐述关于在现实中不易再现的某种系统状态的观点。模拟被广泛用于规划太空任务，模型在这些情况下发挥着巨大作用。一个合理的、经过验证的模型是进行精确模拟的先决条件。在许多问题中，输入都存在不确定性。将输入视为随机变量，在统计分布预测的大量点上运行模拟，是检查系统可能出现的情况的一种方法。这种方法被称为蒙特卡罗模拟，广泛应用于系统设计和工程中，以量化输入变量的随机性对系统输出的影响。第 4 章将讨论随机模拟。

建模和模拟可以帮助预测系统的行为。然而，现实世界中系统的实际行为通常与预测值不同。传感器所测量的真实系统的数据可用于验证模型。如果模型的预测值与传感器的测量值非常吻合，则验证成功。模型更新是对模型参数进行调整，使其与测量结果紧密匹配的过程。因此，传感器在系统设计过程中发挥着关键作用。

1.3 传感器和执行器

传感器是一种检测环境中的事件或变化并将信息发送给其他电子设备的装置。传感器的灵敏度决定了被测物发生变化时传感器输出的变化。例如，温度计就是一种测量温度的传感器。假设温度每变化 1℃，温度计中的水银移动 10mm，若温度呈线性变化，则温度计的灵敏度为 10mm/℃。传感器对所监测环境的影响应该可以忽略不计。例如，将温度计插入一个人的口腔中，温度计对口腔内温度的影响将微乎其微。通常，可以通过将传感器做得尽可能小来确保这一点。微型传感器往往是非侵入式的。

除温度外，传感器还可以测量压力、加速度、位移、湿度、空气质量、烟雾、光线、酒精、距离和其他重要因素。在家庭、办公室和车辆中经常可以看到许多类似的传感器。传感器通常使用基于物理的变化来测量相关的量。例如，水银温度计利用了水银会因温度变化而缩胀这一事实。参数变化(汞含量变化)映射到实际测量输出(温度读数)的过程被称为校准。例如，水在 100℃时沸腾这一事实就可用于校准。工业温度传感器通常称为热敏电阻。大多数现代工业传感器都会将某些输入信号转换为电信号。

传感器分为主动和被动两种。主动式传感器需要激励信号，而被动式传感器则不需要激励信号，可以直接且内在地产生响应。传感器还可根据应用领域或传感器采用的技术进行分类，例如生物、化学、机械或电子传感器。传感器的另一种分类方法是根据能量转换机制，例如光电传感器、热电传感器、电化学传感器、电磁传感器和机电传感器。传感器还可以分为模拟传感器和数字传感器。模拟传感器处理连续数据，而数字传感器处理离散数据。通常情况下，线性传感器是应用的首选，因为输入和输出的非线性关系会造成不必要的复杂性。大多数传感器都基于简单的线性物理关系。

传感器的主题相当广泛，有关这一主题的文献也相当多。大部分文献都以开发传感器为基础，并探讨了用于将输入转换为可由计算机处理的测量信号的基础科学。Vetelino 和 Reghu[188]很好地介绍了传感器。传感器在数字孪生技术的发展中起着关键作用。特别是，物联网的出现使得传感器被嵌入各种机器和设备中，从而能够将其当前状态及时传递给中央系统。传感器测量的简单阈值超越量通常用于提高系统的安全性。例如，烟雾传感器通常以测量空气中的颗粒和气体为基础，可以通过物联网报告房屋、工厂或机构即将发生火灾。油屑监测器可以发觉机器油室中的颗粒过多，并要求改进。Javaid 等[98]综述了传感器在日常生活中的一些简单应用。

本书将通过机械系统来阐释数字孪生的概念。机械系统在静态和动态运行过程中分别会发生位移和加速度变化。因此，测量加速度和位移对机械系统非常重要。加速度计是一种将机械运动转换为电信号的传感器。它们被广泛用于测量和控制振动，以及汽车和航空航天工程领域。陀螺仪传感器测量角速度，广泛应用于导航领域。现代加速度计和陀螺仪通常使用压电材料，因为它们具有出色的信噪比能力。压电传感器利用压电效应，将材料应变产生的运动转换为电信号。这些传感器通常具有微型尺寸，属于微型机电系统(MEMS)[4]。

某些情况下，可使用中间数学模型通过传感器测量来预测另一个变量。例如，可以测量应变，并使用弹性公式和材料特性来预测结构中的位移和应力。这样的系统可以“测量”应力或位移，可归类为应力或位移的虚拟传感器[127]。传感器发出的信号通常被传送到控制系统，或用于监测机械系统的状态或健康状况。在数字孪生中，输入数字孪生的传感器信号被估算算法用于校准数字孪生并使其与物理孪生对齐。

智能材料的出现大大推动了传感器技术。这类材料通常将一种形式的能量转换为另一种形式的能量，既可用于传感器，也可用于执行器。通常情况下，执行器是一种能够执行所需的机械运动的装置。例如，压电执行器可将电信号转换为应变，从而产生位移。压电材料是最受欢迎的智能材料之一。磁致伸缩材料可将磁场转换为位移，反之亦然。形状记忆合金可将温度变化转化为位移。电流变(ER)流体可用于通过施加电场来控制系统的阻尼。磁流变(MR)流体可用于通过磁场控制系统阻尼。有关智能材料的背景知识，请参见参考文献[17]。

许多执行器使用智能材料和基于电场的输入，而其他执行器则使用液压或气动方法。电动执行器通常结构简单、成本低、噪声小、能效高，但可能不适合重负荷。相比之下，液压执行器擅长处理高负载，但通常有许多部件，如阀门、油箱、泵、调节器和管道。部件越多，设备越容易出问题。气动执行器可以在任意两点之间快速移动，但需要配备阀门、管道和压缩机。可以根据问题和应用领域来选择合适的执行器。

例如，电动执行器通过电机将电能转换为动能。通常，液压执行器会通过一个流体马达利用液压动力产生机械运动。由于液体难以压缩，因此液压执行器可以产生很大的力。大多数液压执行器使用活塞将液体压力转换为机械力。气动执行器通常将压缩气体中的能量转换为机械运动。气体(通常是空气)对活塞施加压力以产生机械运动。

根据产生运动的时间的不同，执行器还可分为线性和旋转两种。线性执行器在线性平面内运动，而旋转执行器则在圆形平面内产生旋转运动。

数字孪生依赖传感器感知或监控系统状态。某些情况下，数字孪生可能需要启动行动，自动修正系统状态。执行器允许系统启动纠正措施，以减少问题。其中一些功能已由现代控制系统执行，它们通过传感器获取信息，在计算机上处理这些信息，然后向执行器发送信号以采取纠正措施。数字孪生系统针对一个特定系统(如具有特定尾号的飞机)，利用其生命周期的历史演变，为飞机量身定制执行动作。这种定制化控制系统大大增强了其功能。

1.4 信号处理

现代系统配备了大量传感器，这些传感器会定期收集测量数据。然而，这些测量值通常包含噪声和异常值。这些测量值也是在离散的时间间隔内获得的，该时间间隔有时称为迭代周期或离散时间，并用整数 k 表示。当 $k=1, 2, 3, \cdots, N$ 时，可以分别得到与时间序列对应的测量值 $x(k)$，这表明信号已经生成。从信号中去除噪声和异常值，同时确保信号的关键特征保持不变，是信号处理的主要目标之一。有时，这个问题也被称为数据处理或数据平滑。目前已开发出许多用于去除噪声或过滤信号的算法。接下来将介绍一些用于去除信号噪声的简单滤波器。

有限脉冲响应(FIR)滤波器可以表示为如下形式[76]。

$$y(k)=\sum_{i=1}^{N} b(i)x(k-i+1) \tag{1.9}$$

其中，$x(k)$是第 k 个测量值，$y(k)$是第 k 个输出值，N 是滤波器长度，$b(i)$是加权系数。加权系数定义了滤波器的行为，其总和为 1。通过调整滤波器的权重，可以设计出各种 FIR 滤波器。假设所有权重相等，即可得到一个简单的移动平均滤波器。这种均值或平均值滤波器广泛应用于数据平滑。例如，10 点均值滤波器的形式为

$$y(k)=\frac{1}{10}(x(k)+x(k-1)+x(k-2)+\cdots+x(k-9)) \tag{1.10}$$

这里的 10 个权重都等于 1/10。移动平均法可以很好地去除信号中的高斯噪声。高斯噪声的概率分布函数与正态分布函数相同，是许多物理系统中存在的噪声的良好模型。

另一种简单的滤波器是指数加权移动平均(EWMA)，它是一种常用的 IIR(无限脉冲响应)滤波器。这种滤波器可以表示为

$$y(k)=ax(k)+(1-a)y(k-1) \tag{1.11}$$

参数 a 是一个平滑参数，取值范围在 0 和 1 之间。0.15 至 0.25 之间的 a 值被广泛使用。指数滤波器具有记忆功能，因为它通过使用 $y(k\text{-}1)$来保留信号的整个时间历史。

FIR 和 IIR 都是线性滤波器，可用于去除信号中的高斯噪声。不过，有时信号中也会出现非高斯来源的异常值。异常值是指与给定数据集中的其他数据有很大差异的点。中值滤波器是去除非高斯异常值的有效工具。长度或窗口为 $N=2K+1$ 的中值滤波器的定义如下：

$$y(k)=\text{median}(x(k-K),x(k-K+1),\cdots,x(k),\cdots,x(k+K-1),x(k+K)) \tag{1.12}$$

中值滤波器通常对奇数样本进行处理。设有一个 $K=2$ 的 5 点中值滤波器。该滤波器可写成

$$y(k)=\text{median}(x(k-2),x(k-1),x(k),x(k+1),x(k+2)) \tag{1.13}$$

中值滤波器需要用测量值的过去值和未来值来求解输出。在实际应用中，滤波器存在时滞。

可以开发一种简单的数据平滑算法，首先使用非线性中值滤波器对信号进行平滑

以去除异常值，然后使用线性 FIR 或 IIR 滤波器去除高斯噪声。不过，还应该注意不要因为过度平滑而去除信号中存在的重要特征，要在去除噪声和保留特征之间进行权衡。许多先进的信号处理方法都可以在文献中找到，这方面的书籍也多如牛毛。Orfanidis[140]提供了很好的介绍。

传感器与物联网系统的结合是数字孪生的关键技术。传感器测量的准确性在确保数字孪生与真实物理系统密切相关方面发挥着重要作用。因此，信号处理可以发挥重要作用，确保信息处理算法接收到的信号具有较高的信噪比，并可依赖于此获得良好的估计结果。

1.5 估算算法

估算是从不确定、不完整或完整性可疑的输入数据中找到一个近似量或估计量的过程。在许多问题中，传感器数据都是有噪声的，系统模型可能存在近似值或误差。然而，我们需要在这些非理想环境中估计输出量的值。估计方法在这一过程中发挥着重要作用，卡尔曼滤波器是一种被广泛使用的估计方法。

卡尔曼滤波器可以估计受高斯噪声扰动的线性动态系统的状态，是一种最优估计器。接下来将举例说明卡尔曼滤波器在燃气轮机诊断问题中的应用[76]。假设有一个测量向量 $\boldsymbol{z}$ 和一个状态向量 $\boldsymbol{x}$，状态向量代表定义系统当前情况或“状态”的参数。例如，燃气轮机诊断会涉及 4 个测量值和 5 个状态。测量值可以是废气温度、低转子速度、高转子速度和燃料流量。这些测量值在大多数飞机发动机中都能找到。状态可以是风扇、低压压缩机和高压压缩机的流量容量，以及低压涡轮机和高压涡轮机的效率。通常，燃气轮机有 5 个模块，分别为风扇、低压压缩机、高压压缩机、高压涡轮和低压涡轮。根据影响系数矩阵 $\boldsymbol{H}$，可以得到连接测量和状态的线性模型。

$$\boldsymbol{z} = \boldsymbol{H}\boldsymbol{x} + \boldsymbol{v} \tag{1.14}$$

设 $\boldsymbol{x}$ 和 $\boldsymbol{v}$ 是独立的高斯分布。那么最优估计问题就涉及最小化：

$$J = \frac{1}{2}(\boldsymbol{z} - \boldsymbol{H}\boldsymbol{x})^{\mathrm{T}} \boldsymbol{R}^{-1}(\boldsymbol{z} - \boldsymbol{H}\boldsymbol{x}) + (\boldsymbol{x} - \boldsymbol{\mu}_x)^{\mathrm{T}} \boldsymbol{P}^{-1}(\boldsymbol{x} - \boldsymbol{\mu}_x) \tag{1.15}$$

上式右边的第一项是测量误差，由噪声协方差 $\boldsymbol{R}^{-1}$ 的逆加权；第二项是状态误差，由状态协方差 $\boldsymbol{P}^{-1}$ 的逆加权。因此，最优估计值为

$$\hat{\boldsymbol{x}} = [\boldsymbol{P}_0^{-1} + \boldsymbol{H}^{\mathrm{T}}\boldsymbol{R}^{-1}\boldsymbol{H}]^{-1}(\boldsymbol{H}^{\mathrm{T}}\boldsymbol{R}^{-1}\boldsymbol{z} + \boldsymbol{P}_0^{-1}\boldsymbol{\mu}_x) \tag{1.16}$$

将最优估计器转换为预测-修正形式，可以得到

$$\hat{\boldsymbol{x}} = \boldsymbol{\mu}_x + [\boldsymbol{P}_0^{-1} + \boldsymbol{H}^{\mathrm{T}}\boldsymbol{R}^{-1}\boldsymbol{H}]^{-1}\boldsymbol{H}^{\mathrm{T}}\boldsymbol{R}^{-1}[\boldsymbol{z} - \boldsymbol{H}\boldsymbol{\mu}_x] \tag{1.17}$$

可写成

$$\hat{\boldsymbol{x}} = \boldsymbol{\mu}_x + \boldsymbol{P}_0\boldsymbol{H}^{\mathrm{T}}[\boldsymbol{H}\boldsymbol{P}_0\boldsymbol{H}^{\mathrm{T}} + \boldsymbol{R}]^{-1}[\boldsymbol{z} - \boldsymbol{H}\boldsymbol{\mu}_x] \tag{1.18}$$

上式右侧的第一项($\boldsymbol{\mu}_x$)是预测项，第二项是校正项。$[\boldsymbol{z} - \boldsymbol{H}\boldsymbol{\mu}_x]$项称为残差。增益为$\boldsymbol{P}_0\boldsymbol{H}^{\mathrm{T}}[\boldsymbol{H}\boldsymbol{P}_0\boldsymbol{H}^{\mathrm{T}} + \boldsymbol{R}]^{-1}$，其一般化的形式如下：

$$\hat{\boldsymbol{x}} = \overline{\boldsymbol{x}} + \boldsymbol{D}(\boldsymbol{z} - \boldsymbol{H}\,\overline{\boldsymbol{x}}) \tag{1.19}$$

离散时间卡尔曼滤波器现在可以定义为

$$\boldsymbol{x}_k = \boldsymbol{\phi}(k)\boldsymbol{x}_{k-1} + \boldsymbol{\omega}_k \tag{1.20}$$

其中，$\boldsymbol{x}_k$是迭代周期k的状态向量，$\boldsymbol{\phi}$是状态转换矩阵，$\boldsymbol{\omega}_k$是过程噪声向量。除系统模型外，还有一个测量模型

$$\boldsymbol{z}_k = \boldsymbol{H}_k\boldsymbol{x}_k + \boldsymbol{v}_k \tag{1.21}$$

这里，$\boldsymbol{z}_k$是测量向量，$\boldsymbol{H}_k$是几何矩阵，$\boldsymbol{v}_k$是测量噪声向量。该推导过程中做了以下假设。

(1) 噪声向量$\boldsymbol{v}_k$和$\boldsymbol{\omega}_k$均为高斯噪声，均值为零。

(2) $\boldsymbol{R}_k = \mathrm{cov}(\boldsymbol{v}_k, \boldsymbol{v}_k) > 0$。

(3) $\boldsymbol{Q}_k = \mathrm{cov}(\boldsymbol{\omega}_k, \boldsymbol{\omega}_k) \geqslant 0$。

(4) $\mathrm{cov}(\boldsymbol{\omega}_k, \boldsymbol{v}_j) = 0$，即过程噪声和测量噪声之间不存在相关性。

(5) $\boldsymbol{\mu}_x = E(\boldsymbol{x}_0)$，即状态的初始猜测是已知的。

(6) $\boldsymbol{P}_0 = \mathrm{cov}(\boldsymbol{x}_0, \boldsymbol{x}_0) = \boldsymbol{P}_0 > 0$。

离散时间卡尔曼滤波器的计算公式如下：

$$\hat{\boldsymbol{x}}(k+1|k) = \boldsymbol{\phi}(k+1)\hat{\boldsymbol{x}}_k \tag{1.22}$$

$$\boldsymbol{P}(k+1|k) = \boldsymbol{\phi}(k+1)\boldsymbol{P}_k\boldsymbol{\phi}^{\mathrm{T}}(k+1) + \boldsymbol{Q}_{k+1} \tag{1.23}$$

$$\boldsymbol{D}_{k+1} = \boldsymbol{P}(k+1|k)(\boldsymbol{H}_{k+1}^{\mathrm{T}}(\boldsymbol{P}(k+1|k)\boldsymbol{H}_{k+1}^{\mathrm{T}} + \boldsymbol{R}_{k+1})^{-1} \tag{1.24}$$

$$\hat{\boldsymbol{x}}_{k+1} = \hat{\boldsymbol{x}}(k+1|k) + \boldsymbol{D}_{k+1}(\boldsymbol{z}_{k+1} - \boldsymbol{H}_{k+1}\hat{\boldsymbol{x}}(k+1|k)) \tag{1.25}$$

$$\boldsymbol{P}_{k+1} = [1 - \boldsymbol{D}_{k+1}\boldsymbol{H}_{k+1}]\boldsymbol{P}(k+1|k) \tag{1.26}$$

先来看一下这 5 个式子的含义。

(1) 式(1.22)将状态向量 $\boldsymbol{x}$ 从第 k 个迭代周期外推到第 k+1 个迭代周期。转移矩阵是促进这种外推的算子。

(2) 式(1.23)将协方差矩阵 $\boldsymbol{P}$ 从第 k 个迭代周期外推至第 k+1 个迭代周期。转移矩阵和过程噪声为这一外推提供了便利。

(3) 式(1.24)涉及卡尔曼增益的计算。

(4) 式(1.25)是使用卡尔曼增益进行状态更新。

(5) 式(1.26)更新协方差。

卡尔曼滤波器是一种功能强大的估算器，具有优雅的数学形式。不过，它只是一种预测-修正方法，需要一个好的起始猜测来找到一个好的估计值。从这个意义上说，卡尔曼滤波器类似于广泛用于求解非线性代数公式的牛顿-拉斐森方法。卡尔曼滤波器的一个关键是计算 $\boldsymbol{P}$、$\boldsymbol{Q}$ 和 $\boldsymbol{R}$ 矩阵中的数值。有关系统或过程本身的矩阵 $\boldsymbol{H}$ 也至关重要。在燃气轮机诊断中，$\boldsymbol{H}$ 矩阵是从影响系数中获得的，而影响系数来自给定运行状态下的发动机线性化模型。由此可见，卡尔曼滤波器需要一个基线模型，这个基线模型通常基于物理学的模型。

卡尔曼滤波器对测量和过程噪声具有很强的鲁棒性，还能考虑传感器测量的缺失和错误。有关卡尔曼滤波器的详细信息，可参阅 Zarshan 和 Mushoff 等[222]的著作，以及 Kim 等[105]编写的更适合初学者的简明教程。在数字孪生中，卡尔曼滤波器可以在通过噪声测量估计物理孪生的状态方面发挥效用。不过，使用机器学习来解决这一问题的趋势正在增长，本书将重点介绍这种现代方法。

还有一些其他的估计器，如粒子滤波器和无迹卡尔曼滤波器。正如我们之前所讨论的，卡尔曼滤波器最适合具有高斯噪声的线性系统。当系统为非线性时，卡尔曼滤波器仍可用于状态估计。不过，在这些情况下，粒子滤波器的结果可能更好，尽管其代价是更高的计算成本。另外，如果系统存在非高斯噪声，卡尔曼滤波器便是最佳的线性滤波器。不过，粒子滤波器的性能可能更好。无迹卡尔曼滤波器的性能介于卡尔曼滤波器的计算效率和粒子滤波器的优越性能之间。有关粒子滤波器和无迹卡尔曼滤波器的详细信息，可参阅西蒙有关最优状态估计的著作[174]。

1.6 工业 4.0

数字孪生文献经常使用“工业 4.0”一词，本节将尝试从技术社会的演进角度对其进行解释。工业时代的历史可按工业革命来划分。第一次工业革命涉及手工生产方式到机器生产的转变。蒸汽动力的使用通常被看作第一次工业革命的典型范例。第二次工业革命源于铁路等运输网络的建立及电报的使用，电报的使用使得信息交流更加迅速。第三次工业革命源于计算机的发展，也被称为数字革命。在这一阶段，机器开始在多个方面取代人类。工业 4.0 的理念是通过计算机与制造业的结合来创造第四次工业革命。计算机、互联网、人类和机器的融合也促进了网络物理系统的发展，这是工业 4.0 的关键组成部分。有 4 项设计原则被认为是工业 4.0 的关键[141]。这些原则列举如下。

(1) 互联——这一概念涉及机器、传感器、电子设备和人之间相互连接和通信的能力，通常通过互联网实现。IoT 在这项技术中发挥着关键作用。

(2) 信息透明度——在产品生命周期的不同制造阶段，通过使用 IoT 和传感器，可生成大量数据。这些数据可用于改进制造流程甚至设计。

(3) 技术辅助——系统能够帮助人类作出决策、解决问题，并避免人类执行繁重或不安全的任务。

(4) 分散决策——网络物理系统具有自主性，可以分散决策，只需要人类提供最少的协助，且只有在极端情况下才会寻求人类的帮助。

虽然工业 4.0 更多是一种技术愿景，但这一愿景的许多要素都需要数字孪生技术来实现。例如，移动设备、人机界面、智能传感器、数据分析、增强现实技术和 IoT 都是工业 4.0 愿景的关键组成部分。这里需要开发物理系统的虚拟副本。因此可以说，数字孪生技术是成功实现工业 4.0 愿景的先决条件。不过，数字孪生技术是一种包罗万象的系统级技术，而工业 4.0 则更侧重于制造业和工厂基础设施。

1.7　应用

数字孪生必须应用于现实世界，才能发挥作用。数字孪生技术在不同行业的应用已有多个案例。接下来将概述近期文献中提到的其中一些应用。

1.7.1　维护

数字孪生对维护应用很有吸引力，是其主要应用领域之一。文献中有许多数字孪生方法的应用。通常，此类应用可分为以下几部分[68]：

(1) 被动性维护通常涉及紧急情况，如破损或故障。只有在系统故障不会对业务或生活造成重大影响的情况下，才会采用这种维护策略。否则，会造成系统停机、需要更换系统或人员伤亡等严重后果。

(2) 预防性维护通常是为了减轻被动维护带来的问题。一种积极主动的方法是定期开展维护活动，以避免服务中断。对于重要和/或成本较高的系统，预防性维护优于被动性维护。例如，每6个月检查和保养一次的汽车发生突然故障的可能性要小得多。然而，过度维护资产可能导致成本增加，因为每次定期且通常是强制性的服务都需要支出。许多情况下，预防性维护活动可能给服务公司带来收入，因此，服务公司更倾向于采用这种方法。

(3) 基于状态的维护是指利用系统损毁或偏离正常或基线状态的信息来预测维护活动。通常情况下，基于状态的维护与诊断有关，通过使用传感器测量的阈值和基于人工智能(AI)的新颖性检测方法来发现系统中的异常情况。基于状态的维护的一个主要特点涉及传感器安置、基本数据清洗和阈值监控软件。

(4) 预测性维护包括收集系统使用方面的信息，然后使用基于物理的模型或现象模型来预测剩余寿命。现象模型通常是利用实验数据建立的，常用于模拟复合材料等具有复杂物理特性的材料的降解过程。预测性维护也称为预知性维护，包括预测需要维修的时间点和产品无法安全运行的时间点。预测性维护的目的之一是降低预防性维护的成本。这样可以缩短强制维护的间隔时间，从而降低系统的运行成本。例如，较新的汽车配备了各种传感器，可显示何时需要更换机油、轮胎等，从而减少了例行维护检查的次数。预测性维护的一个重要方面是模型开发，模型可以是分析模型、物理模型或数字模型。这些模型通常会估算系统如何随着时间的推移而损毁，并考虑从传感器套件获得的系统所经历的不同环境条件。研究发现，预测性维护是工业4.0愿景中最重要的研究课题之一。

(5) 规范性维护旨在根据预测优化维护。这种方法是在预测性维护的基础上，为受监控的系统或产品提出行动计划。数字孪生技术的使用使规范性维护获益最大，因为传感器数据的实时可用性可用于开发可更新的系统模型，然后创建适合所考虑的特定系统的行动计划。例如，当规范性维护系统显示有需要时，汽车可以通过互联网与维修店预约，并通知用户。还可以利用模型、传感器和信息处理子系统，以及从互联网上获得的沿途加油站和服务站的信息，告知用户需要改变驾驶习惯、燃料偏好和最佳旅行路线。

通常，数字孪生不用于被动性维护策略，因为这种简单方法侧重于在系统发生故障后对其进行修复。这种情况下，数字孪生可用于事后分析系统故障的原因。如果数字孪生可用于此类系统，则应迅速将维护方法转变为预测性或规范性方法，以避免被动方法造成的大规模中断。

通常，预防性维护计划是在熟悉系统的专家或系统制造商的帮助下制订的。许多情况下，过度维护是出于提高系统安全性或生产率的考虑，这种程序甚至被称为“滥用预防性维护”[68]。经过验证的数字孪生系统可用于制订更好的预防性维护计划。不过，数字孪生系统的验证非常重要，因为使用不准确和未经验证的数字孪生系统会导致伤害性后果。

安装了传感器的系统就像基于状态的监控一样，可以更新数字孪生，并使用预测性维护。在这里，预测模型可以被集成到数字孪生的计算机模拟中。数字孪生可以根据传入的传感器数据，使用估算或机器学习来预测部件或系统的损毁情况。然而，预测模型通常需要历史数据进行校准和验证。维修事件后的系统改进数据必须反馈给数字孪生，使其与物理孪生保持一致。

数字孪生是规范性维护所必需的。在这里，来自传感器的数据不断反馈到数字孪生中，并更新数字孪生中的预测并优化模型，使其与物理孪生保持一致。反过来，数字孪生也能预测系统即将出现的损毁和故障，并提出缓解措施。

要从被动式维护转变为规范性维护，就必须通过传感器、系统建模能力和退化机制，根据传感器数据更新模型所需的估算和信息处理，并在最后进行预测能力开发、校准和验证，大幅提高监控能力。此外，许多预防性维护措施都是监管机构规定的，无论是否具备数字孪生能力，都必须遵照执行。数字孪生技术应被纳入监管和认证流程。

接下来探讨数字孪生在飞机结构寿命预测中的一些具体应用。Tuegel 和他的同事[187]在一篇开创性论文中提出了数字孪生概念，并将其应用于具有特定尾号 25-0001 的飞机。这一重要想法增加了特殊性，并彰显了数字孪生与通常适用于特定飞机所有样本的建模的不同之处。这架物理孪生 25-0001 有一个数字孪生 25-0001D/I，该数字孪生从飞机的高保真有限元/计算流体动力学模型开始。数字孪生模型在几何和制造细节方面应尽可能逼真，并应包括 25-0001 这一特定物理孪生模型的任何异常情况。数字孪生飞机接受“载荷、环境和使用因素”的概率输入。数字孪生模型使用损伤模型来承受使用过程中的损伤。然后创建名为 25-0001D/A 的第二个数字孪生模型，并与飞机上的传感器系统相连接。例如，记录飞机飞行时的加速度、温度和压力读数，并反馈给 25-0001D/A 的结构模型。然后，系统使用贝叶斯统计方法定期更新 25-0001D/I，以反映飞机 25-0001D/I 的实际使用情况。可以看到，这个在 2011 年被作为概念提出的想法仍然非常有用。如今，可以将 25-0001D/I 视为基准物理模型或基于数据的模型，它与物理孪生模型同时诞生，但只存在于虚拟世界中。由于互联网和云计算允许持续的传感器测量、数据处理、估算和反馈，随着时间的推移，这种基准模型会逐渐演变为数字孪生模型 25-0001D/A。数字孪生将携手物理孪生一同发展。

Tuegel[187]使用以下技术来开发用于预测飞机寿命的数字孪生模型：

(1) 多物理场建模

(2) 多物理场损伤建模

(3) 集成系统模型和损伤模型

(4) 不确定性量化、建模和控制

(5) 大型共享数据库的操作

(6) 高分辨率结构分析能力

显然，这些技术挑战对于将数字孪生概念用于飞机结构维护仍然至关重要。本书后续章节将讨论这些领域。

1.7.2 制造业

数字孪生在智能制造领域的应用潜力巨大。Shao 和 Helu[172]列举了 3 个例子。

(1) 可以开发“机器健康孪生”来监控制造设备的状况，并预测设备的故障和潜在故障。根据获得的数据和随后的数据分析，机器有可能采取行动改善自身状况。

(2) 可以开发“调度和路由孪生系统”，从生产设备和 ERP(企业资源规划)等车间系统收集数据。然后对这些数据进行分析，评估生产系统的当前状态，预测库存、客户需求和资源的波动。数字孪生系统可以帮助缩短周期、优化资源和降低库存成本。

(3) “调试孪生”可以利用在调试期间通过监控新设备性能收集到的数据来促进系统优化。最近发布了一篇关于数字孪生技术在制造业中的应用的综述论文；该论文通过仔细研究该领域的文献，发现了数字孪生的如下几个关键应用主题[50]。

- 支持生产系统管理
- 监控和改进生产流程
- 支持机器流程的生命周期
- 提高生产系统的灵活性
- 执行维护
- 在人与机器人的互动中提供安全帮助
- 设计机器
- 评估基于云的数字孪生的性能

可以看到，使用数字孪生技术能够改善制造业的许多方面。Haag 和 Anderl[89]在制造业中开发了一个数字孪生的具体实例。他们创建了一个弯曲梁试验台来演示数字孪生概念。物理孪生包括夹在两个线性执行器之间的弯曲梁；还将两个称重传感器集成到一侧的夹具中，以测量由此产生的力。位移根据两个线性执行器的位置差计算得出。因此，物理系统是一个广为人知的机械系统，其材料和几何特性以及传感器测量数据均可知，只需要通过建模简单地开发数字孪生系统即可。我们使用弯曲梁的 CAD 模型开发了基准数字孪生系统。然后，物理孪生体和数字孪生体通过允许物联网连接的信息协议进行连接。这样，物理孪生体便能通过互联网将测量到的位移和力值传递给数字孪生体，而数字孪生体则通过有限元模拟进行自我更新。这个试验台简单阐释数字孪生的概念，并可扩展到飞机机翼等更复杂的系统。

1.7.3　智慧城市

数字孪生概念已被应用于智慧城市的管理[164]。这项技术的一个主要特点是使用三维可视化模型。早期的工作涉及建筑物的可视化，而新的工作则侧重于利用三维模型获取城市景观信息。例如，城市数字孪生模型可以指导太阳能电池板的未来部署，以优化可再生能源的使用。语义三维城市模型根据逻辑(而非图形因素)将对象分解成多个部分。通过对芬兰赫尔辛基市的研究，作者[164]能够向所有利益相关者提供开放的能源数据。城市模型是使用 City GML 开发的，其中 GML 是一种地理标记语言。所开发系统提供的部分信息如下：

(1) 太阳能发电潜力和太阳能电池板的合适位置。

(2) 屋顶的热量损失。

(3) 绿色屋顶的潜力(现有的和未来的)。

这些目标显然与缓和气候变化和提高城市能源效率的更大目标息息相关，而这正是可持续发展的核心。

过去的数据来自数据目录数据集；现在的数据来自 IoT 传感器；系统的未来则由数字孪生预测。作者[164]提到“在智慧城市概念中，数字孪生可以是一个特定的街区或区域”。数字孪生允许用户测试各种场景，如某地车辆限速对噪声水平或空气质量的影响。智慧城市数字孪生有大量来自众多传感器的高速数据，而输入和输出之间的关系并不是先验已知的。因此，机器学习可用于开发智慧城市的数字孪生系统。

在复杂系统中部署数字孪生系统时，软件起着关键作用。例如，存储在 MS Excel 或 pdf 文件中的数据(只有一个城市部门可以使用)可以合并成数字孪生。亚马逊网络服务(AWS)等软件在促进云端数字孪生的开发过程中发挥着重要作用。这类软件系统包括存储、计算、AI 和机器学习、IoT 等功能。实际系统的数字孪生实施大多数由 AWS、Microsoft Azure 等软件指导。第 2 章将回顾这些软件和其他计算方面的内容。之后几章将主要讨论数字孪生的数学建模和机器学习，并以动态系统为例进行说明。不过，要在现实世界中实现数字孪生技术，必须了解计算机方面的知识。

第2章

计算与数字孪生

在工程系统的分析、设计和优化过程中使用建模和模拟技术的理念现在已深入人心。然而，这些想法只适用于一般系统而非系统的具体样本(如特定的飞机)。物联网、无线通信、云框架中的高性能计算能力，以及利用信号处理和机器学习处理大数据的能力使得数字孪生成为可能。此外，网络安全等技术对数字孪生的成功和安全部署也变得非常重要。本章将简要介绍这些技术，并提供进一步研究的参考资料，其中部分内容改编自参考文献[194-201]。

数字孪生被定义为物理系统的虚拟表示。数字孪生可以很容易地在软件中表示为一个简单的多维矩阵数组。许多情况下，这些多维数组被称为张量。虽然数字孪生的创建通常需要偏微分方程等基于物理模型的解决方案，但计算机认为数字孪生是物理现实的张量表示。本章将讨论数字孪生中与计算机实现密切相关的内容。事实上，这些计算内容对于数字孪生在行业中的成功应用至关重要。后面几章将重点讨论数字孪生概念背后的数学基础架构。

数字孪生概念的应用范围很广，从机电子系统到智能城市，从无人机到人体，都需要多层次的软件和硬件框架，通过系统协调来协助孪生模型的建立、实时分析和基于物理孪生实时变化的更新。图 2.1 展示了一个开发数字孪生的简单框架。如图所示，物理系统上的传感器收集遥测数据需要一个包含数据库系统和数据湖的物联网定义的框架，利用机器学习和深度学习进行分析；这些都可以托管在终端或流行的云提供商解决方案网站上，如亚马逊 AWS、微软 Azure 和谷歌 GCE。

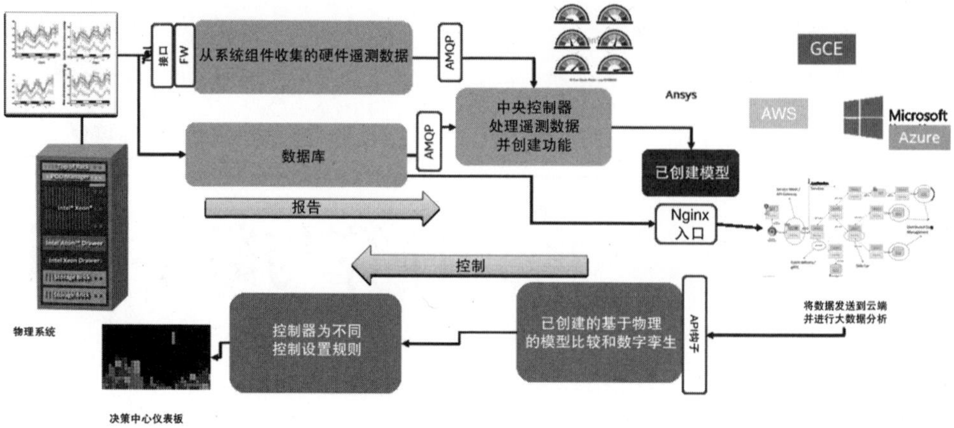

图 2.1　数字孪生生成框架

2.1　数字孪生用例和物联网

数字孪生应用于电气系统、航空系统(如燃气涡轮发动机、无人机、直升机)、空间系统(如卫星、火星探测器)、汽车系统(如汽车底盘、车载芯片)、建筑物、桥梁、水坝、发电厂、核反应堆、人体等。这些系统通过测量环境条件和性能指标信息的 IoT 传感器源源不断地产生数据流[204]。物联网(IoT)被定义为传感器-控制中心-执行器系统(见图 2.2)。早期只有计算机与互联网相联，后来移动设备极大地拓展了这一空间。随着 4G、5G 和卫星技术的出现，洗衣机、空调、汽车、引擎和飞机等各种系统都可以连接互联网，从而使系统与数据处理计算机基础设施之间的数据流更加便捷。

从传感器收集到的未经处理的原始数据被转换成数字数据流，并通过无线网络进行传输。传感器发出的模拟信号由数字采集系统转换为数字数值。IoT 传感器数字化数据传输的无线网络遵循一套特定的协议。数据通过多个节点转发，并使用网关将数据连接到其他网络，如无线以太网。

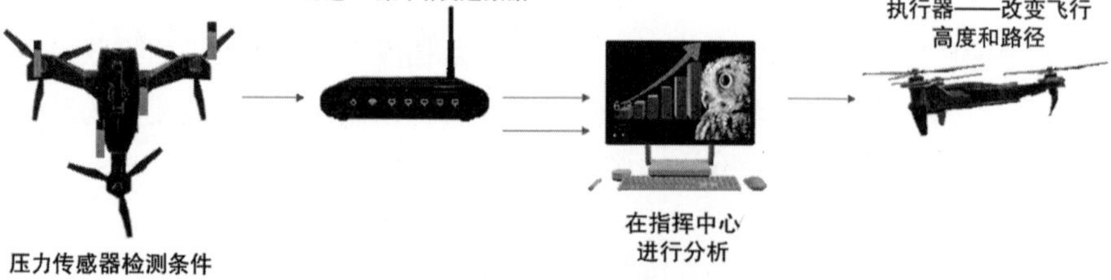

图 2.2　无人机物联网系统示例

通过设备网关路由此类数据的 IETF RFC 已经开发出来[203]。虽然网络可能容易丢失信息，但它仍应能传输足够的数据以得出结论。数以千计的物联网设备与边缘服务器之间的无线网络连接着所有传感器，非常复杂。为了在流出大量数据时缓解超量订阅延迟和拥塞，同时为了在活动连接数量有限时降低系统崩溃的风险，建议采用异步架构。这样就不需要为每个设备配备一个线程，只需要处理每个线程发送的控制事件，并将其转发回模拟。

2.2　边缘计算

从物联网传感器收集并通过无线网络流出的数据需要进行存储和分析，以形成数字孪生。如前所述，由于传感器的数量、数据采样率和被监控设备的数量庞大，数据量也很大。将如此大量的数据转移到云端并不总是切实可行的，而且肯定会很繁重。此外，模型的创建和更新存在滞后性，反应速度缓慢。因此，孪生生成框架可通过企业级基础设施和现代 IT 概念在较小规模内实施，并靠近数据采集地点，如在城市中心位置实施智慧城市孪生，或在生产车间实施工厂孪生或产品孪生。能够在数据源附近采集数据并进行处理和分析的硬件和软件框架被称为边缘计算。

根据研究公司 IDC 的描述，边缘计算基础设施是“微型数据中心的网格网络，可在本地处理或存储关键数据，并将所有接收到的数据推送到中央数据中心或云存储库，占地面积不到 100 平方英尺”。边缘可分为 3 种类型。

(1) 物联网或近边缘

(2) 业务边缘(如制造业)

(3) 远端或企业边缘(电信)

企业级边缘计算战略为数字孪生奠定了基础。边缘计算支持企业降低从云数据中心传输大量数据进行处理和分析所产生的大量成本、网络带宽限制和延迟。

利用边缘计算的物联网设备已成为构建现实数字孪生的关键组成部分。边缘基础设施不仅支持数据收集，还能促进工业物联网应用，如预测性维护、防止运行停机、开发创新产品和改善客户体验。与通常部署在偏远地区、成本低廉的云数据中心不同的是，边缘网络数据中心由分散在世界各地的服务器组成。边缘服务器本地的物联网设备无须与云服务器通信，即可连接并向边缘服务器发送和接收数据。这使得数据通信过程更加高效。

为了在数据流涌入时有效管理激增的需求，边缘网络需要一个分布式负载平衡系统。通常，典型的微服务和服务网格环境会确保网络始终有足够的计算能力来管理大量涌入的数据，并同时处理这些数据而不会崩溃。此外，负载平衡系统还必须解决网络内进程的日志记录、分析和调试问题。例如，网络可视化器可以提供有关微服务之间连接的大量信息。典型的服务网格环境还有助于管理延迟、带宽和吞吐量，并提供详细的统计数据，如丢失的数据包、窗口大小、自上次发送或接收后到目前为止的时长，以反映正在被收集的数据的异步模式。如[200]所述，处理数据摄取及并行处理安全和日志的典型软件解决方案是带有代理架构的微服务。该分步流程列举如下。

(1) 利用历史和实时数据创建物理资产的虚拟可视化。过滤数据并降低数据流量成本，这一点随着传感器数量的增加而变得更加重要，有助于生成更精确的虚拟对象。如果数字孪生的流量通过广域网传输，则可使用多接入边缘计算(MEC)。

(2) 利用其余各章概述的原理和分析方法建立数字孪生模型。这些章节的重点是基于微分方程的动态系统建模和基于机器学习的代理建模。

(3) 生成模拟并进行实时分析，以及以自动化方式与物理孪生体进行更多互动。

(4) 利用 AI 和机器学习实现数字孪生之间的互动。

如果实时分析和机器学习因处理能力不足而无法在本地设备上执行，或因延迟问题而无法在云中执行，那么边缘计算就非常有用。随着数字孪生开始相互通信并要求低延迟以确保流程不受影响，对边缘计算的需求也在增长。这也可能是本地部署(如工厂)或 MEC。图 2.3 很好地展示了时间与性能要求之间的关系。

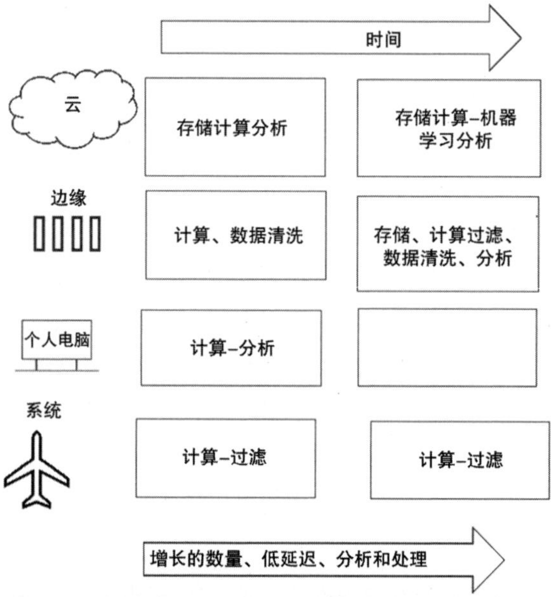

图 2.3　基于时间和性能要求的计算机系统解决方案选项

2.3 电信和 5G

在数字孪生模型中，为了收集、创建和流式传输各种数据(音频、视频和文本数据)，电信网络至关重要。注意，所有这些类型的数据在传输之前都需要转换为多维数组或张量。随着数字孪生、边缘计算和人工智能产生的流量逐渐增多，它们会持续提升对更多连接的需求。专用 LTE 和/或 5G 凸显了电信业务模式面临的挑战。公司乐于接受专用网络的一个原因是，这意味着他们无须为每个传感器按 GB 付费——这种模式在数字孪生领域中不可行。此外，这些制造商不能将其关键任务和高度敏感数据放在共享的公共电信网络上。数据安全是数字孪生技术的一个重要领域。

下面来看看 5G 和 3GPP 标准在数字孪生创建中的优势。最重要的是，对复杂网络的要求正是 5G 超宽带(UWB)和 MEC 所提供的，如下所示。

(1) 低延迟：4G 为 200ms，5G 为 1ms，5G 峰值数据速率为 20Gbps，平均数据速率为 100Mbps。

(2) 毫米波和频带频谱：某些供应商拥有 700～100MHz 频带频率和 20～30Hz 毫米波频率。

(3) 多接入边缘计算(MEC)：这是一种网络架构概念，可在任何网络边缘实现云计算功能和 IT 服务环境。移动边缘计算在网络的移动边缘、无线接入网(RAN)内，以及移动用户、企业和其他组织附近提供 IT 服务环境和云计算功能。

(4) 中央软件架构：图 2.4 展示了一个软件框架的使用情况，该框架可协助在主机上收集和减少数据，在云中创建数字孪生并存储数据。

从图 2.4 中可看出，[196]的作者将物理传感器收集的数据放在最底层，并认为有必要快速形成一个模型。该虚拟模型将在云端或边缘端拥有自己的数据存储。物理实体和虚拟实体之间的关系将得到维护，并用于转换任何孪生模型和在智能服务器层进行可视化。

提出的架构遵循 SenAS[202]模型，即数据由“实物”生成，最终由人类或其他机器消费。所有有助于提高实物服务质量(QoS)的数据都存储在基于云的数据中心。内存数据网格(IMDG)是一种合适的数据结构，完全位于 RAM(随机存取存储器)中，并分布在多个服务器之间。如图 2.5 所示，SenAS 模型中收集的数据可转化为 IMDG 结构，并创建数字孪生层次结构，图 2.5 显示的是一个假想的风车。

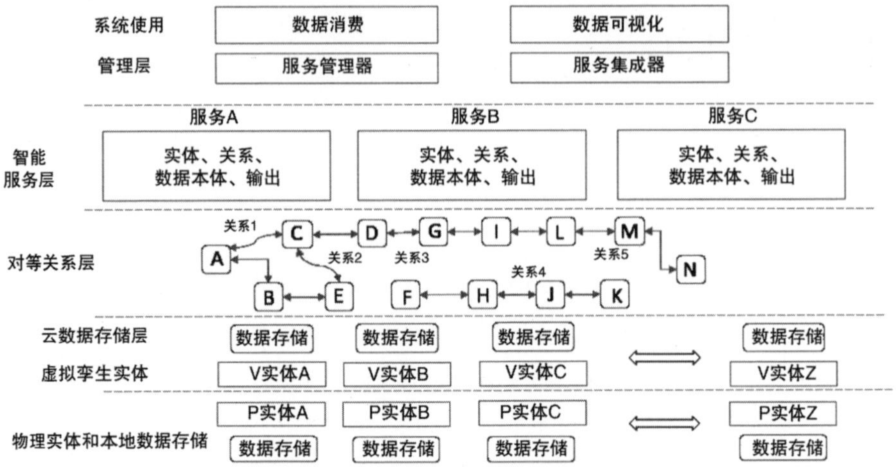

图 2.4　数字孪生创建和可视化框架

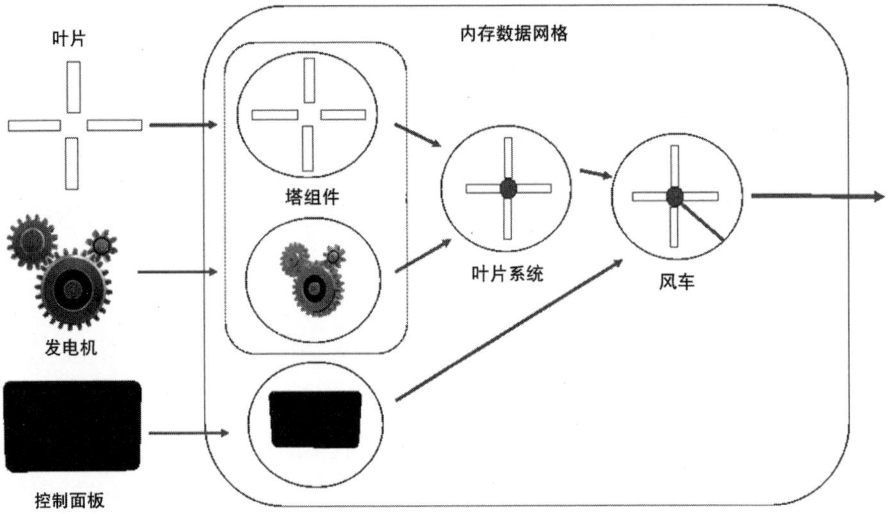

图 2.5　内存数据存储中表示的数字孪生数据

2.4　云

目前，最低级的数字孪生可以托管在相应设备的边缘，不需要对代码进行任何修改。更高级别的数字孪生则无论所需计算资源位于何处，都将继续在云端或企业内部运行。对于在云端托管和构建数字孪生，微软 Azure 和亚马逊 AWS IoT 提供了两种强大的云解决方案。下面将讨论这两种方法。

2.4.1　微软 Azure

Azure 数字孪生提供了一个平台即服务(PaaS)，可根据整个环境的数字模型创建孪生图(见图 2.6)。

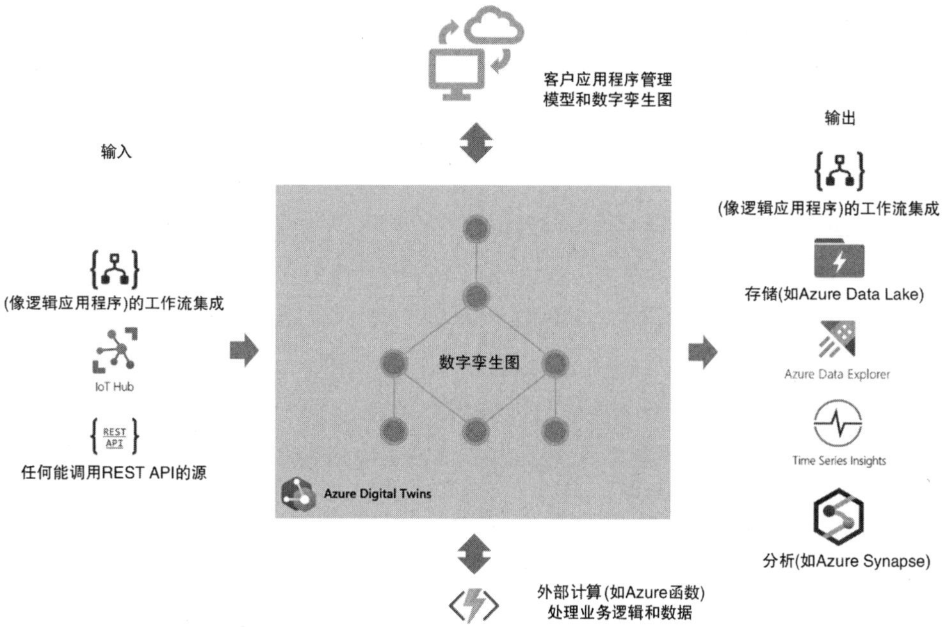

图 2.6　Azure 数字孪生参考架构

使用 Azure 的解决方案如下。

(1) 创建一个模型来表示物理环境中的物理实体(见图 2.4)，使用一种名为数字孪生定义语言(Digital Twins Definition Language，DTDL)的类 JSON 语言创建一种名为模型[197]的自定义孪生类型。

(2) 使用自定义 DTDL 模型中的关系创建实时执行环境或实时图，连接代表环境的孪生体，并在 Azure Digital Twins Explorer 中实现 Azure Digital Twins 图的可视化。使用丰富的事件系统，该图可与步骤(3)和(4)中的数据处理和业务逻辑保持同步。

(3) 使用 IoT Hub 将模型连接到物联网和物联网边缘设备。这些由 Hub 管理的设备被表示为孪生图的一部分，并提供驱动模型的数据。

(4) 使用时间序列洞察(Time Series Insights)、存储和分析功能分析收集到的数据。可以跟踪每个孪生体的时间序列历史，并将时间序列模型与 Azure 中的孪生体源对齐[195]。

下面列举一个以 DTDL 接口[198]编写的基本模型示例。该模型是一个带有 ID 属性的风车。风车模型还定义了与农场模型的关系，可用于表示农场数字孪生与某些风车数字孪生相关联。

遥测(Telemetry)描述的是任何数字孪生体发出的数据，无论这些数据是传感器读数的常规数据流，还是占用率等计算数据流，或是偶尔出现的错误或信息消息。温度等样本数据点可定义为如下形式。

JSON

```
(
"@id": "dtmi:com:adt:dtsample:home;1",
"@type": "Interface",
"@context": "dtmi:dtdl:context;2",
"displayName": "Farm",
"contents": [
(
"@type": "Property",
"name": "id",
"schema": "string"
),
(
"@type": "Relationship",
"@id": "dtmi:com:adt:dtsample:farm:relhaswindmill;1",
"name": "relhaswindmills",
"displayName": \Farm has windmills ",
"target": "dtmi:com:adt:dtsample:oor;1"
)
]
)
```

```
(
"@id": "dtmi:com:adt:dtsample:sensor;1",
"@type": "Interface",
"@context": "dtmi:dtdl:context;2",
"displayName": "Sensor",
"contents": [
("@type": "Telemetry", "name": "Temperature", "schema": "double" ),
(
"@type": "Property",
"name": "humidity",
"schema": "double"
)
]
)
```

2.4.2　亚马逊 AWS

AWS 提供基础云托管解决方案，可向 AWS 租用不同大小的服务器实例(EC2)来构建数字孪生架构。这种 IAAS(基础设施即服务)解决方案是云托管的基础。这些实例可以是裸机，也可以是虚拟化实例，其性能和容量大小各不相同。除了在特定 SLA 下托管服务器实例，Kinesis Data Streams、Kinesis Data Firehose 和 IoT Core 也是用于数字孪生的数据摄取和设备遥测处理的流行解决方案。摄取的数据需要以不同的存储形式保存，如关系型和对象型、时间序列和仓库。DynamoDB 和 S3 存储是 AWS 的本地存储。RDS/Aurora、Timestream、Redshift 也可用于数据存储。AWS 中的服务托管环境，如 FAAS(功能即服务)，可用于数据集成和转换。

最终，可用类似于 Azure 的方式在 AWS 中创建一个孪生图，即数字线程。这种数字线程代表了实体(对象、事件或概念)相互关联的描述集合。数字线程通过链接和语义元数据将数据置于上下文中。

数字孪生的消费和可视化可在 AWS 中通过微服务和 API 网关完成。传统的单体应用程序现在被构建为功能性微服务，并以图的形式托管。多个客户端的连接和性能 SLA 通过服务网格进行管理[200]。数字孪生的一个关键方面是安全和监控。2.2 节和 2.4 节所述的边缘和云混合基础设施可在 AWS 上的 Elastic Kubernetes 服务、Elastic Compute Cloud 和 Red Hat OpenShift 中创建。AWS 提供了一个很好地构建解决方案的工具[195]。

2.5　大数据

大数据是数字孪生技术的一个重要特征。Chen 等[45]提到，与传统数据集相比，大数据更需要实时分析。他们指出，物联网涉及放置在许多不同系统上的传感器，这些传感器收集和传输的数据需要在云端进行处理。目前，大数据的范围从几 TB 到几 PB 不等。大数据有 3 个方面：体量、速度和种类。体量是通过传感器或数据采集系统生成和收集大量数据而产生。速度是指接收数据的速度，取决于采样率。例如，早期的燃气轮机诊断只涉及飞行过程中几个点的测量，而目前的系统可实时测量大量数据[75]。只有正确分析，数量庞大的数据才能为诊断过程带来价值。例如，原始加速数据是大数据，但只有通过 FFT 从这些测量值中提取频率后，数据才会变得易于分析。这些特征提取过程是成功使用数字孪生的必要条件。最后是大数据中的多样性概念。来自传感器的数据通常是时间序列的测量值，如温度、压力、应变、挠度、加速度、频率等[53]。然而，越来越多的音频和图像文件也被作为数据例行上传。例如，Sarkar 等[169]将裂缝生长视频中的图像帧用于结构化的健康监测。

利用大数据进行分析

随着数字孪生开发和实施的进展，制造业等行业的大量设备都接入了物联网，因此产生了大量数据，有时甚至达到 ZB 量级。通常，大数据被定义为来自数据源的大量结构化、半结构化和非结构化数据，需要在这些数据的存储和分析上花费大量资金才能提取价值。因此，常规数据管理工具无法收集、存储或处理这些海量的大数据。大数据通常产生于产品生命周期中的制造环节，如设计、制造、维护、修理和大修(MRO)等活动。大数据的战略意义在于通过专业化处理提取价值。数据可视化可从大数据中提取特征，以便在数字孪生设计中使用估算和进行机器学习分析。

Qi 和 Tao[199]指出，大数据与数字孪生技术日益融合，尤其是在智能制造领域。在 MRO 方面，从传感器获取的大数据与维护数据或能耗记录等历史数据相关联。在使用信息处理工具进行大数据分析后，产品数字孪生会预测产品的健康状态、产品的剩余寿命和发生故障的概率。

Hadoop 是在大数据背景下经常使用的计算工具。Apache Hadoop 是一个开源框架，可用于以高效方式存储大型数据集。此外，Hadoop 还可以处理大型数据集，提取可能对数字孪生有用的特征。Hadoop 使用一组(而非一台)计算机并行分析大数据集。Hadoop 生态系统包括多个工具和应用程序，可帮助收集、存储、处理、分析和管理大数据。一些流行的典型应用包括 Spark、Presto、Hive、HBase 和 Zeppelin。Hadoop 可在 AWS 平台上运行[194]。

2.6　谷歌 TensorFlow

虽然机器学习的大部分内容可以用数学来表达，但计算机的实现需要高级计算机语言，如 Matlab 或 Python。TensorFlow 也可以被视为一种高级语言，为机器学习提供了一种有用的方法。使用谷歌 TensorFlow(一个端到端开源平台)定义的高级函数，可以相对轻松地进行机器学习。

TensorFlow 提供了全面、灵活的工具、库和社区资源生态系统。数据需要进行预处理，以便在训练模型时使用。这种预处理，或“特征工程”，确保在模型离线训练期间应用的步骤与模型用于预测时应用的步骤相同。TensorFlow 中的 tf.Transform 库在训练和服务过程中提供了特征工程步骤的一致性。它允许用户定义预处理管道，并使用大型数据处理框架运行这些管道，同时能以可作为 TensorFlow 图的一部分运行的方式导出管道。用户通过组合模块化 Python 函数定义管道，然后由 tf.Transform 使用 Apache Beam 执行。通过 tf.Transform 导出的 TensorFlow 图，支持在使用训练好的模型进行预测时复制预处理步骤，例如在使用 TensorFlow Serving 为模型提供服务时(见图 2.7)。图 2.8 提供了风车的原材料和设置说明。

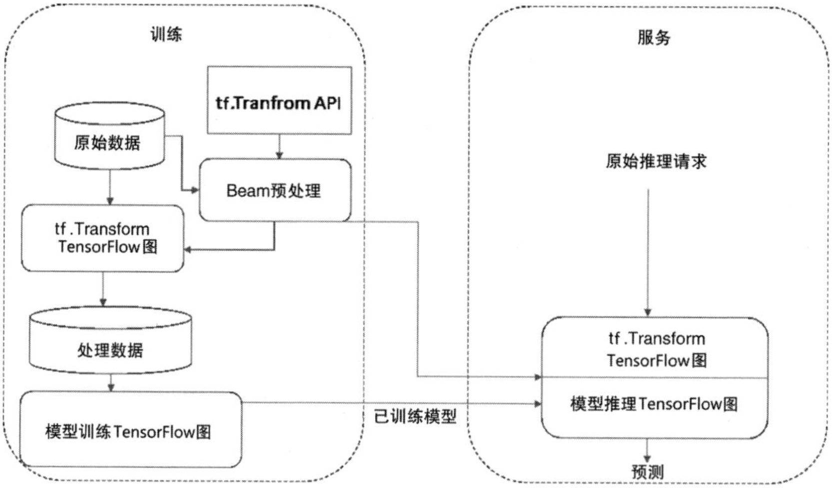

图 2.7　TensorFlow 训练和服务流程

叶片半径	塔架高度	叶片质量	叶片频率	叶片静刚度	叶片结构阻尼	平均风速	风速标准差	转子材料
20	50	50	235	345	12	20	5	复合材料
30	100	80	546	237	16	12	3	金属

图 2.8　风车的原材料和设置说明

可使用 TensorFlow Transform 对图 2.8 进行转换。TensorFlow Transform 是一个使用 tf.Transform 进行数据预处理的库，需要进行完整转换，例如：

(1) 通过平均值和标准差对输入值进行归一化处理。

(2) 通过生成一个覆盖所有输入值的词汇表，将字符串转换为整数。

(3) 根据观察到的数据分布，将浮点数分配到桶中，从而将其转换为整数。

tf.Transform 的输出以 TensorFlow 图形的形式导出(见图 2.9 和图 2.10)，用于训练和服务。TensorFlow 的代码元素如图 2.11 所示。训练和服务应使用同一张图，以防出现偏差，因为两个阶段应用的是相同的变换。

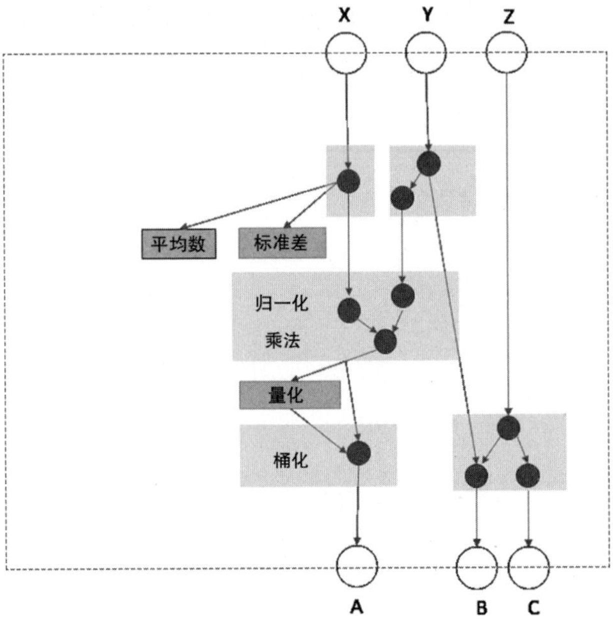

图 2.9　TensorFlow 图形(a)

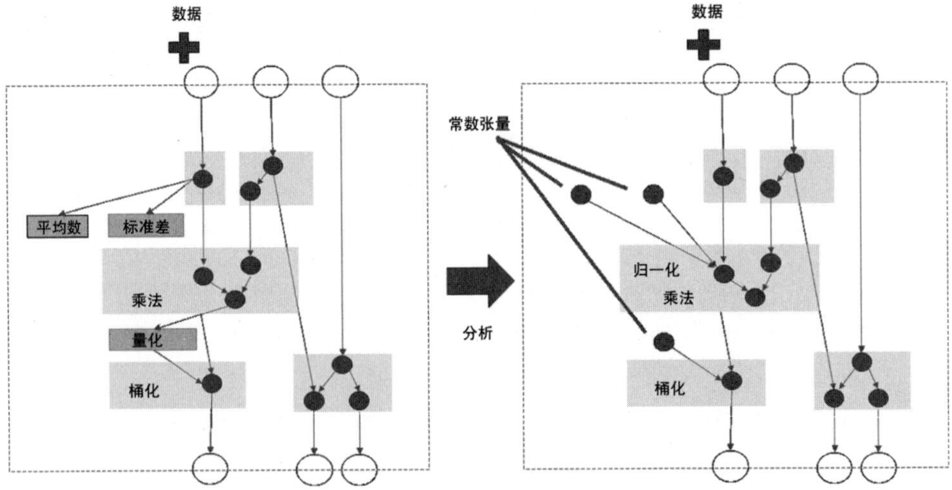

图 2.10　TensorFlow 图形(b)

2.7　区块链与数字孪生

Huang 等[95]分析了区块链技术背景下的数字孪生。区块链被定义为一个不断增长的区块列表，这些区块通过加密技术链接在一起。每个区块都包含前一个区块的密码破解、时间戳和交易数据。因此，区块链是一种去中心化、分布式的公共数字分类账。区块链中的记录无法追溯更改，任何此类更改都会改变所有后续区块。Nakamoto 发明了区块链，作为加密货币比特币的公共交易账本。虽然比特币仍是区块链最重要的应用，但区块链也被用于银行业务、隐私保护和去中心化政府。区块链技术显然可以用来解决数字孪生系统中出现的数据管理问题。

```
def preprocessing_fn[input]:
    x=inputs['x']
    ...
    ruturn {
      "A": tft.bucketize(
             tft.normalize(x)*y),
      "B": tensorflow_fn(y,z)
      "C": [illegible]
    }
```

图 2.11　TensorFlow 代码图解

第3章

动态系统

本章将讨论单自由度和多自由度无阻尼和黏性阻尼系统的动力学知识。许多优秀的书籍[81，97，128-130，138，144，153]都对这些主题进行了很好的讨论。本章仅提供一些细节，作为后续章节进一步探讨的基础。

3.1 节讨论单自由度无阻尼系统的动态分析。3.2 节讨论单自由度黏性阻尼系统。3.3 节讨论多自由度无阻尼系统的动力学，引入了固有频率(特征值)和模态振型(特征向量)的概念。3.4 节详细研究比例阻尼系统。3.5 节讨论一般的非比例阻尼系统。最后，3.6 节对本章讨论的主题进行了总结。

3.1　单自由度无阻尼系统

单自由度(SDOF)无阻尼系统可能是最简单的系统，也是结构动力学中最重要的系统。单自由度无阻尼系统如图 3.1 所示。

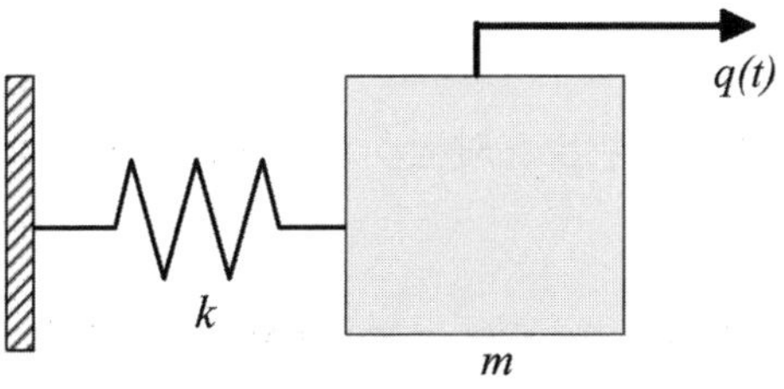

图 3.1　单自由度无阻尼系统

该系统的运动方程可表示为

$$m\ddot{q}(t)+kq(t)=f(t) \tag{3.1}$$

这里，m 是质量，k 是刚度，$f(t)$是系统受到的作用力。项 $\ddot{q}(t)$ 表示系统的加速度。与运动方程相关的初始条件可由以下式给出：

$$q(0)=q_0 \text{ 和 } \dot{q}(0)=\dot{q}_0 \tag{3.2}$$

由此可以看出，系统(3.1)在初始条件(3.2)下的响应可以用系统的固有频率来表示。

3.1.1 固有频率

首先考虑系统的谐振。为此，作用力函数可表示为 $f(t)=\overline{f}\mathrm{e}^{st}$ 。设解 $q(t)=\overline{q}\mathrm{e}^{st}$ ，$\overline{q},s\neq 0$ 。将其代入运动方程(3.1)，假设为自由振动(即 $\overline{f}=0$)，可得

$$\overline{q}(ms^2+k)=0 \text{ 或 } s_{1,2}=\pm\sqrt{\frac{k}{m}}\mathrm{i}=\pm\omega_n\mathrm{i} \tag{3.3}$$

这里 $\mathrm{i}=\sqrt{-1}$，ω_n 是系统的固有频率，其计算公式为

$$\omega_n=\sqrt{\frac{k}{m}} \tag{3.4}$$

特性(3.3)的根是纯部，它们以复共轭对的形式出现。式(3.4)给出的固有频率是系统的固有振荡频率。系统的固有周期为

$$T_n=\frac{2\pi}{\omega_n} \tag{3.5}$$

当激励频率接近共振频率时，我们说 SDOF 系统处于共振状态。在共振频率附近，系统的响应会明显放大，详见 3.1.2 节。

3.1.2 动态响应

继续讨论动态系统的稳态响应。对运动方程(3.1)进行拉普拉斯变换，采用式(3.2)中的初始条件，有

$$s^2m\overline{q}(s)-smq_0-m\dot{q}_0+k\overline{q}(s)=\overline{f}(s) \tag{3.6}$$

或

$$(s^2m+k)\overline{q}(s)=\overline{f}(s)+m\dot{q}_0+smq_0 \tag{3.7}$$

这里的 $\overline{q}(s)$ 和 $\overline{f}(s)$ 分别是 $q(t)$和 $f(t)$的拉普拉斯变换。拉普拉斯域的响应可由下

式求得：

$$\overline{q}(s)=\frac{\overline{f}(s)+m\dot{q}_0+smq_0}{s^2m+k}=\frac{1}{m}\frac{\overline{f}(s)+m\dot{q}_0+smq_0}{s^2+\omega_n^2} \tag{3.8}$$

$$=\left\{\frac{1}{m}\frac{\overline{f}(s)}{s^2+\omega_n^2}+\frac{\dot{q}_0}{s^2+\omega_n^2}+\frac{s}{s^2+\omega_n^2}q_0\right\} \tag{3.9}$$

要获得时域的振动响应，需要考虑反拉普拉斯变换。对 $\overline{q}(s)$ 进行反拉普拉斯变换，可得

$$q(t)=\mathcal{L}^{-1}[\overline{q}(s)]=\mathcal{L}^{-1}\left[\frac{1}{m}\frac{\overline{f}(s)}{s^2+\omega_n^2}\right]+\mathcal{L}^{-1}\left[\frac{1}{s^2+\omega_n^2}\right]\dot{q}_0+\mathcal{L}^{-1}\left[\frac{s}{s^2+\omega_n^2}\right]q_0 \tag{3.10}$$

第二部分和第三部分的反拉普拉斯变换可以从拉普拉斯变换表(参见[107]的示例)得到

$$\mathcal{L}^{-1}\left[\frac{1}{s^2+\omega_n^2}\right]=\frac{\sin(\omega_n t)}{\omega_n} \tag{3.11}$$

$$\mathcal{L}^{-1}\left[\frac{s}{s^2+\omega_n^2}\right]=\cos(\omega_n t) \tag{3.12}$$

第一部分的反拉普拉斯变换可以利用“卷积定理”[107]求得，即两个函数乘积的反拉普拉斯变换可以表示为

$$\mathcal{L}^{-1}\left[\overline{f}(s)\overline{g}(s)\right]=\int_0^t f(\tau)g(t-\tau)\mathrm{d}\tau \tag{3.13}$$

设 $\overline{g}(s)=\dfrac{1}{m}\dfrac{1}{s^2+\omega_n^2}$，第一部分的反拉普拉斯变换可以由下式求得：

$$\mathcal{L}^{-1}\left[\overline{f}(s)\frac{1}{s^2+\omega_n^2}\right]=\int_0^t\frac{1}{m\omega_n}f(\tau)\sin(\omega_n(t-\tau))\mathrm{d}\tau \tag{3.14}$$

结合式(3.14)、式(3.11)和式(3.12)，由式(3.10)得出

$$q(t)=\int_0^t\frac{1}{m\omega_n}f(\tau)\sin(\omega_n(t-\tau))\mathrm{d}\tau+\frac{1}{\omega_n}\sin(\omega_n t)\dot{q}_0+\cos(\omega_n t)q_0 \tag{3.15}$$

收集与 $\sin(\omega_n t)$和 $\cos(\omega_n t)$相关的项，该表达式可简化为

$$q(t)=\frac{1}{m\omega_n}\int_0^t f(\tau)\sin(\omega_n(t-\tau))\mathrm{d}\tau+B\cos(\omega_n t-\vartheta) \tag{3.16}$$

其中，振幅和相位角可由下式求得：

$$B=\sqrt{q_0^2+\left(\frac{\dot{q}_0}{\omega_n}\right)^2} \tag{3.17}$$

$$\tan\vartheta=\frac{\dot{q}_0}{\omega_n q_0} \tag{3.18}$$

式(3.16)的第二部分，即 $B\cos(\omega_n t-\vartheta)$项仅取决于初始条件，与作用力无关。另一方面，第一部分只取决于所施加的作用力。SDOF 系统的完整响应由式(3.15)得出。

脉冲响应函数

在所有初始条件均为零且作用力函数为 Dirac delta 函数(即 $f(\tau)=\delta(\tau)$)的特殊情况下，响应称为脉冲响应函数。将 $q_0=0$ 、 $\dot{q}_0=0$ 和 $f(\tau)=\delta(\tau)$ 代入式(3.15)有

$$h(t)=\int_0^t\frac{1}{m\omega_n}\delta(\tau)\sin(\omega_n(t-\tau))\mathrm{d}\tau=\frac{1}{m\omega_n}\sin\omega_n t \tag{3.19}$$

这是系统的基本属性。如果该函数已知(如通过实验)，则可通过式(3.15)中的卷积积分表达式求得对任何作用力的响应为

$$q(t)=\int_0^t f(\tau)h(t-\tau)\mathrm{d}\tau \tag{3.20}$$

接下来讨论单自由度黏性阻尼系统。

3.2 单自由度黏性阻尼系统

单自由度(SDOF)黏性阻尼系统如图 3.2 所示。该系统的运动方程可表示为

$$m\ddot{q}(t)+c\dot{q}(t)+kq(t)=f(t) \tag{3.21}$$

这里，m 是系统的质量，c 是阻尼，k 是弹簧刚度，$f(t)$是施加的力。与之前一样，符号 $(\dot{\bullet})$ 表示相对于时间的导数，因此 $\dot{q}(t)$ 表示系统的速度，$\ddot{q}(t)$ 表示系统的加速度。与运动方程相关的初始条件可由式(3.2)给出。由此可以看出，系统在初始条件下的响应可以用系统的无阻尼和有阻尼固有频率来表示。

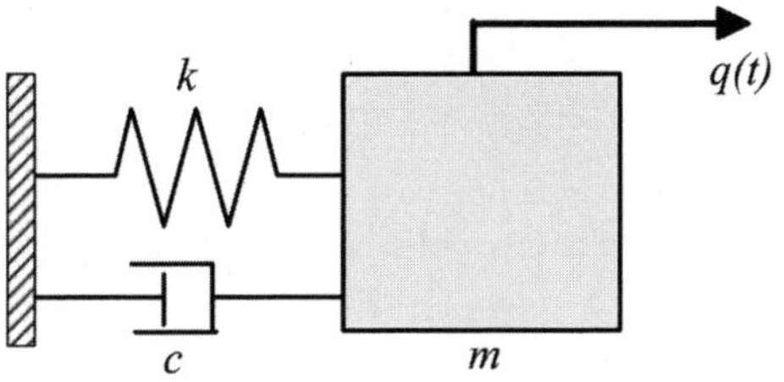

图 3.2　单自由度黏性阻尼系统

3.2.1　固有频率

与无阻尼系统一样，首先考虑系统的谐振动。为此，作用力函数和解决方案都可以表示为 $f(t)=\overline{f}e^{st}$ 和 $q(t)=\overline{q}e^{st}$，$\overline{q},s\neq 0$ 。将其代入运动方程(3.21)，并假定自由振动(即 $\overline{f}=0$)，可以得到特征公式

$$\overline{q}(ms^2++sc+k)=0 \text{ 或 } \frac{\overline{q}}{m}\left(s^2++s\frac{c}{m}+\frac{k}{m}\right)=0 \tag{3.22}$$

引入以下黏性阻尼因子

$$\zeta=\frac{c}{2\sqrt{km}} \tag{3.23}$$

利用式(3.4)中的固有频率定义，可以得出

$$\frac{c}{m}=2\zeta\omega_n \tag{3.24}$$

根据式(3.22)，可以得出特征公式

$$s^2++2\zeta\omega_n s+\omega_n^2=0 \text{ 或 } s_{1,2}=-\zeta\omega_n+\pm\mathrm{i}\omega_n\sqrt{1-\zeta^2} \tag{3.25}$$

系统动态响应的性质取决于式(3.25)中两个根的特性。事实证明，ζ 的值控制着两个根的特性。可以定义临界阻尼系数

$$c_{cr}=2\sqrt{km} \tag{3.26}$$

这样，式(3.23)中的阻尼系数就变成比值

$$\zeta=\frac{c}{c_{cr}} \tag{3.27}$$

根据ζ的值，可能出现以下 3 种情况。

(1) 过阻尼运动，$\zeta>1$：这种情况下，式(3.25)中的两个根都是负实数，因为

$$s_1=-\omega_n\left(\zeta+\sqrt{\zeta^2-1}\right) \text{和} s_2=-\omega_n\left(\zeta-\sqrt{\zeta^2-1}\right) \tag{3.28}$$

因此，系统的运动具有非振荡和指数衰减的性质。

(2) 临界阻尼运动，$\zeta=1$：这种情况下，式(3.25)中的两个根都是负实数，且性质相同。也就是说，系统有两个相同的根，即二重根

$$s_1=-\omega_n \text{和} s_2=-\omega_n \tag{3.29}$$

对于一些实常数 a_1 和 a_2，系统的运动可以表示为$q(t)=(a_1+a_2t)\mathrm{e}^{-\omega_n t}$。这种运动也是非振荡和指数衰减性质的。临界阻尼系统的运动可以被看作非振荡与振荡之间的边界运动。

(3) 欠阻尼运动，$\zeta<1$：这种情况下，特征公式(3.25)的根以复共轭对出现，即

$$s_1=-\zeta\omega_n+\mathrm{i}\omega_d \text{和} s_2=-\zeta\omega_n-\mathrm{i}\omega_d \tag{3.30}$$

这里，系统的阻尼固有频率由下式给出：

$$\omega_d=\omega_n\sqrt{1-\zeta^2}=\sqrt{\frac{k}{m}\sqrt{1-\zeta^2}} \tag{3.31}$$

因此，系统的阻尼时间周期可定义为

$$T_d=\frac{2\pi}{\omega_d} \tag{3.32}$$

根据式(3.30)中的根式，系统的运动可表示为$q(t)=B\mathrm{e}^{-\zeta\omega_n t}\sin(\omega_d t\vartheta)$。因此，系统的运动具有振荡和指数衰减的性质。

3.2.2 动态响应

本节讨论动态系统的稳态响应。对运动方程(3.21)进行拉普拉斯变换，并采用式(3.2)中的初始条件，可得

$$s^2m\overline{q}(s)-smq_0-m\dot{q}_0+sc\overline{q}(s)-cq_0+k\overline{q}(s)=\overline{f}(s) \tag{3.33}$$

和

$$(s^2m+sc+k)\overline{q}(s)=\overline{f}(s)+m\dot{q}_0+smq_0+cq_0 \tag{3.34}$$

在拉普拉斯域中的响应可由下式求得：

$$\bar{q}(s)=\frac{\bar{f}(s)+m\dot{q}_0+smq_0+cq_0}{s^2m+sc+k}=\frac{1}{m}\frac{\bar{f}(s)+m\dot{q}_0+smq_0+cq_0}{s^2+2s\zeta\omega_n+\omega_n^2} \tag{3.35}$$

$$=\left\{\frac{1}{m}\frac{\bar{f}(s)}{s^2+2s\zeta\omega_n+\omega_n^2}+\frac{\dot{q}_0+2\zeta\omega_n q_0}{s^2+2s\zeta\omega_n+\omega_n^2}+\frac{s}{s^2+2s\zeta\omega_n+\omega_n^2}q_0\right\} \tag{3.36}$$

利用式(3.31)中阻尼固有频率的定义，可以将分母重组为

$$s^2+2s\zeta\omega_n+\omega_n^2=(s+\zeta\omega_n)^2-(\zeta\omega_n)^2+\omega_n^2=(s+\zeta\omega_n)^2+\omega_d^2 \tag{3.37}$$

要获得时域的振动响应，需要考虑反拉普拉斯变换。利用式(3.36)中的反拉普拉斯变换$\bar{q}(s)$，可以得到

$$\begin{aligned}q(t)=\mathcal{L}^{-1}[\bar{q}(s)]=\mathcal{L}^{-1}\left[\frac{1}{m}\frac{\bar{f}(s)}{(s+\zeta\omega_n)^2+\omega_d^2}\right]+\\ \mathcal{L}^{-1}\left[\frac{1}{(s+\zeta\omega_n)^2+\omega_d^2}\right](\dot{q}_0+2\zeta\omega_n q_0)+\\ \mathcal{L}^{-1}\left[\frac{s}{(s+\zeta\omega_n)^2+\omega_d^2}\right]q_0\end{aligned} \tag{3.38}$$

第二部分和第三部分的反拉普拉斯变换可以从拉普拉斯变换表(详见示例[107])中得到，即

$$\mathcal{L}^{-1}\left[\frac{1}{(s+\alpha)^2+\beta^2}\right]=\frac{e^{-\alpha t}\sin(\beta t)}{\beta} \tag{3.39}$$

$$\mathcal{L}^{-1}\left[\frac{s}{(s+\alpha)^2+\beta^2}\right]=e^{-\alpha t}\cos(\beta t)-\frac{\alpha e^{-\alpha t}\sin(\beta t)}{\beta} \tag{3.40}$$

这里α和β分别代表$\zeta\omega_n$和ω_d。

利用卷积定理(3.13)可以得到第一部分的反拉普拉斯变换。设$\bar{g}(s)=\frac{1}{m}\frac{1}{(s+\zeta\omega_n)^2+\omega_d^2}$，第一部分的反拉普拉斯变换可由下式求得：

$$\mathcal{L}^{-1}\left[\bar{f}(s)\frac{1}{(s+\zeta\omega_n)^2+\omega_d^2}\right]=\int_0^t\frac{1}{m\omega_d}f(\tau)e^{-\zeta\omega_n(t-\tau)}\sin(\omega_d(t-\tau))d\tau \tag{3.41}$$

结合式(3.39)、式(3.40)和式(3.41)，从式(3.38)可以得出

$$
\begin{aligned}
q(t) = & \int_0^t \frac{1}{m\omega_d} f(\tau) \mathrm{e}^{-\zeta\omega_n(t-\tau)} \sin(\omega_d(t-\tau))\mathrm{d}\tau + \\
& \frac{\mathrm{e}^{-\zeta\omega_n t}}{\omega_d} \sin(\omega_d t)(\dot{q}_0 + 2\zeta\omega_n q_0) + \\
& \left\{ \mathrm{e}^{-\zeta\omega_n t} \cos(\omega_d t) - \frac{\zeta\omega_n \mathrm{e}^{-\zeta\omega_n t} \sin(\omega_d t)}{\omega_d} \right\}
\end{aligned}
\tag{3.42}
$$

$$
\begin{aligned}
q_0 = & \int_0^t \frac{1}{m\omega_d} f(\tau) \mathrm{e}^{-\zeta\omega_n(t-\tau)} \sin(\omega_d(t-\tau))\mathrm{d}\tau + \\
& \sin(\omega_n t)\left(\frac{\dot{q}_0 + \zeta\omega_n q_0}{\omega_d} \right) + \\
& \cos(\omega_n t) q_0
\end{aligned}
$$

收集与 $\sin(\omega_d t)$和 $\cos(\omega_d t)$相关的项，该表达式可简化为

$$
q(t) = \int_0^t \frac{1}{m\omega_d} f(\tau) \mathrm{e}^{-\zeta\omega_n(t-\tau)} \sin(\omega_d(t-\tau))\mathrm{d}\tau + B\cos(\omega_d t - \vartheta) \tag{3.43}
$$

其中，振幅和相位角可由以下两个式子得出：

$$
B = \sqrt{q_0^2 + \left(\frac{\dot{q}_0 + \zeta\omega_n q_0}{\omega_d} \right)^2} \tag{3.44}
$$

和

$$
\tan\vartheta = \frac{\dot{q}_0 + \zeta\omega_n q_0}{\omega_d q_0} \tag{3.45}
$$

式(3.43)的第二部分，即项 $B\cos(\omega_d t-\vartheta)$仅取决于初始条件，与作用力无关。另一方面，第一部分只取决于所施加的作用力。黏性阻尼 SDOF 系统的完整响应参见式(3.42)。在系统无阻尼的特殊情况下，代入 $\zeta=0$ 即可得到 3.1.2 节推导的结果。

脉冲响应和频率响应函数

当所有初始条件均为零且作用力函数为狄拉克函数(即 $f(\tau)=\delta(\tau)$)时，响应称为脉冲响应函数。将 $q_0=0$ 、 $\dot{q}_0=0$ 和 $f(\tau)=\delta(\tau)$代入式(3.42)即可得出

$$
h(t) = \int_0^t \frac{1}{m\omega_d} \delta(\tau) \mathrm{e}^{-\zeta\omega_n(t-\tau)} \sin(\omega_d(t-\tau))\mathrm{d}\tau = \frac{1}{m\omega_d} \mathrm{e}^{-\zeta\omega_n t} \sin\omega_n t \tag{3.46}
$$

这是阻尼系统的基本特性，仅取决于固有频率和阻尼系数。如果该函数已知(如通过实验得到)，则可根据式(3.42)中的卷积积分表达式求得对任何作用力的响应，即 $q(t)=\int_0^t f(\tau)h(t-\tau)\mathrm{d}\tau$ 。

将 q_0=0、$\dot{q}_0=0$ 、$\overline{f}(s)=1$ 和 s=iω 代入式(3.34)，可直接得到频率响应函数，即

$$\overline{h}(\mathrm{i}\omega)=\frac{1}{-\omega^2 m+\mathrm{i}\omega c+k}=\frac{1}{m}\frac{1}{(-\omega^2+2\mathrm{i}\zeta\omega\omega_n+\omega_n^2)} \tag{3.47}$$

式中的 ω 是驱动频率。

为方便起见，引入了归一化时间 $t'=t/T_n=\omega_n t/2\pi$ 。由此，图 3.3(a)显示了 4 种阻尼系数值(即 ζ= 0.01、0.1、0.25 和 0.5)对应的归一化脉冲响应函数。可以看出，随着阻尼系数的增大，①振荡很快减小到几乎为零；②连续峰值的振幅也显著减小。例如，当 ζ= 0.5 时，振动大约在 3 个振荡周期后停止。

将式(3.47)中的频率响应函数表达式除以 ω_n 并引入无量纲频率参数 $\tilde{\omega}=\omega/\omega_n$ ，可以得到

$$\begin{aligned}h(\mathrm{i}\omega)&=\frac{1}{m}\frac{1}{(-\omega^2+2\mathrm{i}\zeta\omega\omega_n+\omega_n^2)}\\&=\frac{1}{m\omega_n^2}\frac{1}{(-\tilde{\omega}^2+2\mathrm{i}\zeta\tilde{\omega}+1)}=\frac{1}{k}\frac{1}{(-\tilde{\omega}^2+2\mathrm{i}\zeta\tilde{\omega}+1)}\end{aligned} \tag{3.48}$$

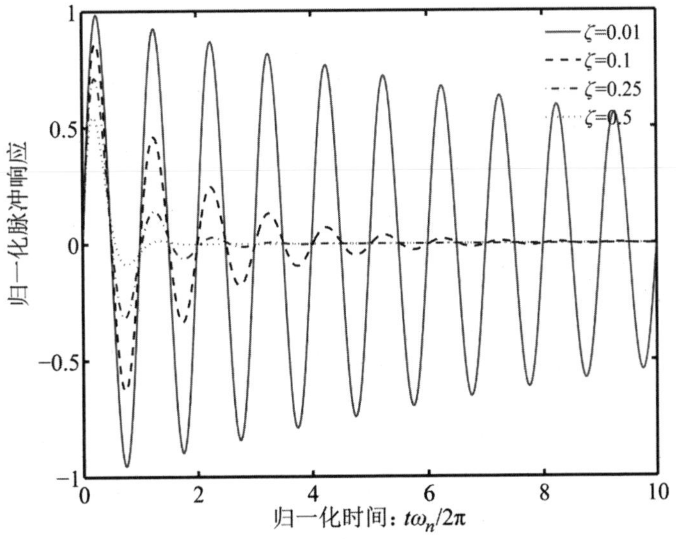

(a)

图 3.3　黏性阻尼 SDOF 系统在不同阻尼系数值 ζ 下的归一化脉冲响应函数和频率响应函数幅值

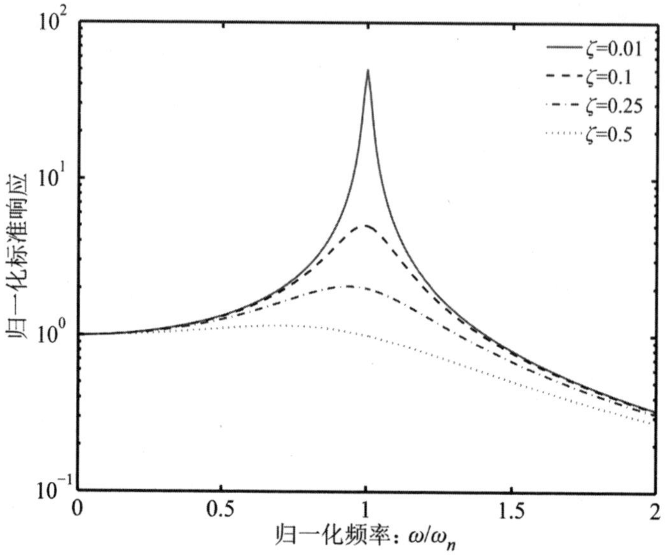

(b)

图 3.3 (续)

归一化频率响应函数 $h(\mathrm{i}\tilde{\omega})/(1/k)$ 的振幅可按下式求得：

$$\left|\frac{\bar{h}(\mathrm{i}\tilde{\omega})}{(1/k)}\right|=\frac{1}{\sqrt{(1-\tilde{\omega}^2)^2+4\zeta^2\tilde{\omega}^2}} \tag{3.49}$$

图 3.3(b)显示了在绘制脉冲响应函数时考虑的 4 个相同阻尼系数值。可以得出以下结论：

(1) 对于较低的阻尼系数值，响应振幅在 $\omega=\omega_n$ 附近有一个峰值。

(2) 阻尼越大，响应峰值越小。

(3) 阻尼值增大时，响应峰值的频率向左移动。

通过分析获得“峰值频率”可以解释这些观察结果。将归一化频率响应函数的振幅相对于 $\tilde{\omega}$ 进行微分并设为零，可得

$$\frac{\mathrm{d}}{\mathrm{d}\tilde{\omega}}\left|\frac{\bar{h}(\mathrm{i}\tilde{\omega})}{(1/k)}\right|=0 \text{ 和 } \frac{\mathrm{d}}{\mathrm{d}\tilde{\omega}}\left[(1-\tilde{\omega}^2)^2+4\zeta^2\tilde{\omega}^2\right]^{-1/2} \tag{3.50}$$

求解这个公式，得到

$$\tilde{\omega}_{\max}=\frac{\omega_{\max}}{\omega_n}=\sqrt{1-2\zeta^2} \tag{3.51}$$

对于 $\tilde{\omega}_{\max}$ 的实际值，必须有 $1-2\zeta^2\geqslant 0$ 或 $\zeta<1/\sqrt{2}$ 。只要阻尼系数小于

$1/\sqrt{2}\approx 0.7071$，频率响应函数中就会出现一个峰值。将 $\tilde{\omega}_{\max}$ 代入归一化频率响应表达式(3.49)即可得到最大振幅，即

$$\left|\frac{\bar{h}(\mathrm{i}\varpi)}{(1/k)}\right|_{\max}=\frac{1}{2\zeta\sqrt{1-\zeta^2}} \tag{3.52}$$

这表明最大振幅会随着阻尼系数的增大而减小。阻尼系数对单自由度黏性阻尼系统动力学的影响参见表 3.1。

表 3.1　阻尼系数对单自由度黏性阻尼系统动力学的影响

参数值	动态特性
$\zeta>1$	过阻尼运动——运动是非振荡和指数衰减的
$\zeta=1$	临界阻尼运动——运动是非振荡和指数衰减的
$\zeta<1$	欠阻尼运动——运动是振荡的，呈指数衰减
$1<\zeta\leqslant 1/\sqrt{2}$	振荡运动，但频率响应函数中没有峰值
$1/\sqrt{2}<\zeta$	振荡运动，频率响应函数在归一化频率 $\sqrt{1-2\zeta^2}$ 处有峰值，归一化峰值为 $\dfrac{1}{2\zeta\sqrt{1-\zeta^2}}$

3.3　多自由度无阻尼系统

具有 N 个自由度的无阻尼非吸振系统的运动方程如下所示：

$$\boldsymbol{M}\ddot{\boldsymbol{q}}(t)+\boldsymbol{K}\boldsymbol{q}(t)=\boldsymbol{f}(t) \tag{3.53}$$

其中，$\boldsymbol{M}\in\mathbb{R}^{N\times N}$ 是质量矩阵，$\boldsymbol{K}\in\mathbb{R}^{N\times N}$ 是刚度矩阵，$\boldsymbol{q}(t)\in\mathbb{R}^N$ 是广义坐标向量，$\boldsymbol{f}(t)\in\mathbb{R}^N$ 是强迫向量。式(3.53)表示一组耦合的二阶常微分方程。该方程的求解还需要知道所有坐标的位移和速度的初始条件。初始条件可指定为

$$\boldsymbol{q}(0)=\boldsymbol{q}_0\in\mathbb{R}^N\ \text{且}\ \dot{\boldsymbol{q}}(0)=\dot{\boldsymbol{q}}_0\in\mathbb{R}^N \tag{3.54}$$

我们的目标是利用模态分析法求解式(3.53)以及式(3.54)中的初始条件。

3.3.1　模态分析

Lord Rayleigh[157]指出，运动方程为式(3.53)的无阻尼线性系统能够产生所谓的自然运动。这实质上意味着所有系统坐标都以给定的频率产生谐振，并形成一定的位移

模式。振荡频率和位移模式分别称为固有频率和法向模态。固有频率(ω_j)和模态振型($\boldsymbol{x}_j$)是系统的固有特征，可通过求解相关的矩阵特征值问题获得：

$$\boldsymbol{K}\boldsymbol{x}_j = \omega_j^2 \boldsymbol{M}\boldsymbol{x}_j，\ \forall j=1,\cdots,N \tag{3.55}$$

由于上述特征值问题是以实数对称非负定矩阵 $\boldsymbol{M}$ 和 $\boldsymbol{K}$ 表示的，因此特征值和特征向量都是实数，即 $\omega_j \in \mathbb{R}$ 和 $\boldsymbol{x}_j \in \mathbb{R}^N$ 。将式(3.55)与 $\boldsymbol{x}_k^{\mathrm{T}}$ 相乘，可得

$$\boldsymbol{x}_k^{\mathrm{T}} \boldsymbol{K}\boldsymbol{x}_j = \omega_j^2 \boldsymbol{x}_k^{\mathrm{T}} \boldsymbol{M}\boldsymbol{x}_j \tag{3.56}$$

对上式进行转置，并注意到 $\boldsymbol{M}$ 和 $\boldsymbol{K}$ 是对称矩阵，可以得出

$$\boldsymbol{x}_j^{\mathrm{T}} \boldsymbol{K}\boldsymbol{x}_k = \omega_j^2 \boldsymbol{x}_j^{\mathrm{T}} \boldsymbol{M}\boldsymbol{x}_k \tag{3.57}$$

现在考虑第 k 个模态的特征值公式：

$$\boldsymbol{K}\boldsymbol{x}_k = \omega_k^2 \boldsymbol{M}\boldsymbol{x}_k \tag{3.58}$$

将式(3.58)乘以 $\boldsymbol{x}_j^{\mathrm{T}}$ 得

$$\boldsymbol{x}_j^{\mathrm{T}} \boldsymbol{K}\boldsymbol{x}_k = \omega_k^2 \boldsymbol{x}_j^{\mathrm{T}} \boldsymbol{M}\boldsymbol{x}_k \tag{3.59}$$

用式(3.59)减式(3.57)，得

$$\left(\omega_k^2 - \omega_j^2\right) \boldsymbol{x}_j^{\mathrm{T}} \boldsymbol{M}\boldsymbol{x}_k = 0 \tag{3.60}$$

由于我们假设固有频率不重复，当 $j \neq k$ 时，$\omega_j \neq \omega_k$ 。因此，从式(3.60)可以得出

$$\boldsymbol{x}_k^{\mathrm{T}} \boldsymbol{M}\boldsymbol{x}_j = 0 \tag{3.61}$$

根据式(3.57)，还可以得出

$$\boldsymbol{x}_k^{\mathrm{T}} \boldsymbol{K}\boldsymbol{x}_j = 0 \tag{3.62}$$

这两种关系通常称为模态正交关系。如果对 $\boldsymbol{x}_j$ 进行归一化处理，使 $\boldsymbol{x}_j \boldsymbol{M}\boldsymbol{x}_j = 1$，那么从式(3.57)可以得出 $\boldsymbol{x}_j \boldsymbol{K}\boldsymbol{x}_j = \omega_j^2$ 。这种归一化称为质量统一归一化，是实际中常用的一种惯例。式(3.61)和式(3.62)被称为正交关系。这些公式与归一化关系相结合，可以用克罗内克函数 δ_{lj} 简明地写成

$$\boldsymbol{x}_l^{\mathrm{T}} \boldsymbol{M}\boldsymbol{x}_j = \delta_{lj} \tag{3.63}$$

$$\boldsymbol{x}_l^{\mathrm{T}} \boldsymbol{K} \boldsymbol{x}_j = \omega_j^2 \delta_{lj}, \forall l, j = 1, \cdots, N \tag{3.64}$$

注意，$l=j$ 时 $\delta_{lj}=1$，否则 $\delta_{lj}=0$。式(3.63)中特征向量的性质也称为质量正交关系。无阻尼特征值问题的求解现已成为许多有限元软件包的标准。有多种高效算法可用于此目的，例如参见[14, 207]。关于基于 Krylov 子空间的技术，可以参考出版物[11, 12, 49]，以进一步提高数值效率。

无阻尼模态的这种正交特性非常强大，因为它可将一组耦合微分方程转换为一组独立公式。为方便起见，可构建矩阵

$$\boldsymbol{\Omega} = \mathrm{diag}[\omega_1, \omega_2, \cdots, \omega_N] \in \mathbb{R}^{N \times N} \tag{3.65}$$

和

$$\boldsymbol{X} = [\boldsymbol{x}_1, \boldsymbol{x}_2, \cdots, \boldsymbol{x}_N] \in \mathbb{R}^{N \times N} \tag{3.66}$$

其中特征值的排列方式为 $\omega_1<\omega_2$, $\omega_2<\omega_3$, …, $\omega_k<\omega_{k+1}$。矩阵 $\boldsymbol{X}$ 称为无阻尼模态矩阵。使用这些矩阵符号，正交关系式(3.63)和式(3.64)可以重写为

$$\boldsymbol{X}^{\mathrm{T}} \boldsymbol{M} \boldsymbol{X} = \boldsymbol{I} \tag{3.67}$$

和

$$\boldsymbol{X}^{\mathrm{T}} \boldsymbol{K} \boldsymbol{X} = \boldsymbol{\Omega}^2 \tag{3.68}$$

其中，$\boldsymbol{I}$ 是一个 $N \times N$ 的单位矩阵。使用以下坐标变换(称为模态变换)：

$$\boldsymbol{q}(t) = \boldsymbol{X}\boldsymbol{y}(t) \tag{3.69}$$

将 $\boldsymbol{q}(t)$代入式(3.53)，再乘以 $\boldsymbol{X}^{\mathrm{T}}$，并利用式(3.67)和式(3.68)中的正交关系，可得到模态坐标的运动方程

$$\ddot{\boldsymbol{y}}(t) + \boldsymbol{\Omega}^2 \boldsymbol{y}(t) = \boldsymbol{f}'(t)$$

或 (3.70)

$$\ddot{y}(t) + \omega_j^2 y_j(t) = f_j'(t) \quad \forall_j = 1, \cdots, N$$

$\bar{\boldsymbol{f}}'(t)=\boldsymbol{X}^{\mathrm{T}}\boldsymbol{f}(t)$是模态坐标中的作用力函数。这种方法大大简化了动态分析，因为复杂的多自由度系统可被视为单自由度振荡器的集合。这种分析线性无阻尼系统的方法称为模态分析(modal analysis)，可能是进行复杂工程结构振动分析的最有效工具。除了数值效率，固有频率和模态振型还为了解系统振动的本质提供了宝贵的物理见解。

3.3.2 动态响应

本节将概述如何利用模态分析获得系统的动态响应表达式。首先介绍频域分析，然后介绍时域分析。

1. 频域分析

先讨论动态系统的稳态响应。对式(3.53)进行拉普拉斯变换并采用式(3.54)中的初始条件，可以得到

$$s^2\boldsymbol{M}\overline{\boldsymbol{q}}(s)-s\boldsymbol{M}\boldsymbol{q}_0-\boldsymbol{M}\dot{\boldsymbol{q}}_0+\boldsymbol{K}\overline{\boldsymbol{q}}(s)=\overline{\boldsymbol{f}}(s) \tag{3.71}$$

或

$$\left[s^2\boldsymbol{M}+\boldsymbol{K}\right]\overline{\boldsymbol{q}}(s)=\overline{\boldsymbol{f}}(s)+\boldsymbol{M}\dot{\boldsymbol{q}}_0+s\boldsymbol{M}\boldsymbol{q}_0=\overline{\boldsymbol{p}}(s) \tag{3.72}$$

使用模态变换

$$\overline{\boldsymbol{q}}(s)=\boldsymbol{X}\overline{\boldsymbol{y}}(s) \tag{3.73}$$

将式(3.72)与 $\boldsymbol{X}^{\mathrm{T}}$ 相乘，可得到

$$\left[s^2\boldsymbol{M}+\boldsymbol{K}\right]\boldsymbol{X}\overline{\boldsymbol{y}}(s)=\overline{\boldsymbol{p}}(s)\quad 或\quad \left\{\boldsymbol{X}^{\mathrm{T}}[s^2\boldsymbol{M}+\boldsymbol{K}]\boldsymbol{X}\right\}\overline{\boldsymbol{y}}(s)=\boldsymbol{X}^{\mathrm{T}}\overline{\boldsymbol{p}}(s) \tag{3.74}$$

利用式(3.67)和式(3.68)中的正交关系，这个公式可以简化为

$$\left[s^2\boldsymbol{I}+\boldsymbol{\Omega}^2\right]\overline{\boldsymbol{y}}(s)=\boldsymbol{X}^{\mathrm{T}}\overline{\boldsymbol{p}}(s) \tag{3.75}$$

或者

$$\overline{\boldsymbol{y}}(s)=\left[s^2\boldsymbol{I}+\boldsymbol{\Omega}^2\right]^{-1}\boldsymbol{X}^{\mathrm{T}}\overline{\boldsymbol{p}}(s) \tag{3.76}$$

或者

$$\boldsymbol{X}\overline{\boldsymbol{y}}(s)=\left[s^2\boldsymbol{I}+\boldsymbol{\Omega}^2\right]^{-1}\boldsymbol{X}^{\mathrm{T}}\overline{\boldsymbol{p}}(s)\quad (乘\boldsymbol{X}) \tag{3.77}$$

或者

$$\overline{\boldsymbol{q}}(s)=\boldsymbol{X}\left[s^2\boldsymbol{I}+\boldsymbol{\Omega}^2\right]^{-1}\boldsymbol{X}^{\mathrm{T}}\boldsymbol{p}(s)\quad (使用式(3.73)) \tag{3.78}$$

或者

$$\overline{\boldsymbol{q}}(s)=\boldsymbol{X}\left[s^2\boldsymbol{I}+\boldsymbol{\Omega}^2\right]^{-1}\boldsymbol{X}^{\mathrm{T}}\left\{\overline{\boldsymbol{f}}(s)+\boldsymbol{M}\dot{\boldsymbol{q}}_0+s\boldsymbol{M}\boldsymbol{q}_0\right\}\quad (使用式(3.72)) \tag{3.79}$$

式(3.79)是采用模态分析法对无阻尼动态响应的完整求解。结构动力学通常采用频域分析。将 s=ωi 代入即可得到频域动态响应，即

$$\begin{aligned}\bar{\boldsymbol{q}}(\mathrm{i}\omega) &= \boldsymbol{X}\left[-\omega^2\boldsymbol{I}+\boldsymbol{\Omega}^2\right]^{-1}\boldsymbol{X}^{\mathrm{T}}\left\{\bar{\boldsymbol{f}}(\mathrm{i}\omega)+\boldsymbol{M}\dot{\boldsymbol{q}}_0+\mathrm{i}\omega\boldsymbol{M}\boldsymbol{q}_0\right\} \\ &= \boldsymbol{H}(\mathrm{i}\omega)\left\{\bar{\boldsymbol{f}}(\mathrm{i}\omega)+\boldsymbol{M}\dot{\boldsymbol{q}}_0+\mathrm{i}\omega\boldsymbol{M}\boldsymbol{q}_0\right\}\end{aligned} \tag{3.80}$$

上式中的术语表示如下：

$$\boldsymbol{H}(\mathrm{i}\omega)=\boldsymbol{X}[-\omega^2\boldsymbol{I}+\boldsymbol{\Omega}^2]^{-1}\boldsymbol{X}^{\mathrm{T}} \tag{3.81}$$

其通常被称为传递函数矩阵。注意，$[-\omega^2\boldsymbol{I}+\boldsymbol{\Omega}^2]$ 是对角矩阵，因此很容易求出其逆矩阵，因为

$$\left[-\omega^2\boldsymbol{I}+\boldsymbol{\Omega}^2\right]^{-1}=\operatorname{diag}\left[\frac{1}{\omega_1^2-\omega^2},\frac{1}{\omega_2^2-\omega^2},\cdots,\frac{1}{\omega_N^2-\omega^2}\right] \tag{3.82}$$

乘积 $\boldsymbol{X}[-\omega^2\boldsymbol{I}+\boldsymbol{\Omega}^2]^{-1}\boldsymbol{X}^{\mathrm{T}}$ 可以表示为

$$\begin{aligned}&\boldsymbol{X}[-\omega^2\boldsymbol{I}+\boldsymbol{\Omega}^2]^{-1}\boldsymbol{X}^{\mathrm{T}} \\ &=[\boldsymbol{x}_1,\boldsymbol{x}_2,\cdots,\boldsymbol{x}_N]\operatorname{diag}\left[\frac{1}{\omega_1^2-\omega^2},\frac{1}{\omega_2^2-\omega^2},\cdots,\frac{1}{\omega_N^2-\omega^2}\right]\begin{bmatrix}\boldsymbol{x}_1^{\mathrm{T}}\\ \boldsymbol{x}_2^{\mathrm{T}}\\ \vdots\\ \boldsymbol{x}_N^{\mathrm{T}}\end{bmatrix}\end{aligned} \tag{3.83}$$

$$\begin{aligned}&=[\boldsymbol{x}_1,\boldsymbol{x}_2,\cdots,\boldsymbol{x}_N]\begin{bmatrix}\dfrac{\boldsymbol{x}_1^{\mathrm{T}}}{\omega_1^2-\omega^2}\\ \dfrac{\boldsymbol{x}_2^{\mathrm{T}}}{\omega_2^2-\omega^2}\\ \vdots\\ \dfrac{\boldsymbol{x}_N^{\mathrm{T}}}{\omega_N^2-\omega^2}\end{bmatrix} \\ &\left[\frac{\boldsymbol{x}_1\boldsymbol{x}_1^{\mathrm{T}}}{\omega_1^2-\omega^2}+\frac{\boldsymbol{x}_2\boldsymbol{x}_2^{\mathrm{T}}}{\omega_2^2-\omega^2}+\cdots+\frac{\boldsymbol{x}_N\boldsymbol{x}_N^{\mathrm{T}}}{\omega_N^2-\omega^2}\right]\end{aligned} \tag{3.84}$$

由此可以得到我们熟悉的传递函数矩阵表达式

$$\boldsymbol{H}(\mathrm{i}\omega)=\sum_{j=1}^{N}\frac{\boldsymbol{x}_j\boldsymbol{x}_j^{\mathrm{T}}}{\omega_j^2-\omega^2} \tag{3.85}$$

将 $\boldsymbol{H}(\mathrm{i}\omega)$代入动态响应表达式(3.80)，可得

$$\begin{aligned}\overline{\boldsymbol{q}}(\mathrm{i}\omega) &= \sum_{j=1}^{N} \frac{\boldsymbol{x}_j \boldsymbol{x}_j^{\mathrm{T}} \left\{ \overline{\boldsymbol{f}}(\mathrm{i}\omega) + \boldsymbol{M}\dot{\boldsymbol{q}}_0 + \mathrm{i}\omega \boldsymbol{M}\boldsymbol{q}_0 \right\}}{\omega_j^2 - \omega^2} \\ &= \sum_{j=1}^{N} \frac{\boldsymbol{x}_j^{\mathrm{T}} \overline{\boldsymbol{f}}(\mathrm{i}\omega) + \boldsymbol{x}_j^{\mathrm{T}} \boldsymbol{M}\dot{\boldsymbol{q}}_0 + \mathrm{i}\omega \boldsymbol{x}_j^{\mathrm{T}} \boldsymbol{M}\boldsymbol{q}_0}{\omega_j^2 - \omega^2}\end{aligned} \tag{3.86}$$

该表达式表明，系统的动态响应是各模态振型的线性组合。

2. 时域分析

在拉普拉斯域中重写式(3.86)中的频域响应表达式，可得

$$\overline{\boldsymbol{q}}(s) = \sum_{j=1}^{N} \left\{ \frac{\boldsymbol{x}_j^{\mathrm{T}} \overline{\boldsymbol{f}}(s)}{s^2 + \omega_j^2} + \frac{\boldsymbol{x}_j^{\mathrm{T}} \boldsymbol{M}\dot{\boldsymbol{q}}_0}{s^2 + \omega_j^2} + \frac{s}{s^2 + \omega_j^2} \boldsymbol{x}_j^{\mathrm{T}} \boldsymbol{M}\boldsymbol{q}_0 \right\} \boldsymbol{x}_j \tag{3.87}$$

要获得时域中的振动响应，需要考虑反拉普拉斯变换。对 $\overline{\boldsymbol{q}}(s)$ 进行反拉普拉斯变换，得到

$$\boldsymbol{q}(t) = \mathcal{L}^{-1}[\overline{\boldsymbol{q}}(s)] = \sum_{j=1}^{N} a_j(t) \boldsymbol{x}_j \tag{3.88}$$

其中，与时间相关的常数为

$$a_j(t) = \mathcal{L}^{-1}\left[\frac{\boldsymbol{x}_j^{\mathrm{T}} \overline{\boldsymbol{f}}(s)}{s^2 + \omega_j^2} \right] + \mathcal{L}^{-1}\left[\frac{1}{s^2 + \omega_j^2} \right] \boldsymbol{x}_j^{\mathrm{T}} \boldsymbol{M}\dot{\boldsymbol{q}}_0 + \mathcal{L}^{-1}\left[\frac{s}{s^2 + \omega_j^2} \right] \boldsymbol{x}_j^{\mathrm{T}} \boldsymbol{M}\boldsymbol{q}_0 \tag{3.89}$$

根据 3.1.2 节所述的反拉普拉斯变换方法，式(3.89)中的时间相关系数 a_j 可以表示为

$$a_j(t) = \int_0^t \frac{1}{\omega_j} \boldsymbol{x}_j^{\mathrm{T}} \boldsymbol{f}(\tau) \sin(\omega_j (t - \tau)) \mathrm{d}\tau + \frac{1}{\omega_j} \sin(\omega_j t) \boldsymbol{x}_j^{\mathrm{T}} \boldsymbol{M}\dot{\boldsymbol{q}}_0 + \cos(\omega_j t) \boldsymbol{x}_j^{\mathrm{T}} \boldsymbol{M}\boldsymbol{q}_0 \tag{3.90}$$

收集与 $\sin(\omega_{d_j} t)$ 和 $\cos(\omega_{d_j} t)$ 相关的项，该表达式可简化为

$$a_j(t) = \int_0^t \frac{1}{\omega_j} \boldsymbol{x}_j^{\mathrm{T}} \boldsymbol{f}(\tau) \sin(\omega_j (t - \tau)) \mathrm{d}\tau + B_j \cos(\omega_j t - \vartheta_j) \tag{3.91}$$

其中

$$B_j = \sqrt{\left(\boldsymbol{x}_j^{\mathrm{T}} \boldsymbol{M}\boldsymbol{q}_0 \right)^2 + \left(\frac{\boldsymbol{x}_j^{\mathrm{T}} \boldsymbol{M}\dot{\boldsymbol{q}}_0}{\omega_j} \right)^2} \tag{3.92}$$

和

$$\tan\vartheta_j = \frac{\boldsymbol{x}_j^{\mathrm{T}}\boldsymbol{M}\dot{\boldsymbol{q}}_0}{\omega_j(\boldsymbol{x}_j^{\mathrm{T}}\boldsymbol{M}\boldsymbol{q}_0)} \tag{3.93}$$

注意式(3.91)的第二部分，即 $B_j\cos(\omega_j t-\vartheta_j)$项仅取决于初始条件，与所加载荷无关。

3.4　比例阻尼系统

黏性阻尼系统的运动方程可由拉格朗日方程并利用瑞利耗散函数求得。非作用力可由下式求得：

$$Q_{nck} = -\frac{\partial \boldsymbol{F}}{\partial \dot{q}_k},\ k=1,\cdots,N \tag{3.94}$$

因此，该运动方程可以表示为

$$\boldsymbol{M}\ddot{\boldsymbol{q}}(t)+\boldsymbol{C}\dot{\boldsymbol{q}}(t)+\boldsymbol{K}\boldsymbol{q}(t)=\boldsymbol{f}(t) \tag{3.95}$$

目的是通过 3.3.1 节所述的经典模态分析来求解该方程以及初始条件。利用式(3.69)中的模态变换，将式(3.95)与 $\boldsymbol{X}^{\mathrm{T}}$ 相乘，并利用式(3.67)和式(3.68)中的正交关系，可以得到阻尼系统在模态坐标下的运动方程为

$$\ddot{\boldsymbol{y}}(t)+\boldsymbol{X}^{\mathrm{T}}\boldsymbol{C}\boldsymbol{X}\dot{\boldsymbol{y}}(t)+\boldsymbol{\Omega}^2\boldsymbol{y}(t)=\tilde{\boldsymbol{f}}(t) \tag{3.96}$$

显然，除非 $\boldsymbol{X}^{\mathrm{T}}\boldsymbol{C}\boldsymbol{X}$ 是对角矩阵，否则采用模态分析不会有任何好处，因为运动方程仍然是耦合的。为了解决这个问题，通常会假设比例阻尼，之后将对此进行详细讨论。

根据比例阻尼假设，阻尼矩阵 $\boldsymbol{C}$ 可同时与 $\boldsymbol{M}$ 和 $\boldsymbol{K}$ 对角。

$$\boldsymbol{C}'=\boldsymbol{X}^{\mathrm{T}}\boldsymbol{C}\boldsymbol{X} \tag{3.97}$$

这意味着模态坐标中的阻尼矩阵是一个对角矩阵。该矩阵也称为模态阻尼矩阵。阻尼系数 ζ_j 由模态阻尼矩阵的对角线元素定义为

$$C'_{jj}=2\zeta_j\omega_j \quad \forall j=1,\cdots,N \tag{3.98}$$

这种阻尼模型由 Lord Rayleigh[157]引入，可以用与无阻尼系统完全相同的方式分析阻尼系统，因为模态坐标中的运动方程可以解耦为

$$\ddot{y}_j(t)+2\zeta_j\omega_j\dot{y}_j(t)+\omega_j^2 y_j(t)=\tilde{f}_j(t) \quad \forall j=1,\cdots,N \tag{3.99}$$

比例阻尼模型将阻尼矩阵表示为质量和刚度矩阵的线性组合，即

$$C = \alpha_1 M + \alpha_2 K \tag{3.100}$$

其中，α_1 和 α_2 为实数标量。这种阻尼模型也被称为“Rayleigh 阻尼”或“经典阻尼”。经典阻尼系统的模态保留了无阻尼情况下实数法向模态的简单性。后来，Caughey 和 O'Kelly[26]在一篇重要论文中指出，经典阻尼可在更一般的情况下存在。

3.4.1 比例阻尼的条件

Caughey 和 O'Kelly[26]推导出了系统矩阵必须满足的条件，从而使黏性阻尼线性系统具有经典法向模态。结果可用下面的定理来描述。

定理 3.1

当且仅当 $\boldsymbol{C}\boldsymbol{M}^{-1}\boldsymbol{K}=\boldsymbol{K}\boldsymbol{M}^{-1}\boldsymbol{C}$ 时，黏性阻尼系统(3.95)具有经典法向模态。

证明概要 详细证明见 Caughey 和 O'Kelly 的原始论文[26]。设 $\boldsymbol{M}$ 不是奇异的，将式(3.95)与 $\boldsymbol{M}^{-1}$ 相乘，可以得到

$$\boldsymbol{I}\ddot{\boldsymbol{q}}(t) + [\boldsymbol{M}^{-1}\boldsymbol{C}]\dot{\boldsymbol{q}}(t) + [\boldsymbol{M}^{-1}\boldsymbol{K}]\boldsymbol{q}(t) = \boldsymbol{M}^{-1}\boldsymbol{f}(t) \tag{3.101}$$

对于经典法向模态，式(3.101)必须通过正交变换对角化。两个矩阵 $\boldsymbol{A}$ 和 $\boldsymbol{B}$ 可以通过正交变换对角化，前提是它们的乘积符合交换律[16]，即 $\boldsymbol{AB}=\boldsymbol{BA}$。

$$\begin{gathered}[\boldsymbol{M}^{-1}\boldsymbol{C}][\boldsymbol{M}^{-1}\boldsymbol{K}] = [\boldsymbol{M}^{-1}\boldsymbol{K}][\boldsymbol{M}^{-1}\boldsymbol{C}] \\ \text{或 } \boldsymbol{C}\boldsymbol{M}^{-1}\boldsymbol{K} = \boldsymbol{K}\boldsymbol{M}^{-1}\boldsymbol{C}\text{(将两边都左乘}\boldsymbol{M}\text{)}\end{gathered} \tag{3.102}$$

该定理的修改版和通用版本已在[1]中证明。

例 3.1 设系统的质量矩阵、刚度矩阵和阻尼矩阵为

$$\begin{gathered}\boldsymbol{M} = \begin{bmatrix} 1.0 & 1.0 & 1.0 \\ 1.0 & 2.0 & 2.0 \\ 1.0 & 2.0 & 3.0 \end{bmatrix}, \boldsymbol{K} = \begin{bmatrix} 2 & -1 & 0.5 \\ -1 & 1.2 & 0.4 \\ 0.5 & 0.4 & 1.8 \end{bmatrix} \\ \boldsymbol{C} = \begin{bmatrix} 15.25 & -9.8 & 3.4 \\ -9.8 & 6.48 & -1.84 \\ 3.4 & -1.84 & 2.22 \end{bmatrix}\end{gathered} \tag{3.103}$$

可以验证，所有系统矩阵都是正定矩阵。质量归一化无阻尼模态矩阵为

$$X=\begin{bmatrix}0.4027 & -0.5221 & -1.2511\\ 0.5845 & -0.4888 & 1.1914\\ -0.1127 & 0.9036 & -0.4134\end{bmatrix} \tag{3.104}$$

因为 Caughey 和 O'Kelly 的条件为

$$KM^{-1}C=CM^{-1}M=\begin{bmatrix}125.45 & -80.92 & 28.61\\ -80.92 & 52.272 & -18.176\\ 28.61 & -18.176 & 7.908\end{bmatrix} \tag{3.105}$$

满足以上条件时，系统就具有了经典法向模态，式(3.104)中给出的 X 就是模态矩阵。由于系统是正定的，因此还有两个等价条件，即

$$MK^{-1}C=CK^{-1}M=\begin{bmatrix}2.0 & -1.0 & 0.5\\ -1.0 & 1.2 & 0.4\\ 0.5 & 0.4 & 1.8\end{bmatrix} \tag{3.106}$$

和

$$MC^{-1}K=KC^{-1}M=\begin{bmatrix}4.1 & 6.2 & 5.6\\ 6.2 & 9.73 & 9.2\\ 5.6 & 9.2 & 9.6\end{bmatrix} \tag{3.107}$$

也能满足要求。

3.4.2　广义比例阻尼

对于大多数系统而言，不可能像质量和刚度矩阵那样从“基本原理”中获得阻尼矩阵。因此，假定 M 和 K 已知，我们通常希望找到与 M 和 K 有关的 C，从而使系统仍具有经典的法向模态。当然，这方面最早的研究是 Rayleigh[157]在式(3.100)中所示的比例阻尼。可以验证的是，对于正定系统，以这种方式表达 C 将始终满足例 3.1 所给出的条件。Caughey[25]提出，经典法向模态存在的充分条件是：$M^{1}C$ 可以用一个包含 $M^{1}K$ 幂的级数来表示。其结果概括了 Rayleigh 的结果，即数列的前两项。后来，Caughey 和 O'Kelly[26]证明了阻尼的级数表示法

$$C=M\sum_{j=0}^{N-1}\alpha_j\left[M^{-1}K\right]^j \tag{3.108}$$

是无重根系统存在经典常模的必要条件和充分条件。这个数列现在被称为“Caughey

数列”。

文献[1]提出了比例阻尼的另一种通用有用形式。可以证明，能用以下形式表示阻尼矩阵：

$$\boldsymbol{C}=\boldsymbol{M}\beta_1(\boldsymbol{M}^{-1}\boldsymbol{K})+\boldsymbol{K}\beta_2(\boldsymbol{K}^{-1}\boldsymbol{M}) \tag{3.109}$$

或使用：

$$\boldsymbol{C}=\beta_3(\boldsymbol{K}\boldsymbol{M}^{-1})\boldsymbol{M}+\beta_4(\boldsymbol{M}\boldsymbol{K}^{-1})\boldsymbol{K} \tag{3.110}$$

函数 $\beta_i(\bullet),i=1,\ldots,4$ 可以具有非常通用的形式——它们可以由任意数量的乘法、除法、求和、减法或任何其他函数的幂组成，甚至可以是函数组合。因此，在式(3.109)和式(3.110)中可以使用适用于标量的任何可能的解析函数形式。自然，适用于标量函数的常见限制也是有效的，例如，负数没有对数。虽然函数 $\beta_i(\bullet),i=1,\ldots,4$ 是一般函数，但由于函数中参数的特殊性质，式(3.109)或式(3.110)中 $\boldsymbol{C}$ 的表达式受到限制。因此，式(3.109)或式(3.110)中表示的 $\boldsymbol{C}$ 并不涵盖整个 $\mathbb{R}^{N\times N}$，众所周知，许多阻尼系统并不具有经典的法向模态。

Rayleigh 的结果(3.100)可以作为一种非常特殊的情况从式(3.109)或式(3.110)中直接得到，方法是选择每个矩阵函数 $\beta_i(\bullet)$作为实数标量乘以一个单位矩阵，即

$$\beta_i(\bullet)=\alpha_i\boldsymbol{I} \tag{3.111}$$

式(3.109)或式(3.110)所表示的阻尼矩阵提供了一种解释“Rayleigh 阻尼”或“比例阻尼”的新方法，其中 $\boldsymbol{M}$ 和 $\boldsymbol{K}$ 的右侧或左侧相关的单位矩阵(始终)被带有适当参数的任意矩阵函数 $\beta_i(\bullet)$所取代。这种阻尼模型称为广义比例阻尼(generalized proportional damping)。我们称式(3.109)中的表示为右函数形式(right-functional form)，式(3.110)中的表示为左函数形式(left-functional form)。Caughey 数列(3.108)就是右函数形式的一个例子。注意，如果 $\boldsymbol{M}$ 或 $\boldsymbol{K}$ 是奇异的，那么涉及其相应逆的参数必须从函数中删除。函数 $\beta_i(\bullet)$可被称为比例阻尼函数，这与 Rayleigh 模型中比例阻尼常数(α_i)的定义是一致的。通过以上讨论，可以得出以下关于阻尼线性系统的一般结果。

定理 3.2

当且仅当 $\boldsymbol{C}$ 可用以下方式表示时，黏性阻尼正定线性系统具有经典法向模态：

(a) $\boldsymbol{C}=\boldsymbol{M}\beta_1(\boldsymbol{M}^{-1}\boldsymbol{K})+\boldsymbol{K}\beta_2(\boldsymbol{K}^{-1}\boldsymbol{M})$，或

(b) 对于任何 $\beta_i(\bullet)$，$i=1,\ldots,4$，$\boldsymbol{C}=\beta_3(\boldsymbol{K}\boldsymbol{M}^{-1})\boldsymbol{M}+\beta_4(\boldsymbol{M}\boldsymbol{K}^{-1})\boldsymbol{K}$

证明 先考虑“当”部分。设 $\boldsymbol{X}$ 是质量归一化模态矩阵，$\boldsymbol{\Omega}$ 是包含无阻尼固有频率的对角矩阵。根据这些量的定义，可以得出

$$\boldsymbol{X}^{\mathrm{T}}\boldsymbol{M}\boldsymbol{X}=\boldsymbol{I} \tag{3.112}$$

和

$$\boldsymbol{X}^{\mathrm{T}}\boldsymbol{K}\boldsymbol{X}=\boldsymbol{\Omega}^2 \tag{3.113}$$

从这些公式可以得出

$$\boldsymbol{M}=\boldsymbol{X}^{-\mathrm{T}}\boldsymbol{X}^{-1},\ \ \boldsymbol{K}=\boldsymbol{X}^{-\mathrm{T}}\boldsymbol{\Omega}^2\boldsymbol{X}^{-1} \tag{3.114}$$

$$\boldsymbol{M}^{-1}\boldsymbol{K}=\boldsymbol{X}\boldsymbol{\Omega}^2\boldsymbol{X}^{-1}\text{ 和 }\boldsymbol{K}^{-1}\boldsymbol{M}=\boldsymbol{X}\boldsymbol{\Omega}^{-2}\boldsymbol{X}^{-1} \tag{3.115}$$

由于设函数 $\beta_1(\bullet)$和 $\beta_2(\bullet)$分别在 $\boldsymbol{M}^1\boldsymbol{K}$ 和 $\boldsymbol{K}^1\boldsymbol{M}$ 的所有特征值附近是解析的，因此可以用泰勒级数展开的多项式形式表示。根据 Bellman[16](第 6 章)，可以得到

$$\beta_1(\boldsymbol{M}^{-1}\boldsymbol{K})=\boldsymbol{X}\beta_1(\boldsymbol{\Omega}^2)\boldsymbol{X}^{-1} \tag{3.116}$$

和

$$\beta_2(\boldsymbol{K}^{-1}\boldsymbol{M})=\boldsymbol{X}\beta_2(\boldsymbol{\Omega}^{-2})\boldsymbol{X}^{-1} \tag{3.117}$$

如果 $\boldsymbol{X}^{\mathrm{T}}\boldsymbol{C}\boldsymbol{X}$ 是对角矩阵，黏性阻尼系统将具有经典法向模态。考虑到定理中的表达式(a)，并使用式(3.114)和式(3.115)，可得出

$$\begin{aligned}\boldsymbol{X}^{\mathrm{T}}\boldsymbol{C}\boldsymbol{X}&=\boldsymbol{X}^{\mathrm{T}}[\boldsymbol{M}\beta_1(\boldsymbol{M}^{-1}\boldsymbol{K})+\boldsymbol{K}\beta_2(\boldsymbol{K}^{-1}\boldsymbol{M})]\boldsymbol{X}\\&=\boldsymbol{X}^{\mathrm{T}}\left[\boldsymbol{X}^{-\mathrm{T}}\boldsymbol{X}^{-1}\beta_1(\boldsymbol{M}^{-1}\boldsymbol{K})+\boldsymbol{X}^{-\mathrm{T}}\boldsymbol{\Omega}^2\boldsymbol{X}^{-1}\beta_2(\boldsymbol{K}^{-1}\boldsymbol{M})\right]\boldsymbol{X}\end{aligned} \tag{3.118}$$

利用式(3.116)和式(3.117)并进行矩阵乘法，式(3.118)可化简为

$$\begin{aligned}\boldsymbol{X}^{\mathrm{T}}\boldsymbol{C}\boldsymbol{X}&=\left[\boldsymbol{X}^{-1}\boldsymbol{X}\beta_1(\boldsymbol{\Omega}^2)\boldsymbol{X}^{-1}+\boldsymbol{\Omega}^2\boldsymbol{X}^{-1}\boldsymbol{X}\beta_2(\boldsymbol{\Omega}^{-2})\boldsymbol{X}^{-1}\right]\boldsymbol{X}\\&=\beta_1(\boldsymbol{\Omega}^2)+\boldsymbol{\Omega}^2\beta_2(\boldsymbol{\Omega}^{-2})\end{aligned} \tag{3.119}$$

式(3.119)清楚地表明，$\boldsymbol{X}^{\mathrm{T}}\boldsymbol{C}\boldsymbol{X}$ 是一个对角矩阵。

为了证明“仅当”部分，设

$$\boldsymbol{P}=\boldsymbol{X}^{\mathrm{T}}\boldsymbol{C}\boldsymbol{X} \tag{3.120}$$

是一个普通矩阵(不一定是对角矩阵)。那么存在一个非零矩阵 $\boldsymbol{S}$，使得(相似性变换)

$$\boldsymbol{S}^{-1}\boldsymbol{P}\boldsymbol{S}=\mathcal{D} \tag{3.121}$$

其中 $\mathcal{D}$ 是对角矩阵。利用式(3.119)和式(3.120)可以得出

$$S^{-1}\mathcal{D}_1 S = \mathcal{D} \tag{3.122}$$

其中 $\mathcal{D}_1$ 是另一个对角矩阵。式(3.122)表明两个对角矩阵通过相似性变换建立联系。只有当它们相同且变换矩阵是单位矩阵时，才会发生这种关系，即 $\boldsymbol{S}=\boldsymbol{I}$。将其用于式(3.121)证明 $\boldsymbol{P}$ 必须是对角矩阵。

例 3.2 为研究这一结果的适用性，将证明满足自由振动方程

$$\begin{aligned}\boldsymbol{M}\ddot{\boldsymbol{q}} + \Bigg[& \boldsymbol{M}\mathrm{e}^{-(\boldsymbol{M}^{-1}\boldsymbol{K})^2/2}\sinh(\boldsymbol{K}^{-1}\boldsymbol{M}\ \mathrm{In}(\boldsymbol{M}^{-1}\boldsymbol{K})^{2/3}) \\ & +\boldsymbol{K}\cos^2(\boldsymbol{K}^{-1}\boldsymbol{M})\sqrt[4]{\boldsymbol{K}^{-1}\boldsymbol{M}}\tan^{-1}\frac{\sqrt{\boldsymbol{M}^{-1}\boldsymbol{K}}}{\pi}\Bigg]\dot{\boldsymbol{q}} + \boldsymbol{K}\boldsymbol{q} = 0\end{aligned} \tag{3.123}$$

的线性动力系统具有经典的法向模态，可用模态分析法进行分析。这里的 $\boldsymbol{M}$ 和 $\boldsymbol{K}$ 与例 3.1 相同。

直接计算显示

$$\boldsymbol{C}=\begin{bmatrix} -67.9188 & -104.8208 & -95.9566 \\ -104.8208 & -161.1897 & -147.7378 \\ -95.9566 & -147.7378 & -135.2643 \end{bmatrix} \tag{3.124}$$

利用前面计算的模态矩阵(3.104)，可得到

$$\boldsymbol{X}^{\mathrm{T}}\boldsymbol{C}\boldsymbol{X} = \begin{bmatrix} -88.9682 & 0.0 & 0.0 \\ 0.0 & 0.0748 & 0.0 \\ 0.0 & 0.0 & 0.5293 \end{bmatrix} \tag{3.125}$$

上式是一个对角矩阵。模态阻尼系数的解析式为

$$2\zeta_j\omega_j = \mathrm{e}^{-\omega_j^4/2}\sinh\left(\frac{1}{\omega_j^2}\mathrm{In}\frac{4}{3}\omega_j\right) + \omega_j^2\cos^2\left(\frac{1}{\omega_j^2}\right)\frac{1}{\sqrt{\omega_j}}\tan^{-1}\frac{\omega_j}{\pi} \tag{3.126}$$

在广义比例阻尼方面出现的一个自然问题是如何从实验模态分析中获得阻尼函数。这个问题将在后续章节中讨论。

3.4.3 动态响应

比例阻尼系统的动态响应与 3.3.2 中讨论的无阻尼系统的动态响应类似。这里既介绍频域方法，也介绍时域方法。

1. 频域分析

对式(3.95)进行拉普拉斯变换并采用式(3.54)中的初始条件，可以得到

$$s^2\boldsymbol{M}\bar{\boldsymbol{q}} - s\boldsymbol{M}\boldsymbol{q}_0 - \boldsymbol{M}\dot{\boldsymbol{q}}_0 + s\boldsymbol{C}\bar{\boldsymbol{q}} - \boldsymbol{C}\boldsymbol{q}_0 + \boldsymbol{K}\bar{\boldsymbol{q}} = \bar{\boldsymbol{f}}(s) \tag{3.127}$$

或

$$\left[s^2\boldsymbol{M} + s\boldsymbol{C} + \boldsymbol{K}\right]\bar{\boldsymbol{q}} = \bar{\boldsymbol{f}}(s) + \boldsymbol{M}\dot{\boldsymbol{q}}_0 + \boldsymbol{C}\boldsymbol{q}_0 + s\boldsymbol{M}\boldsymbol{q}_0 \tag{3.128}$$

设模态阻尼矩阵为

$$\boldsymbol{C}' = \boldsymbol{X}^{\mathrm{T}}\boldsymbol{C}\boldsymbol{X} = 2\zeta\boldsymbol{\Omega} \tag{3.129}$$

其中，

$$\zeta=\operatorname{diag}\left[\zeta_1,\ \zeta_2,\cdots,\ \zeta_N\right]\in\mathbb{R}^{N\times N} \tag{3.130}$$

是包含模态阻尼因子的对角矩阵。利用模态正交关系并遵循与无阻尼系统类似的程序，很容易证明

$$\bar{\boldsymbol{q}}(s) = \boldsymbol{X}\left[s^2\boldsymbol{I} + 2s\zeta\boldsymbol{\Omega} + \boldsymbol{\Omega}^2\right]^{-1}\boldsymbol{X}^{\mathrm{T}}\left\{\bar{\boldsymbol{f}}(s) + \boldsymbol{M}\dot{\boldsymbol{q}}_0 + \boldsymbol{C}\boldsymbol{q}_0 + s\boldsymbol{M}\boldsymbol{q}_0\right\} \tag{3.131}$$

将 $s=\omega\mathrm{i}$ 代入即可得到频域动态响应。注意，$\left[s^2\boldsymbol{I} + 2s\zeta\boldsymbol{\Omega} + \boldsymbol{\Omega}^2\right]$是对角矩阵，其逆矩阵很容易求得。按照与无阻尼系统类似的步骤，可以得到传递函数矩阵为

$$\boldsymbol{H}(\mathrm{i}\omega) = \boldsymbol{X}\left[-\omega^2\boldsymbol{I} + 2\mathrm{i}\omega\zeta\boldsymbol{\Omega} + \boldsymbol{\Omega}^2\right]^{-1}\boldsymbol{X}^{\mathrm{T}} = \sum_{j=1}^{N}\frac{\boldsymbol{x}_j\boldsymbol{x}_j^{\mathrm{T}}}{-\omega^2 + 2\mathrm{i}\omega\zeta_j\omega_j + \omega_j^2} \tag{3.132}$$

根据式(3.131)，频域动态响应可方便地表示为

$$\boldsymbol{q}(\mathrm{i}\omega) = \sum_{j=1}^{N}\frac{\boldsymbol{x}_j^{\mathrm{T}}\bar{\boldsymbol{f}}(\mathrm{i}\omega) + \boldsymbol{x}_j^{\mathrm{T}}\boldsymbol{M}\dot{\boldsymbol{q}}_0 + \boldsymbol{x}_j^{\mathrm{T}}\boldsymbol{C}\boldsymbol{q}_0 + \mathrm{i}\omega\boldsymbol{x}_j^{\mathrm{T}}\boldsymbol{C}\boldsymbol{q}_0}{-\omega^2 + 2\mathrm{i}\omega\zeta_j\omega_j + \omega_j^2}\boldsymbol{x}_j \tag{3.133}$$

因此，与无阻尼系统一样，比例阻尼系统的动态响应也可以表示为无阻尼模态振型的线性组合。这说明了如何将经典模态分析用于比例阻尼系统。

2. 时域分析

将式(3.133)中的频域响应在拉普拉斯域中重写为

$$\bar{\boldsymbol{q}}(s) = \sum_{j=1}^{N}\left(\frac{\boldsymbol{x}_j^{\mathrm{T}}\bar{\boldsymbol{f}}(s)}{s^2 + 2s\zeta_j\omega_j + \omega_j^2} + \frac{\boldsymbol{x}_j^{\mathrm{T}}\boldsymbol{M}\dot{\boldsymbol{q}}_0 + \boldsymbol{x}_j^{\mathrm{T}}\boldsymbol{C}\boldsymbol{q}_0}{s^2 + 2s\zeta_j\omega_j + \omega_j^2} + \frac{s}{s^2 + 2s\zeta_j\omega_j + \omega_j^2}\boldsymbol{x}_j^{\mathrm{T}}\boldsymbol{M}\boldsymbol{q}_0\right)\boldsymbol{x}_j \tag{3.134}$$

可将分母重组为

$$s^2+2s\zeta_j\omega_j+\omega_j^2=(s+\zeta_j\omega_j)^2-(\zeta_j\omega_j)^2+\omega_j{}^2=(s+\zeta_j\omega_j)^2+\omega_{d_j}^2 \tag{3.135}$$

其中，第 j 个模态的阻尼固有频率为

$$\omega_{d_j}=\omega_j\sqrt{1-\zeta_j^2} \tag{3.136}$$

接下来使用式(3.39)和式(3.40)中的反拉普拉斯变换表达式，其中 α 和 β 分别表示 $\zeta\omega_j$ 和 ωd_j。对动态响应(3.134)进行反拉普拉斯变换，可得

$$\boldsymbol{q}(t)=\mathcal{L}^{-1}[\overline{\boldsymbol{q}}(s)]=\sum_{j=1}^{N}a_j(t)\boldsymbol{x}_j \tag{3.137}$$

其中，与时间相关的常数为

$$\begin{aligned}
a_j(t)&=\mathcal{L}^{-1}\left[\frac{\boldsymbol{x}_j^{\mathrm{T}}\overline{\boldsymbol{f}}(s)}{(s+\zeta_j\omega_j)^2+\omega_{d_j}^2}\right]\\
&\quad+\mathcal{L}^{-1}\left[\frac{1}{(s+\zeta_j\omega_j)^2+\omega_{d_j}^2}\right](\boldsymbol{x}_j^{\mathrm{T}}\boldsymbol{M}\dot{\boldsymbol{q}}_0+\boldsymbol{x}_j^{\mathrm{T}}\boldsymbol{C}\boldsymbol{q}_0)\\
&\quad+\mathcal{L}^{-1}\left[\frac{s}{(s+\zeta_j\omega_j)^2+\omega_{d_j}^2}\right]\boldsymbol{x}_j^{\mathrm{T}}\boldsymbol{M}\boldsymbol{q}_0\\
&=\int_0^t\frac{1}{\omega_{d_j}}\boldsymbol{x}_j^{\mathrm{T}}\boldsymbol{f}(\tau)\mathrm{e}^{-\zeta_j\omega_j(t-\tau)}\sin\left(\omega_d(t-\tau)\right)\mathrm{d}\tau\\
&\quad+\frac{\mathrm{e}^{-\zeta_j\omega_j t}}{\omega_{d_j}}\sin\left(\omega_{d_j}t\right)\left(\boldsymbol{x}_j^{\mathrm{T}}\boldsymbol{M}\dot{\boldsymbol{q}}_0+\boldsymbol{x}_j^{\mathrm{T}}\boldsymbol{C}\boldsymbol{q}_0\right)\\
&\quad+\left\{\mathrm{e}^{-\zeta_j\omega_j t}\cos(\omega_{d_j}t)-\frac{\zeta_j\omega_j\mathrm{e}^{-\zeta_j\omega_j t}\sin(\omega_{d_j}t)}{\omega_{d_j}}\right\}\boldsymbol{x}_j^{\mathrm{T}}\boldsymbol{M}\boldsymbol{q}_0\\
&=\int_0^t\frac{1}{\omega_{d_j}}\boldsymbol{x}_j^{\mathrm{T}}\boldsymbol{f}(\tau)\mathrm{e}^{-\zeta_j\omega_j(t-\tau)}\sin\left(\omega_{d_j}(t-\tau)\right)\mathrm{d}\tau\\
&\quad+\mathrm{e}^{-\zeta_j\omega_j t}\\
&\quad(\frac{\sin(\omega_{d_j}t)}{\omega_{d_j}}(\boldsymbol{x}_j^{\mathrm{T}}\boldsymbol{M}\dot{\boldsymbol{q}}_0+\boldsymbol{x}_j^{\mathrm{T}}\boldsymbol{C}\boldsymbol{q}_0-\zeta_j\omega_j\boldsymbol{x}_j^{\mathrm{T}}\boldsymbol{M}\boldsymbol{q}_0)+\cos(\omega_{d_j}t)\left(\boldsymbol{x}_j^{\mathrm{T}}\boldsymbol{M}\boldsymbol{q}_0\right))
\end{aligned} \tag{3.138}$$

利用卷积定理可以得到第一部分的反拉普拉斯变换。利用式(3.39)和式(3.40)中的公式可求得第二部分和第三部分的反拉普拉斯变换。上式中与 $\sin(\omega_{d_j}t)$ 相关的系数可

以简化。假设模态坐标的初始位移为 $\boldsymbol{y}_0$，即 $\boldsymbol{q}_0=\boldsymbol{X}\boldsymbol{y}_0$。因此

$$\boldsymbol{x}_j^{\mathrm{T}}\boldsymbol{M}\boldsymbol{q}_0=\boldsymbol{x}_j^{\mathrm{T}}\boldsymbol{M}\boldsymbol{X}\boldsymbol{y}_0=\boldsymbol{x}_j^{\mathrm{T}}\boldsymbol{M}\left[\boldsymbol{x}_1,\ \boldsymbol{x}_2,\cdots,\boldsymbol{x}_N\right]\boldsymbol{y}_0=y_{0_j} \tag{3.139}$$

是第 j 个模态坐标的初始位移。我们使用了式(3.63)中特征向量的质量正交特性。利用这一点并回顾式(3.129)中的模态阻尼矩阵，可以得出

$$\begin{aligned}&\boldsymbol{x}_j^{\mathrm{T}}\boldsymbol{C}\boldsymbol{q}_0-\zeta_j\omega_j\boldsymbol{x}_j^{\mathrm{T}}\boldsymbol{M}\boldsymbol{q}_0=\\&\boldsymbol{x}_j^{\mathrm{T}}\boldsymbol{C}\boldsymbol{X}\boldsymbol{y}_0-\zeta_j\omega_j\boldsymbol{x}_j^{\mathrm{T}}\boldsymbol{M}\boldsymbol{X}\boldsymbol{y}_0=2\zeta_j\omega_j y_{0_j}-\zeta_j\omega_j y_{0_j}=\zeta_j\omega_j y_{0_j}\end{aligned} \tag{3.140}$$

利用式(3.139)可以得出

$$\boldsymbol{x}_j^{\mathrm{T}}\boldsymbol{C}\boldsymbol{q}_0-\zeta_j\omega_j\boldsymbol{x}_j^{\mathrm{T}}\boldsymbol{M}\boldsymbol{q}_0=\zeta_j\omega_j\boldsymbol{x}_j^{\mathrm{T}}\boldsymbol{M}\boldsymbol{q}_0\ \text{或}\ \boldsymbol{x}_j^{\mathrm{T}}\boldsymbol{C}\boldsymbol{q}_0=2\zeta_j\omega_j\boldsymbol{x}_j^{\mathrm{T}}\boldsymbol{M}\boldsymbol{q}_0 \tag{3.141}$$

将这一简化代入式(3.138)，并收集与 $\sin(\omega_{d_j}t)$ 和 $\cos(\omega_{d_j}t)$ 相关的项，得出的表达式可简化为

$$\begin{aligned}a_j(t)&=\int_0^t\frac{1}{\omega_{d_j}}\boldsymbol{x}_j^{\mathrm{T}}\boldsymbol{f}(\tau)\mathrm{e}^{-\zeta_j\omega_j(t-\tau)}\\&\sin(\omega_{d_j}(t-\tau))\mathrm{d}\tau+\mathrm{e}^{-\zeta_j\omega_j t}B_j\cos(\omega_{d_j}t-\vartheta_j)\end{aligned} \tag{3.142}$$

其中

$$B_j=\sqrt{(\boldsymbol{x}_j^{\mathrm{T}}\boldsymbol{M}\boldsymbol{q}_0)^2+\left(\frac{\boldsymbol{x}_j^{\mathrm{T}}\boldsymbol{M}\dot{\boldsymbol{q}}_0+\dfrac{1}{2}\boldsymbol{x}_j^{\mathrm{T}}\boldsymbol{C}\boldsymbol{q}_0}{\omega_{d_j}}\right)^2} \tag{3.143}$$

和

$$\tan\vartheta_j=\frac{\boldsymbol{x}_j^{\mathrm{T}}\boldsymbol{M}\dot{\boldsymbol{q}}_0+\dfrac{1}{2}\boldsymbol{x}_j^{\mathrm{T}}\boldsymbol{C}\boldsymbol{q}_0}{\omega_{d_j}(\boldsymbol{x}_j^{\mathrm{T}}\boldsymbol{M}\boldsymbol{q}_0)} \tag{3.144}$$

前面公式中出现的所有项都可以从固有频率、模态阻尼系数、作用力函数和初始条件中得到。式(3.143)和式(3.144)中的模态振幅和相位角也可以用模态坐标中的初始条件表示为

$$B_j = \sqrt{y_{0_j}^2 + \left(\frac{\dot{y}_{0_j} + \zeta_j \omega_j y_{0_j}}{\omega_{d_j}}\right)^2} \qquad \tan \vartheta_j = \frac{\dot{y}_{0_j} + \zeta_j \omega_j y_{0_j}}{\omega_{d_j} y_{0_j}} \tag{3.145}$$

这可提高计算效率，因为 $\boldsymbol{y}_0$ 和 $\dot{\boldsymbol{y}}_0$ 可以先存储起来。实际上，在式(3.137)中的模态叠加表达式中通常只使用前几个模态。在没有阻尼的特殊情况下，代入 $\boldsymbol{C}=\boldsymbol{O}$ 可以看出，这里得出的结果与 3.3.2 节中的“时域分析”得出的结果相同。

例 3.3 图 3.4 显示了一个 3-DOF 弹簧-质量系统。每个弹簧块的质量为 m(kg)，每个弹簧的刚度为 k (N/m)。与每个块相关的阻尼器的黏性阻尼常数为 c (Ns/m)。

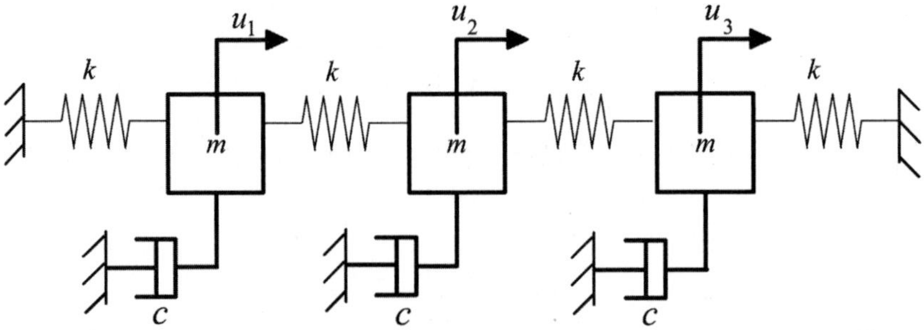

图 3.4 3-DOF 阻尼弹簧-质量系统，阻尼器与地面相连

目的是获得以下负载情况下的动态响应：

(1) 当只有第一个质量块(1-DOF)受到单位阶跃输入影响(见图 3.5)时，$\boldsymbol{f}(t)=\{f(t),0,0\}^{\mathrm{T}}$，$f(t)=1-U(t-t_0)$，$t_0=\dfrac{2\pi}{\omega_1}$，$\omega_1$ 是系统的第一个无阻尼固有频率，$U(\bullet)$是单位阶跃函数。

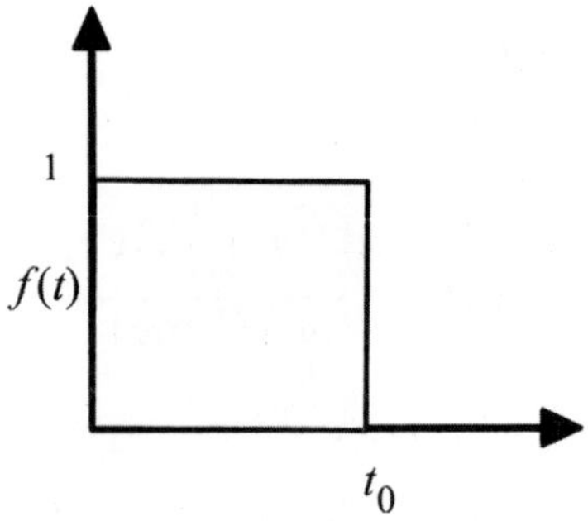

图 3.5 单位阶跃作用力，$t_0=\dfrac{2\pi}{\omega_1}$

(2) 当只有第二个质量块(2-DOF)受到单位初始位移影响时，即 $\boldsymbol{q}_0=\{0,1,0\}^{\mathrm{T}}$。

(3) 当只有第二个和第三个质量块(3-DOF)受到单位初速度作用时，即 $\dot{\boldsymbol{q}}_0 = \{0,1,1\}^{\mathrm{T}}$。

(4) 当上述三种载荷同时作用于系统时。

此问题可通过以下步骤解决。

(1) 获取系统矩阵：质量矩阵、刚度矩阵和阻尼矩阵分别为

$$\boldsymbol{M} = \begin{bmatrix} m & 0 & 0 \\ 0 & m & 0 \\ 0 & 0 & m \end{bmatrix}, \quad \boldsymbol{K} = \begin{bmatrix} 2k & -k & 0 \\ -k & 2k & -k \\ 0 & -k & 2k \end{bmatrix} \tag{3.146}$$

$$\boldsymbol{C} = \begin{bmatrix} c & 0 & 0 \\ 0 & c & 0 \\ 0 & 0 & c \end{bmatrix} \tag{3.147}$$

注意，阻尼矩阵与质量成正比，因此系统的阻尼成正比。

(2) 获取无阻尼固有频率：为便于记述，设特征值 $\lambda_j = \omega_j^2$。3-DOF 系统有 3 个特征值，它们是以下特征公式的根：

$$\det[\boldsymbol{K} - \lambda \boldsymbol{M}] = 0 \tag{3.148}$$

利用式(3.146)中的质量和刚度矩阵，可简化为

$$\det \begin{bmatrix} 2k - \lambda m & -k & 0 \\ -k & 2k - \lambda m & -k \\ 0 & -k & 2k - \lambda m \end{bmatrix} = 0$$

或 (3.149)

$$m \det \begin{bmatrix} 2\alpha - \lambda & -\alpha & 0 \\ -\alpha & 2\alpha - \lambda & -\alpha \\ 0 & -\alpha & 2\alpha - \lambda \end{bmatrix} = 0$$

其中 $\alpha = \dfrac{k}{m}$

展开式(3.149)中的行列式，可得到

$$
\begin{aligned}
&(2\alpha-\lambda)\left\{(2\alpha-\lambda)^2-\alpha^2\right\}-\alpha\alpha(2\alpha-\lambda)=0\\
\text{或}\quad&(2\alpha-\lambda)\left\{(2\alpha-\lambda)^2-2\alpha^2\right\}=0\\
\text{或}\quad&(2\alpha-\lambda)\left\{(2\alpha-\lambda)^2-\left(\sqrt{2}\alpha\right)^2\right\}=0\\
\text{或}\quad&(2\alpha-\lambda)\left(2\alpha-\lambda-\sqrt{2}\alpha\right)\left(2\alpha-\lambda+\sqrt{2}\alpha\right)=0\\
\text{或}\quad&(2\alpha-\lambda)\left(\left(2-\sqrt{2}\right)\alpha-\lambda\right)\left(\left(2+\sqrt{2}\right)\alpha-\lambda\right)=0
\end{aligned}
\tag{3.150}
$$

这意味着 3 个根(按递增顺序)分别为

$$
\lambda_1=\left(2-\sqrt{2}\right)\alpha,\ \lambda_2=2\alpha,\lambda_3=\left(2+\sqrt{2}\right)\alpha \tag{3.151}
$$

由于 $\lambda_j=\omega_j^2$，所以固有频率为

$$
\omega_1=\sqrt{\left(2-\sqrt{2}\right)\alpha},\ \omega_2=\sqrt{2\alpha},\ \omega_3=\sqrt{\left(2+\sqrt{2}\right)\alpha} \tag{3.152}
$$

(3) 获取无阻尼模态振型：根据式(3.55)，特征值公式可写成

$$
[\boldsymbol{K}-\lambda_j\boldsymbol{M}]\boldsymbol{x}_j=0 \tag{3.153}
$$

对于本例而言，可代入式(3.146)中的 $\boldsymbol{K}$ 和 $\boldsymbol{M}$ 并除以 m 即可得出

$$
\begin{bmatrix} 2\alpha-\lambda & -\alpha & 0\\ -\alpha & 2\alpha-\lambda & -\alpha\\ 0 & -\alpha & 2\alpha-\lambda \end{bmatrix}\begin{Bmatrix} x_{1j}\\ x_{2j}\\ x_{3j} \end{Bmatrix}=0 \tag{3.154}
$$

这里 x_{1j}、x_{2j} 和 x_{3j} 是第 j 个特征向量的 3 个分量，分别对应 3 个质量。为求 x_j，需要将式(3.151)中的 λ_j 代入上式，并针对每个 j 求解 x_j 的每个分量。

第一个特征向量，j=1：

将 $\lambda=\lambda_1=(2-\sqrt{2})\alpha$ 代入式(3.154)，得出

$$
\begin{bmatrix} 2\alpha-(2-\sqrt{2})\alpha & -\alpha & 0\\ -\alpha & 2\alpha-(2-\sqrt{2})\alpha & -\alpha\\ 0 & -\alpha & 2\alpha-(2-\sqrt{2})\alpha \end{bmatrix}\begin{Bmatrix} x_{11}\\ x_{21}\\ x_{31} \end{Bmatrix}=0 \tag{3.155}
$$

或
$$\begin{bmatrix} \sqrt{2}\alpha & -\alpha & 0 \\ -\alpha & \sqrt{2}\alpha & -\alpha \\ 0 & -\alpha & \sqrt{2}\alpha \end{bmatrix}\begin{Bmatrix} x_{11} \\ x_{21} \\ x_{31} \end{Bmatrix}=0 \quad 或 \quad \begin{bmatrix} \sqrt{2} & -1 & 0 \\ -1 & \sqrt{2} & -1 \\ 0 & -1 & \sqrt{2} \end{bmatrix}\begin{Bmatrix} x_{11} \\ x_{21} \\ x_{31} \end{Bmatrix}=0 \tag{3.156}$$

这可以分成以下 3 个式子：

$$\sqrt{2}x_{11}-x_{21}=0,\ -x_{11}+\sqrt{2}x_{21}-x_{31}=0,\ -x_{21}+\sqrt{2}x_{31}=0 \tag{3.157}$$

这 3 个公式无唯一解，但是一旦确定了其中一个元素，其他两个元素就可以用它来表示。这意味着模态振幅之间的比率是唯一的。解线性公式组(3.157)得到 $x_{21}=\sqrt{2}x_{11}$ 和 $x_{21}=\sqrt{2}x_{31}$，即 $x_{11}=x_{31}=\gamma_1$(假设)。因此，第一个特征向量为

$$\boldsymbol{x}_1=\begin{Bmatrix} x_{11} \\ x_{21} \\ x_{31} \end{Bmatrix}=\gamma_1\begin{Bmatrix} 1 \\ \sqrt{2} \\ 1 \end{Bmatrix} \tag{3.158}$$

常数 γ_1 可从式(3.63)中的质量归一化条件得到，即

$$\boldsymbol{x}_1^{\mathrm{T}}\boldsymbol{M}\boldsymbol{x}_1=1 \text{ 或 } \gamma_1\begin{Bmatrix} 1 \\ \sqrt{2} \\ 1 \end{Bmatrix}^{\mathrm{T}}\begin{bmatrix} m & 0 & 0 \\ 0 & m & 0 \\ 0 & 0 & m \end{bmatrix}\gamma_1\begin{Bmatrix} 1 \\ \sqrt{2} \\ 1 \end{Bmatrix}=1 \tag{3.159}$$

或

$$\gamma_1^2 m\begin{Bmatrix} 1 \\ \sqrt{2} \\ 1 \end{Bmatrix}^{\mathrm{T}}\begin{bmatrix} 1 & 0 & 0 \\ 0 & 1 & 0 \\ 0 & 0 & 1 \end{bmatrix}\begin{Bmatrix} 1 \\ \sqrt{2} \\ 1 \end{Bmatrix}=1 \tag{3.160}$$

或

$$\gamma_1^2 m\left(1+\sqrt{2}\sqrt{2}+1\right)=1 \text{ 即 } \gamma_1=\frac{1}{2\sqrt{m}} \tag{3.161}$$

因此，质量归一化的第一特征向量的计算公式为

$$\boldsymbol{x}_1=\frac{1}{2\sqrt{m}}\begin{Bmatrix} 1 \\ \sqrt{2} \\ 1 \end{Bmatrix} \tag{3.162}$$

第二个特征向量，j=2：

将 $\lambda=\lambda_2=2\alpha$ 代入式(3.154)可以得出

$$\begin{bmatrix} 2\alpha-2\alpha & -\alpha & 0 \\ -\alpha & 2\alpha-2\alpha & -\alpha \\ 0 & -\alpha & 2\alpha-2\alpha \end{bmatrix}\begin{Bmatrix} x_{12} \\ x_{22} \\ x_{32} \end{Bmatrix}=0 \tag{3.163}$$

$$\text{或}\begin{bmatrix} 0 & -\alpha & 0 \\ -\alpha & 0 & -\alpha \\ 0 & -\alpha & 0 \end{bmatrix}\begin{Bmatrix} x_{12} \\ x_{22} \\ x_{32} \end{Bmatrix}=0\text{，或}\begin{bmatrix} 0 & 1 & 0 \\ 1 & 0 & 1 \\ 0 & 1 & 0 \end{bmatrix}\begin{Bmatrix} x_{12} \\ x_{22} \\ x_{32} \end{Bmatrix}=0 \tag{3.164}$$

这意味着 $x_{22}=0$ 和 $x_{12}=-x_{32}=\gamma_2$(假设)。因此，第二个特征向量为

$$\boldsymbol{x}_2=\begin{Bmatrix} x_{12} \\ x_{22} \\ x_{32} \end{Bmatrix}=\gamma_2\begin{Bmatrix} 1 \\ 0 \\ -1 \end{Bmatrix} \tag{3.165}$$

使用质量归一化条件

$$\boldsymbol{x}_2^{\mathrm{T}}\boldsymbol{M}\boldsymbol{x}_2=1\text{ 或 }\gamma_2\begin{Bmatrix} 1 \\ 0 \\ -1 \end{Bmatrix}^{\mathrm{T}}\begin{bmatrix} m & 0 & 0 \\ 0 & m & 0 \\ 0 & 0 & m \end{bmatrix}\gamma_2\begin{Bmatrix} 1 \\ 0 \\ -1 \end{Bmatrix}=1 \tag{3.166}$$

$$\text{或 }\gamma_2^2 m(1+1)=1\quad\text{即 }\gamma_2=\frac{1}{\sqrt{2m}}=\frac{\sqrt{2}}{2\sqrt{m}} \tag{3.167}$$

因此，质量归一化的第二特征向量由下式给出：

$$\boldsymbol{x}_2=\frac{1}{2\sqrt{m}}\begin{Bmatrix} \sqrt{2} \\ 0 \\ -\sqrt{2} \end{Bmatrix} \tag{3.168}$$

第三个特征向量，j=3：

将 $\lambda=\lambda_3=(2+\sqrt{2})\alpha$ 代入式(3.154)，得出

$$\begin{bmatrix} 2\alpha-(2+\sqrt{2})\alpha & -\alpha & 0 \\ -\alpha & 2\alpha-(2+\sqrt{2})\alpha & -\alpha \\ 0 & -\alpha & 2\alpha-(2+\sqrt{2})\alpha \end{bmatrix} \begin{Bmatrix} x_{13} \\ x_{23} \\ x_{33} \end{Bmatrix} = 0$$

$$\begin{bmatrix} -\sqrt{2}\alpha & -\alpha & 0 \\ -\alpha & -\sqrt{2}\alpha & -\alpha \\ 0 & -\alpha & -\sqrt{2}\alpha \end{bmatrix} \begin{Bmatrix} x_{13} \\ x_{23} \\ x_{33} \end{Bmatrix} = 0 \tag{3.169}$$

$$\begin{bmatrix} \sqrt{2} & 1 & 0 \\ 1 & \sqrt{2} & 1 \\ 0 & 1 & \sqrt{2} \end{bmatrix} \begin{Bmatrix} x_{13} \\ x_{23} \\ x_{33} \end{Bmatrix} = 0$$

这意味着

$$\begin{aligned} &\sqrt{2}x_{13} + x_{23} = 0 \Rightarrow x_{23} = -\sqrt{2}x_{13} \\ &x_{13} + \sqrt{2}x_{23} + x_{33} = 0 \\ \text{和}\quad &x_{23} + \sqrt{2}x_{33} = 0 \Rightarrow x_{23} = -\sqrt{2}x_{33} \end{aligned} \tag{3.170}$$

即 $x_{13}=x_{33}=\gamma_3$(假设)。因此第三个特征向量为

$$\boldsymbol{x}_3 = \begin{Bmatrix} x_{13} \\ x_{23} \\ x_{33} \end{Bmatrix} = \gamma_3 \begin{Bmatrix} 1 \\ -\sqrt{2} \\ 1 \end{Bmatrix} \tag{3.171}$$

使用质量归一化条件

$$\boldsymbol{x}_3^{\mathrm{T}} \boldsymbol{M} \boldsymbol{x}_3 = 1 \text{或}\ \gamma_3 \begin{Bmatrix} 1 \\ -\sqrt{2} \\ 1 \end{Bmatrix}^{\mathrm{T}} \begin{bmatrix} m & 0 & 0 \\ 0 & m & 0 \\ 0 & 0 & m \end{bmatrix} \gamma_3 \begin{Bmatrix} 1 \\ -\sqrt{2} \\ 1 \end{Bmatrix} = 1 \tag{3.172}$$

或

$$\gamma_3^2 m \begin{Bmatrix} 1 \\ -\sqrt{2} \\ 1 \end{Bmatrix}^{\mathrm{T}} \begin{bmatrix} 1 & 0 & 0 \\ 0 & 1 & 0 \\ 0 & 0 & 1 \end{bmatrix} \begin{Bmatrix} 1 \\ -\sqrt{2} \\ 1 \end{Bmatrix} = 1 \tag{3.173}$$

或

$$\gamma_3^2 m \left(1 + \sqrt{2}\sqrt{2} + 1\right) = 1 \text{即}\ \gamma_3 = \frac{1}{2\sqrt{m}} \tag{3.174}$$

因此，质量归一化的第三个特征向量由下式给出：

$$\boldsymbol{x}_3=\frac{1}{2\sqrt{m}}\begin{Bmatrix}1\\-\sqrt{2}\\1\end{Bmatrix}\tag{3.175}$$

结合 3 个特征向量，质量归一化无阻尼模态矩阵现在的计算公式为

$$\boldsymbol{X}=[\boldsymbol{x}_1,\boldsymbol{x}_2,\boldsymbol{x}_3]=\frac{1}{2\sqrt{m}}\begin{bmatrix}1&\sqrt{2}&1\\\sqrt{2}&0&-\sqrt{2}\\1&-\sqrt{2}&1\end{bmatrix}\tag{3.176}$$

这里的模态矩阵是对称的。但一般情况下并非如此。

(4) 获取模态阻尼因子：模态坐标中的阻尼矩阵可由式(3.97)求得，即

$$\begin{aligned}\boldsymbol{C}'=\boldsymbol{X}^{\mathrm{T}}\boldsymbol{C}\boldsymbol{X}=\frac{1}{2\sqrt{m}}&\begin{bmatrix}1&\sqrt{2}&1\\\sqrt{2}&0&-\sqrt{2}\\1&-\sqrt{2}&1\end{bmatrix}^{\mathrm{T}}\begin{bmatrix}c&0&0\\0&c&0\\0&0&c\end{bmatrix}\\&\frac{1}{2\sqrt{m}}\begin{bmatrix}1&\sqrt{2}&1\\\sqrt{2}&0&-\sqrt{2}\\1&-\sqrt{2}&1\end{bmatrix}=\frac{c}{m}\boldsymbol{I}\end{aligned}\tag{3.177}$$

因此

$$2\zeta_j\omega_j=\frac{c}{m}\text{ 或 }\zeta_j=\frac{c}{2m\omega_j}\tag{3.178}$$

高阶模态的 ω_j 越大，模态阻尼就越小，即高阶模态的阻尼越小。

(5) 外加载荷引起的响应：外加载荷 $\boldsymbol{f}(t)=\{f(t),0,0\}^{\mathrm{T}}$，其中 $f(t)=1-U(t-t_0)$，$t_0=\dfrac{2\pi}{\omega_1}$。

在拉普拉斯域，有

$$\bar{f}(s)=\mathcal{L}[1-U(t-t_0)]=1-\frac{\mathrm{e}^{-st_0}}{s}\tag{3.179}$$

因此，项 $\boldsymbol{x}_j^{\mathrm{T}}\overline{\boldsymbol{f}}(s)$ 可得

$$\boldsymbol{x}_j^{\mathrm{T}}\overline{\boldsymbol{f}}(s)=\begin{Bmatrix}x_{1j}\\x_{2j}\\x_{3j}\end{Bmatrix}^{\mathrm{T}}\begin{Bmatrix}\overline{f}(s)\\0\\0\end{Bmatrix}=x_{1j}\left(1-\frac{\mathrm{e}^{-st_0}}{s}\right)\quad\forall j \tag{3.180}$$

由于初始条件为零，拉普拉斯域中的动态响应可由式(3.134)求得，即

$$\overline{\boldsymbol{q}}(s)=\sum_{j=1}^{3}\left\{\frac{x_{1j}\left(1-\dfrac{\mathrm{e}^{-st_0}}{s}\right)}{s^2+2s\zeta_j\omega_j+\omega_j^2}\right\}\boldsymbol{x}_j=\sum_{j=1}^{3}\left\{\frac{x_{1j}(s-\mathrm{e}^{-st_0})}{s\left(s^2+2s\zeta_j\omega_j+\omega_j^2\right)}\right\}\boldsymbol{x}_j \tag{3.181}$$

在频域中，响应的计算公式如下：

$$\overline{\boldsymbol{q}}(\mathrm{i}\omega)=\sum_{j=1}^{3}\left\{\frac{x_{1j}\left(\mathrm{i}\omega-\mathrm{e}^{-\mathrm{i}\omega t_0}\right)}{\mathrm{i}\omega\left(-\omega^2+2\mathrm{i}\omega\zeta_j\omega_j+\omega_j^2\right)}\right\}\boldsymbol{x}_j \tag{3.182}$$

为了进行数值计算，可设 m=1，k=1，c=0.2。利用式(3.182)中的这些值，绘制出 3 个质量块的频域响应绝对值，如图 3.6 所示。图中的 3 个峰值对应于系统的 3 个固有频率。计算式(3.142)中的卷积积分并将 $a_j(t)$代入式(3.137)，即可得到时域响应。在实际应用中，通常使用数值积分方法来计算该积分。对于这个问题，可以得到一个闭合形式的表达式，即

$$\boldsymbol{x}_j^{\mathrm{T}}\boldsymbol{f}(\tau)=x_{1j}f(\tau) \tag{3.183}$$

从图 3.5 可以看出

$$f(\tau)=\begin{cases}1 & \tau<t_0\\0 & \tau>t_0\end{cases} \tag{3.184}$$

因此，式(3.142)中积分的极限可以改为

$$\begin{aligned}a_j(t)&=\int_0^t\frac{1}{\omega_{d_j}}\boldsymbol{x}_j^{\mathrm{T}}\boldsymbol{f}(\tau)\mathrm{e}^{-\zeta_j\omega_j(t-\tau)}\sin(\omega_{d_j}(t-\tau))\mathrm{d}\tau\\&=\int_0^{t_0}\frac{1}{\omega_{d_j}}x_{1j}\mathrm{e}^{-\zeta_j\omega_j(t-\tau)}\sin(\omega_{d_j}(t-\tau))\mathrm{d}\tau\\&=\frac{x_{1j}}{\omega_{d_j}}\int_0^{t_0}\mathrm{e}^{-\zeta_j\omega_j(t-\tau)}\sin(\omega_{d_j}(t-\tau))\mathrm{d}\tau\end{aligned} \tag{3.185}$$

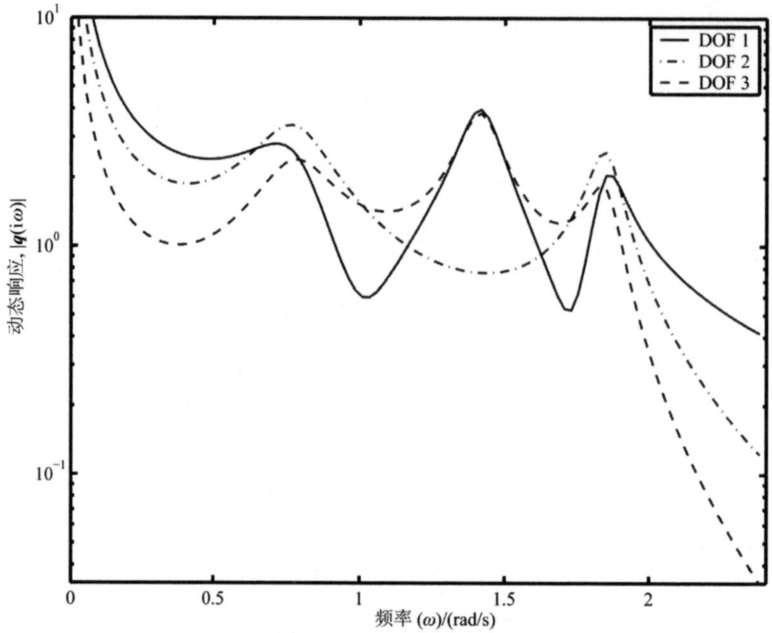

图 3.6 第一个 DOF 处施加阶跃载荷时，3 个质量块的频域响应绝对值

通过代换 $\tau'=t-\tau$，该积分的计算可转换为

$$a_j(t)=\frac{x_{1j}}{\omega_{d_j}}\frac{\mathrm{e}^{-\zeta_j\omega_j t}}{\omega_j^2}\left\{\alpha_j\sin(\omega_{d_j}t)+\beta_j\cos(\omega_{d_j}t)\right\} \tag{3.186}$$

其中

$$\alpha_j=\left\{\omega_{d_j}\sin(\omega_{d_j}t_0)+\zeta_j\omega_j\cos(\omega_{d_j}t_0)\right\}\mathrm{e}^{\zeta_j\omega_j t_0}-\zeta_j\omega_j \tag{3.187}$$

和

$$\beta_j=\left\{\omega_{d_j}\cos(\omega_{d_j}t_0)-\zeta_j\omega_j\sin(\omega_{d_j}t_0)\right\}\mathrm{e}^{\zeta_j\omega_j t_0}-\omega_{d_j} \tag{3.188}$$

使用式(3.137)得出的 3 个质量块的时域响应如图 3.7 所示。从图中可以看出，由于第一个质量块(1-DOF)受到了作用力，因此比其他两个质量块移动得更早，也更多。

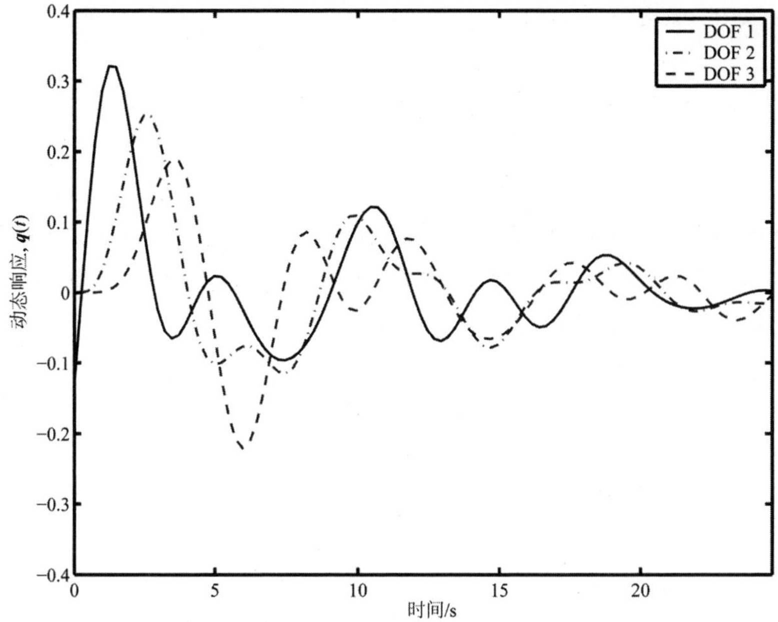

图 3.7　第一个 DOF 处施加阶跃载荷时，3 个质量块的时域响应

(6) 初始位移引起的响应：当 $\boldsymbol{q}_0=\{0,1,0\}^{\mathrm{T}}$时，有

$$\boldsymbol{x}_j^{\mathrm{T}}\boldsymbol{C}\boldsymbol{q}_0=\begin{Bmatrix}x_{1j}\\x_{2j}\\x_{3j}\end{Bmatrix}^{\mathrm{T}}\begin{bmatrix}c&0&0\\0&c&0\\0&0&c\end{bmatrix}\cdot\begin{Bmatrix}0\\1\\0\end{Bmatrix}=x_{2j}c\quad\forall j \tag{3.189}$$

类似地

$$\boldsymbol{x}_j^{\mathrm{T}}\boldsymbol{M}\boldsymbol{q}_0=x_{2j}m\quad\forall j \tag{3.190}$$

拉普拉斯域的动态响应可由式(3.134)求得，即

$$\begin{aligned}\overline{\boldsymbol{q}}(s)&=\sum_{j=1}^{3}\left\{\frac{x_{2j}c}{s^2+2s\zeta_j\omega_j+\omega_j^2}+\frac{x_{2j}ms}{s^2+2s\zeta_j\omega_j+\omega_j^2}\right\}\boldsymbol{x}_j\\&=\sum_{j=1}^{3}x_{2j}\left\{\frac{c+ms}{s^2+2s\zeta_j\omega_j+\omega_j^2}\right\}\boldsymbol{x}_j\end{aligned} \tag{3.191}$$

从式(3.178)可以推出 $c=2\zeta_j\omega_j m$。将其代入上式可得

$$\overline{\boldsymbol{q}}(s)=\sum_{j=1}^{3}x_{2j}m\left\{\frac{2\zeta_j\omega_j+s}{s^2+2s\zeta_j\omega_j+\omega_j^2}\right\}\boldsymbol{x}_j \tag{3.192}$$

在频域中，响应由下式给出：

$$\overline{\boldsymbol{q}}(\mathrm{i}\omega)=\sum_{j=1}^{3}x_{2j}m\left[\frac{2\zeta_j\omega_j+\mathrm{i}\omega}{-\omega^2+2\mathrm{i}\omega\zeta_j\omega_j+\omega_j^2}\right]\boldsymbol{x}_j \tag{3.193}$$

图 3.8 显示了 3 个质量的响应。注意，第二个峰值“消失”了，而第一个和第三个质量块的响应完全相同。这是由于在第二振动模态中，中间质量块保持静止，而其他两个质量块在相反的两个方向上做等量运动，见式(3.168)中的第二模态。直接对式(3.192)进行反拉普拉斯变换，可得到时域响应，即

$$\begin{aligned}\boldsymbol{q}(t)&=\mathcal{L}^{-1}[\overline{\boldsymbol{q}}(s)]=\sum_{j=1}^{3}x_{2j}m\mathcal{L}^{-1}\left[\frac{2\zeta_j\omega_j+s}{s^2+2s\zeta_j\omega_j+\omega_j^2}\right]\boldsymbol{x}_j\\&=\sum_{j=1}^{3}x_{2j}m\mathrm{e}^{-\zeta_j\omega_j t}\cos(\omega_{d_j}t)\boldsymbol{x}_j\end{aligned} \tag{3.194}$$

该表达式如图 3.9 所示。注意，第二个质量块的初始位移为 1，这证明初始条件的应用是正确的。系统的对称性决定了另外两个质量块的位移完全相同。

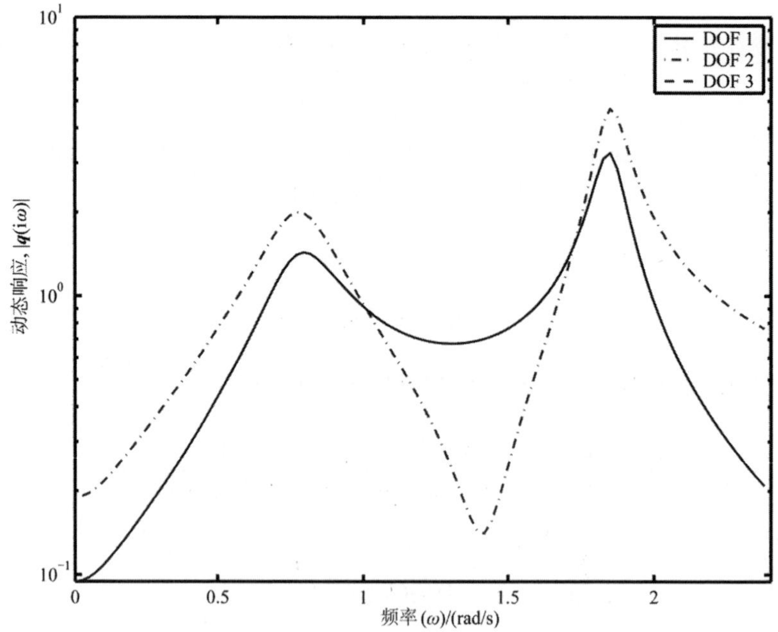

图 3.8　3 个质量块在第二个 DOF 处因单位初始位移而产生的频域响应绝对值

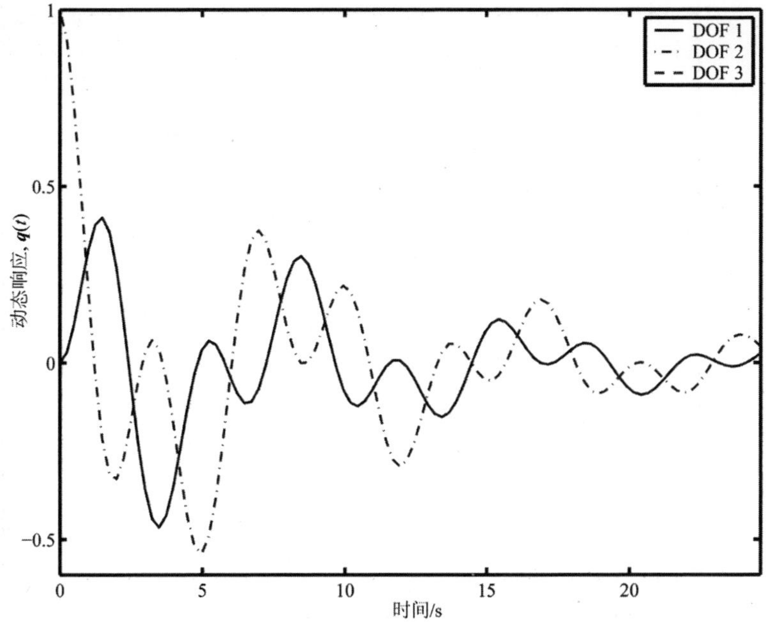

图 3.9　3 个质量块在第二个 DOF 处因单位初始位移产生的时域响应

(7) 初速度引起的响应：当 $\dot{\boldsymbol{q}}_0=\{0,1,1\}^{\mathrm{T}}$ 时，我们有

$$\boldsymbol{x}_j^{\mathrm{T}}\boldsymbol{M}\dot{\boldsymbol{q}}_0=\begin{Bmatrix}x_{1j}\\x_{2j}\\x_{3j}\end{Bmatrix}^{\mathrm{T}}\begin{bmatrix}m&0&0\\0&m&0\\0&0&m\end{bmatrix}\begin{Bmatrix}0\\1\\1\end{Bmatrix}=(x_{2j}+x_{3j})m\quad\forall j \tag{3.195}$$

拉普拉斯域的动态响应可由式(3.134)得出

$$\overline{\boldsymbol{q}}(s)=\sum_{j=1}^{3}\left\{\frac{(x_{2j}+x_{3j})m}{s^2+2s\zeta_j\omega_j+\omega_j^2}\right\}\boldsymbol{x}_j \tag{3.196}$$

时域响应可通过反拉普拉斯变换求得，即

$$\boldsymbol{q}(t)=\sum_{j=1}^{3}(x_{2j}+x_{3j})\frac{m}{\omega_{d_j}}\mathrm{e}^{-\zeta_j\omega_j t}\sin(\omega_{d_j}t)\boldsymbol{x}_j \tag{3.197}$$

3 个质量块在频域和时域的响应分别如图 3.10 和图 3.11 所示。这种情况下，可以观察到系统的所有模态。由于第二和第三个质量块的初始条件相同，因此它们的初始位移相近。但是，随着时间的推移，这两个质量块的位移开始有别。

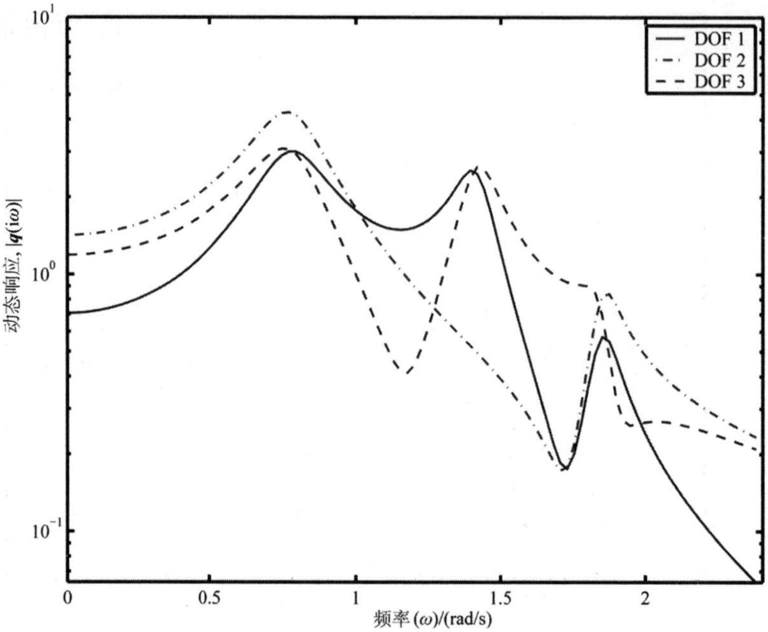

图 3.10　3 个质量块在第二个和第三个 DOF 处因单位初速度而产生的频域响应绝对值

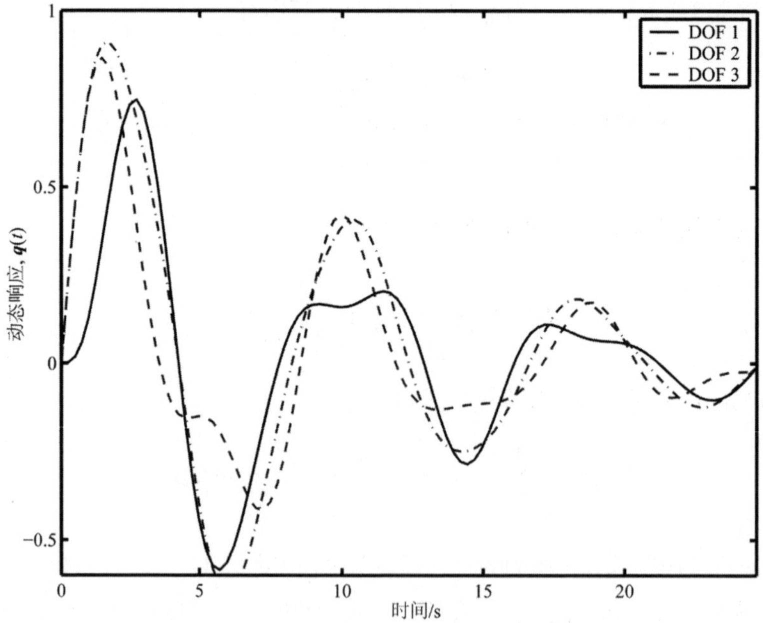

图 3.11　3 个质量块在第二个和第三个 DOF 处因单位初速度而产生的时域响应

3.5　非比例阻尼系统

比例阻尼系统的模态保持了无阻尼情况下实际法向模态的简单性。遗憾的是，没有任何物理原因可以解释为什么一个通用系统的表现会如此。事实上，模态测试的实际经验表明，现实生活中的大多数结构并非如此，因为它们拥有复杂模态，而不是真实的法向模态。这意味着一般线性系统都是非经典阻尼的。当系统为非经典阻尼系统时，模态坐标式(3.96)中的 N 个微分方程中的部分或全部通过 $\boldsymbol{X}^{\mathrm{T}}\boldsymbol{C}\boldsymbol{X}$ 项耦合，无法简化为 N 个二阶非耦合公式。这种耦合给系统动力学带来一些复杂因素——特征值和特征向量不再是实数，而且特征向量也不满足诸如式(3.63)和式(3.64)的经典正交关系。

3.5.1　自由振动和复模态

与运动方程式(3.95)相关的复特征值问题可表示为

$$s_j^2\boldsymbol{M}\boldsymbol{z}_j + s_j\boldsymbol{C}\boldsymbol{z}_j + \boldsymbol{K}\boldsymbol{z}_j = 0 \tag{3.198}$$

其中，$s_j \in \mathbb{C}$ 是第 j 个特征值，$\boldsymbol{z}_j \in \mathbb{C}^N$ 是第 j 个特征向量。特征值 s_j 是特征多项式的根

$$\det[s^2\boldsymbol{M} + s\boldsymbol{C} + \boldsymbol{K}] = 0 \tag{3.199}$$

多项式的阶数为 $2N$，如果根是复数，则以复数共轭对出现。解决这类复杂问题的方法主要有两种：状态空间方法和配置空间(或“N-空间”)方法。接下来将简要讨论这两种方法。

1. 状态空间法

状态空间法的基础是将 N 个二阶耦合公式转化为一组 $2N$ 个一阶耦合公式，即用相应坐标的速度来增强位移响应向量。可将式(3.95)连同三元公式 $M\dot{q}(t) - M\dot{q}(t) = 0$ 以矩阵形式写成

$$\begin{bmatrix} \boldsymbol{C} & \boldsymbol{M} \\ \boldsymbol{M} & \boldsymbol{O} \end{bmatrix}\begin{Bmatrix} \dot{\boldsymbol{q}}(t) \\ \ddot{\boldsymbol{q}}(t) \end{Bmatrix} + \begin{bmatrix} \boldsymbol{K} & \boldsymbol{O} \\ \boldsymbol{O} & -\boldsymbol{M} \end{bmatrix}\begin{Bmatrix} \boldsymbol{q}(t) \\ \dot{\boldsymbol{q}}(t) \end{Bmatrix} = \begin{Bmatrix} \boldsymbol{f}(t) \\ \boldsymbol{0} \end{Bmatrix} \tag{3.200}$$

或

$$\boldsymbol{A}\,\dot{\boldsymbol{u}}(t) + \boldsymbol{B}\,\boldsymbol{u}(t) = \boldsymbol{r}(t) \tag{3.201}$$

其中

$$A=\begin{bmatrix} C & M \\ M & O \end{bmatrix}\in \mathbb{R}^{2N\times 2N}，\ B=\begin{bmatrix} K & O \\ O & -M \end{bmatrix}\in \mathbb{R}^{2N\times 2N}，$$
$$u(t)=\begin{Bmatrix} q(t) \\ \dot{q}(t) \end{Bmatrix}\in \mathbb{R}^{2N}，\ 和\ \ r(t)=\begin{Bmatrix} f(t) \\ 0 \end{Bmatrix}\in \mathbb{R}^{2N} \tag{3.202}$$

在上式中，$\boldsymbol{O}$ 是 $N\times N$ 空矩阵。这种形式的运动方程也称为“Duncan 形式”。与式(3.201)相关的特征值问题可表示为

$$s_j \boldsymbol{A}\boldsymbol{\phi}_j + \boldsymbol{B}\boldsymbol{\phi}_j = 0 \tag{3.203}$$

其中，$s_j \in \mathbb{C}$ 是第 j 个特征值，$\boldsymbol{\phi}_j \in \mathbb{C}^{2N}$ 是第 j 个特征向量。

这个特征值问题类似于无阻尼特征值问题(3.55)，除了(a)矩阵的维数是 $2N$ 而不是 N，以及(b)矩阵不是正定的。由于(a)，获得式(3.203)的特征值解的计算成本比无阻尼特征值解高得多，而且由于(b)，特征值的解一般成为复值。从现象学的角度看，这意味着模态并不同步，即存在“相位滞后”，因此不同的自由度不会同时达到相应的“峰值”和“谷值”。因此，无论从计算角度还是从概念角度看，复杂模态都会大大增加问题的复杂性，在实践中通常都要避免使用。根据式(3.202)中 $\boldsymbol{u}(t)$的表达式，状态空间复特征向量 $\boldsymbol{\phi}_j$ 与二阶系统第 j 个特征向量的关系为

$$\boldsymbol{\phi}_j = \begin{Bmatrix} \boldsymbol{z}_j \\ s_j \boldsymbol{z}_j \end{Bmatrix} \tag{3.204}$$

因为 $\boldsymbol{A}$ 和 $\boldsymbol{B}$ 都是实数矩阵，所以取特征值(3.203)的复共轭($(\bullet)^*$表示复共轭)，就可以发现

$$s_j^* \boldsymbol{A}\boldsymbol{\phi}_j^* + \boldsymbol{B}\boldsymbol{\phi}_j^* = 0 \tag{3.205}$$

这意味着等效解必须以复共轭对的形式出现。为方便起见，将特征值和特征向量排列如下：

$$s_{j+N} = s_j^* \tag{3.206}$$

$$\boldsymbol{\phi}_{j+N} = \boldsymbol{\phi}_j^*，\ j=1,2,\cdots，\ N \tag{3.207}$$

与实数法向模态一样，状态空间中的复数模态也满足 $\boldsymbol{A}$ 和 $\boldsymbol{B}$ 矩阵的正交关系。对于不同的特征值，很容易证明

$$\boldsymbol{\phi}_j^{\mathrm{T}}\boldsymbol{A}\boldsymbol{\phi}_k=0 \text{ 和 } \boldsymbol{\phi}_j^{\mathrm{T}}\boldsymbol{B}\boldsymbol{\phi}_k=0 \quad \forall j \neq k \tag{3.208}$$

将式(3.203)与 $\boldsymbol{y}_j^{\mathrm{T}}$ 相乘，可以得出

$$\boldsymbol{\phi}_j^{\mathrm{T}}\boldsymbol{B}\boldsymbol{\phi}_j=-s_j\boldsymbol{\phi}_j^{\mathrm{T}}\boldsymbol{A}\boldsymbol{\phi}_j \tag{3.209}$$

对特征向量进行归一化处理，有

$$\boldsymbol{\phi}_j^{\mathrm{T}}\boldsymbol{A}\boldsymbol{\phi}_j=\gamma_j \tag{3.210}$$

其中，$\gamma_j\in\mathbb{C}$ 是归一化常数。根据式(3.204)中 $\boldsymbol{\phi}_j$ 的表达式，上述关系可以用二阶系统的等效解表示为

$$\boldsymbol{z}_j^{\mathrm{T}}[2s_j\boldsymbol{M}+\boldsymbol{C}]\boldsymbol{z}_j=\gamma_j \tag{3.211}$$

选择归一化常数的方法有多种。最符合传统模态分析实践的方法是选择 $\gamma_j=2s_j$。注意，当阻尼为零时，这将退化为我们熟悉的质量归一化关系 $\boldsymbol{z}_j^{\mathrm{T}}\boldsymbol{M}\boldsymbol{z}_j=1$。

2. 配置空间中的近似方法

有人指出，在线性结构动力学背景下求解运动方程的状态空间方法不仅计算成本高昂，而且无法提供在构型空间或 N 空间中进行模态分析所能提供的物理见解。

轻阻尼假设

假定阻尼很轻，使用简单的一阶扰动法，以无阻尼模态和频率获得复模态和频率。无阻尼模态构成一组完整的向量，因此每个复模态 $\boldsymbol{z}_j$ 都可以表示为 $\boldsymbol{x}_j$ 的线性组合。设

$$\boldsymbol{z}_j=\sum_{k=1}^{N}\alpha_k^{(j)}\boldsymbol{x}_k \tag{3.212}$$

其中，$\alpha_k^{(j)}$ 是我们要确定的复常数。由于假设阻尼很轻，因此 $\alpha_k^{(j)}<<1,\forall_j\neq k$ 和 $\alpha_k^{(j)}=1,\forall j$。设复固有频率用 λ_j 表示，它与复特征值 s_j 的关系是

$$s_j=\mathrm{i}\lambda_j \tag{3.213}$$

将 s_j 和 $\boldsymbol{z}_j$ 代入特征值式(3.198)即可得出

$$[-\lambda_j^2\boldsymbol{M}+\mathrm{i}\lambda_j\boldsymbol{C}+\boldsymbol{K}]\sum_{k=1}^{N}\alpha_k^{(j)}\boldsymbol{x}_k=0 \tag{3.214}$$

与 $\boldsymbol{x}_j^{\mathrm{T}}$ 相乘，并利用正交条件式(3.63)和式(3.64)，可以得到

$$-\lambda_j^2+\mathrm{i}\lambda_j\sum_{k=1}^{N}\alpha_k^{(j)}C'_{jk}+\omega_j^2=0 \tag{3.215}$$

其中 $C'_{jk}=\boldsymbol{x}_j^{\mathrm{T}}\boldsymbol{C}\boldsymbol{x}_k$ 是模态阻尼矩阵 C' 的第 jk 个元素。由于轻阻尼假设，因此可以忽略乘积 $\alpha_k^{(j)}C'_{jk}$，$\forall j\neq k$，因为它们与 $\alpha_j^{(j)}C'_{jj}$ 相比很小。因此，式(3.215)可以近似为

$$-\lambda_j^2+\mathrm{i}\lambda_j\alpha_j^{(j)}C'_{jj}+\omega_j^2\approx 0 \tag{3.216}$$

通过求解一元二次公式，可以得出

$$\lambda_j\approx\pm\omega_j+\mathrm{i}C'_{jj}/2 \tag{3.217}$$

这就是近似复固有频率的表达式。利用正交条件式(3.63)和式(3.64)以及轻阻尼假设，用 $\boldsymbol{x}_k^{\mathrm{T}}$ 对式(3.214)进行预乘，可以得出

$$\alpha_k^{(j)}\approx\frac{\mathrm{i}\omega_jC'_{kj}}{\omega_j^2-\omega_k^2},\quad k\neq j \tag{3.218}$$

将其代入式(3.212)，近似复数模态可由下式给出：

$$\boldsymbol{z}_j\approx\boldsymbol{x}_j+\sum_{k\neq j}^{N}\frac{\mathrm{i}\omega_jC'_{kj}\boldsymbol{x}_k}{\omega_j^2-\omega_k^2} \tag{3.219}$$

这个表达式表明：(a)复数模态的虚部与实部近似正交；(b)如果 ω_j 和 ω_k 相近，模态的"复杂性"会更高，也就是说，当系统的固有频率间隔很近时，模态会非常复杂。需要提醒的是，一阶扰动表达式仅在阻尼较小时有效。

轻度非比例阻尼

设系统具有轻度非比例阻尼。因此，只要非比例阻尼不明显，就可使用较大的阻尼量。式(3.214)可以重写为

$$-\lambda_j^2\alpha_k^{(j)}+\mathrm{i}\lambda_j\left(\alpha_j^{(j)}C'_{ki}+\alpha_k^{(j)}C'_{kk}+\sum_{l\neq k\neq i}^{N}\alpha_j^{(j)}C'_{kl}\right)+\omega_k^2\alpha_k^{(j)}=0 \tag{3.220}$$

从而

$$\alpha_k^{(j)} \approx -\frac{\mathrm{i}\lambda_j C'_{kj}}{\omega_k^2 - \lambda_j^2 + \mathrm{i}\lambda_j C'_{kk}} \tag{3.221}$$

将式(3.217)中的 ω_k 替换为第 k 组，上述表达式中出现的分母可以因式分解为

$$\omega_k^2 - \lambda_j^2 + \mathrm{i}\lambda_j C'_{kk} \approx -(\lambda_j - \lambda_k)(\lambda_j - \lambda_k^*) \tag{3.222}$$

其中$(\bullet)^*$表示复数共轭。借助这种因式分解，式(3.221)可以表示为

$$\alpha_k^{(j)} \approx \frac{\mathrm{i}\lambda_j C'_{kj}}{(\lambda_j - \lambda_k)(\lambda_j - \lambda_k^*)} \tag{3.223}$$

因此，根据式(3.212)的级数和，复数模态的近似表达式为

$$\boldsymbol{z}_j \approx \boldsymbol{x}_j + \sum_{k=1}^{N} \frac{\mathrm{i}\lambda_j C'_{kj} \boldsymbol{x}_k}{(\lambda_j - \lambda_k)(\lambda_j - \lambda_k^*)} \tag{3.224}$$

这里采用的方法与前面描述的经典扰动分析非常相似，但式(3.223)所表示的 $\alpha_k^{(j)}$ 似乎略有不同。其经典表达式为式(3.218)，相当于将式(3.223)中的复固有频率替换为无阻尼固有频率。使用式(3.223)所描述的 $\alpha_k^{(j)}$ 进行数值计算，结果比经典分析更精确。

例 3.4　为说明不同近似方法的精确性，接下来讲解图 3.12 所示的二自由度系统。示例中的系统矩阵可表示为

$$\boldsymbol{M} = \begin{bmatrix} 1 & 0 \\ 0 & 1 \end{bmatrix},\quad \boldsymbol{C} = \begin{bmatrix} 4 & -4 \\ -4 & 4 \end{bmatrix},\quad \boldsymbol{K} = \begin{bmatrix} 1100 & -100 \\ -100 & 1200 \end{bmatrix} \tag{3.225}$$

利用式(3.224)可以计算出近似的复模态振型为

$$\boldsymbol{z}_1 = \begin{bmatrix} 0.7870 - 0.0661\mathrm{i} \\ 0.6287 + 0.1070\mathrm{i} \end{bmatrix};\quad \boldsymbol{z}_2 = \begin{bmatrix} -0.6406 - 0.1179\mathrm{i} \\ 0.7797 - 0.0729\mathrm{i} \end{bmatrix} \tag{3.226}$$

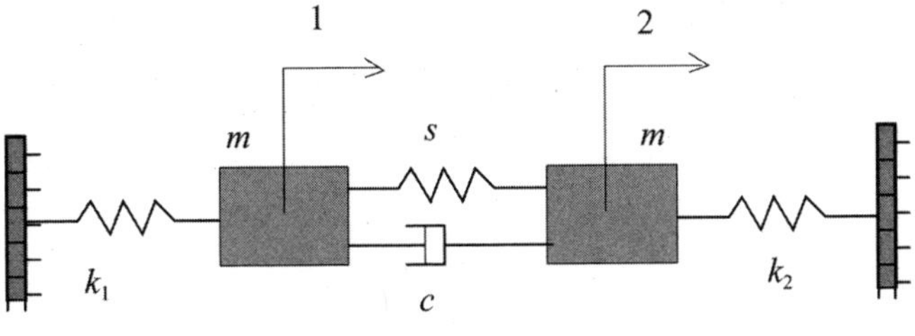

图 3.12　一个两度系统，m=1 kg，k_1=1000N/m，s=100N/m，k_2=1.1 k_1，c=40Ns/m

从状态空间式中可得到相应的精确模态振型为

$$\boldsymbol{u}_1^e=\begin{bmatrix}0.7870-0.0661\mathrm{i}\\0.6443+0.1018\mathrm{i}\end{bmatrix};\ \boldsymbol{u}_2^e=\begin{bmatrix}-0.6406-0.1179\mathrm{i}\\0.7631-0.0603\mathrm{i}\end{bmatrix} \tag{3.227}$$

而经典扰动法得出

$$\boldsymbol{u}_1^c=\begin{bmatrix}0.7870-0.0661\mathrm{i}\\0.4658+0.2362\mathrm{i}\end{bmatrix};\ \boldsymbol{u}_2^c=\begin{bmatrix}-0.6406-0.1179\mathrm{i}\\0.8866-0.3989\mathrm{i}\end{bmatrix} \tag{3.228}$$

为便于比较，将模态归一化，使其在第一个元素中具有相同的数值，这样将只有第二个元素不同。很明显，与经典分析相比，这里建议的表达式得到的结果更接近精确值。除此之外，式(3.224)中的表达式还表明了与经典分析在概念上的不同：“修正项”不再是纯虚数。这反过来意味着复数模态振型的实部不是无阻尼模态振型。这是事实，可从精确分析中得到验证。

3.5.2 动态响应

一旦得到复模态振型和固有频率(通过状态空间方法或近似方法)，就可以利用状态空间中复特征向量的正交特性得到动态响应。稍后将推导出频域和时域的一般动态响应表达式。

1. 频域分析

对状态空间运动方程式(3.201)进行拉普拉斯变换，可得

$$s\boldsymbol{A}\bar{\boldsymbol{u}}(s)-\boldsymbol{A}\boldsymbol{u}_0+\boldsymbol{B}\bar{\boldsymbol{u}}(s)=\bar{\boldsymbol{r}}(s) \tag{3.229}$$

其中，$\bar{\boldsymbol{u}}(s)$ 是 $\boldsymbol{u}(t)$的拉普拉斯变换，$\boldsymbol{u}_0$是状态空间中的初始条件向量，$\bar{\boldsymbol{r}}(s)$ 是 $\boldsymbol{r}(t)$的拉普拉斯变换。从式(3.202)中 $\boldsymbol{u}(t)$和 $\boldsymbol{r}(t)$的表达式可以明显看出

$$\bar{\boldsymbol{u}}(s)=\begin{Bmatrix}\bar{\boldsymbol{q}}(s)\\s\bar{\boldsymbol{q}}(s)\end{Bmatrix}\in\mathbb{C}^{2N},\ \bar{\boldsymbol{r}}(s)=\begin{Bmatrix}\bar{\boldsymbol{f}}(s)\\\boldsymbol{0}\end{Bmatrix}\in\mathbb{C}^{2N}\ 和\ \boldsymbol{u}_0=\begin{Bmatrix}\dot{\boldsymbol{q}}_0\\\dot{\boldsymbol{q}}_0\end{Bmatrix}\in\mathbb{R}^{2N} \tag{3.230}$$

对于不同的特征值，模态振型 ϕ_k，k=1,2,…,2N 构成一个完整的向量集。因此，式(3.229)的解可以用 ϕ_k 的线性组合表示为

$$\bar{\boldsymbol{u}}(s)=\sum_{k=1}^{2N}\beta_k(s)\phi_k \tag{3.231}$$

只需要确定常数 $\beta_k(s)$，就能得到完整的解。将式(3.231)中的 $\bar{\boldsymbol{u}}(s)$ 代入式(3.229)可以得出

$$[s\boldsymbol{A}+\boldsymbol{B}]\sum_{k=1}^{2N}\beta_k(s)\phi_k=\bar{\boldsymbol{r}}(s)+\boldsymbol{A}\boldsymbol{u}_0 \tag{3.232}$$

与 ϕ_j^{T} 相乘，并利用正交关系和归一化关系，即式(3.208)~式(3.210)可得

$$\gamma_j(s-s_j)\beta_j(s)=\phi_j^{\mathrm{T}}\{\bar{\boldsymbol{r}}(s)+\boldsymbol{A}\boldsymbol{u}_0\}\text{ 或 }\beta_j(s)=\frac{1}{\gamma_j}\frac{\phi_j^{\mathrm{T}}\bar{\boldsymbol{r}}(s)+\phi_j^{\mathrm{T}}\boldsymbol{A}\boldsymbol{u}_0}{s-s_j} \tag{3.233}$$

利用式(3.202)、式(3.204)和式(3.230)中 $\boldsymbol{A}$、ϕ_j 和 $\bar{\boldsymbol{r}}(s)$ 的表达式，可简化项 $\phi_j^T\bar{\boldsymbol{r}}(s)+\phi_j^{\mathrm{T}}\boldsymbol{A}\boldsymbol{u}_0$，并将 $\beta_k(s)$与二阶系统的模态振型联系起来，即

$$\beta_j(s)=\frac{1}{\gamma_j}\frac{\boldsymbol{z}_j^{\mathrm{T}}\{\boldsymbol{f}(s)+\boldsymbol{M}\dot{\boldsymbol{q}}_0+\boldsymbol{C}\boldsymbol{q}_0+s\boldsymbol{M}\boldsymbol{q}_0\}}{s-s_j} \tag{3.234}$$

由于我们只对位移响应感兴趣，因此只需要确定式(3.231)的前 N 行。利用 $\boldsymbol{u}(s)$和 ϕ_j 的划分，可以得出

$$\bar{\boldsymbol{q}}(s)=\sum_{j=1}^{2N}\beta_j(s)\boldsymbol{z}_j \tag{3.235}$$

将式(3.234)中的 $\beta_j(s)$代入上式，可以得出

$$\bar{\boldsymbol{q}}(s)=\sum_{j=1}^{2N}\frac{1}{\gamma_j}\boldsymbol{z}_j\frac{\boldsymbol{z}_j^{\mathrm{T}}\{\bar{\boldsymbol{f}}(s)+\boldsymbol{M}\dot{\boldsymbol{q}}_0+\boldsymbol{C}\boldsymbol{q}_0+s\boldsymbol{M}\boldsymbol{q}_0\}}{s-s_j} \tag{3.236}$$

或

$$\bar{\boldsymbol{q}}(s)=\boldsymbol{H}(s)\{\bar{\boldsymbol{f}}(s)+\boldsymbol{M}\dot{\boldsymbol{q}}_0+\boldsymbol{C}\boldsymbol{q}_0+s\boldsymbol{M}\boldsymbol{q}_0\} \tag{3.237}$$

其中

$$\boldsymbol{H}(s)=\sum_{j=1}^{2N}\frac{1}{\gamma_j}\frac{\boldsymbol{z}_j\boldsymbol{z}_j^{\mathrm{T}}}{s-s_j} \tag{3.238}$$

是传递函数矩阵。之前的等效解以复共轭对的形式出现，利用式(3.206)，传递函数矩阵式(3.238)可以展开为

$$\boldsymbol{H}(s)=\sum_{j=1}^{2N}\frac{\boldsymbol{z}_j\boldsymbol{z}_j^{\mathrm{T}}}{\gamma_j(s-s_j)}=\sum_{j=1}^{N}\left[\frac{\boldsymbol{z}_j\boldsymbol{z}_j^{\mathrm{T}}}{\gamma_j(s-s_j)}+\frac{\boldsymbol{z}_j^*\boldsymbol{z}_j^{*\mathrm{T}}}{\gamma_j^*(s-s_j^*)}\right] \tag{3.239}$$

传递函数矩阵通常用复数固有频率 λ_j 表示。将 s_j=iλ_j 代入以上表达式，可得

$$\boldsymbol{H}(s)=\sum_{j=1}^{N}\left[\frac{\boldsymbol{z}_j\boldsymbol{z}_j^{\mathrm{T}}}{\gamma_j(s-\mathrm{i}\lambda_j)}+\frac{\boldsymbol{z}_j^*\boldsymbol{z}_j^{*\mathrm{T}}}{\gamma_j^*(s+\mathrm{i}\lambda_j^*)}\right] \text{和} \gamma_j=\boldsymbol{z}_j^{\mathrm{T}}[2\mathrm{i}\lambda_j\boldsymbol{M}+\boldsymbol{C}]\boldsymbol{z}_j \tag{3.240}$$

可以看到，式(3.240)中的传递函数矩阵 $\boldsymbol{H}$(s)可以简化为式(3.85)中无阻尼情况下的等效表达式。在无阻尼极限 $\boldsymbol{C}$=0 时，结果是 $\lambda_j=\omega_j=\lambda_j^*$ 和 $\boldsymbol{z}_j=\boldsymbol{x}_j=\boldsymbol{z}_j^*$ 。根据质量归一化关系，我们还可以得到 γ_j=2iω_j。假设式(3.240)中有一个典型项：

$$\begin{aligned}
&\left[\frac{\boldsymbol{z}_j\boldsymbol{z}_j^{\mathrm{T}}}{\gamma_j(s-\mathrm{i}\gamma_j)}+\frac{\boldsymbol{z}_j^*\boldsymbol{z}_j^{*\mathrm{T}}}{\gamma_j^*(s+\mathrm{i}\lambda_j^*)}\right]=\left[\frac{1}{2\mathrm{i}\omega_j}\frac{1}{\mathrm{i}\omega-\mathrm{i}\omega_j}+\frac{1}{-2\mathrm{i}\omega_j}\frac{1}{\mathrm{i}\omega+\mathrm{i}\omega_j}\right]\boldsymbol{x}_j\boldsymbol{x}_j^{\mathrm{T}}\\
&=\frac{1}{2\mathrm{i}^2\omega_j}\left[\frac{1}{\omega-\omega_j}-\frac{1}{\omega+\omega_j}\right]\boldsymbol{x}_j\boldsymbol{x}_j^{\mathrm{T}}\\
&=-\frac{1}{2\omega_j}\left[\frac{\omega+\omega_j-\omega+\omega_j}{(\omega-\omega_j)(\omega+\omega_j)}\right]\boldsymbol{x}_j\boldsymbol{x}_j^{\mathrm{T}}=-\frac{1}{2\omega_j}\left[\frac{2\omega_j}{\omega^2-\omega_j^2}\right]\boldsymbol{x}_j\boldsymbol{x}_j^{\mathrm{T}}=\frac{\boldsymbol{x}_j\boldsymbol{x}_j^{\mathrm{T}}}{\omega_j^2-\omega^2}
\end{aligned} \tag{3.241}$$

注意，该项是之前在式(3.85)中针对无阻尼系统的传递函数矩阵推导出来的。因此，式(3.237)是阻尼线性动力系统动态响应的最一般表达式。同样，也可以验证当系统为比例阻尼时，式(3.237)可如预期简化为式(3.133)。

2. 时域分析

结合式(3.237)和式(3.240)可以得出

$$\begin{aligned}
\overline{\boldsymbol{q}}(s)=\sum_{j=1}^{N}\Bigg\{&\frac{\boldsymbol{z}_j^{\mathrm{T}}\overline{\boldsymbol{f}}(s)+\boldsymbol{z}_j^{\mathrm{T}}\boldsymbol{M}\dot{\boldsymbol{q}}_0+\boldsymbol{z}_j^{\mathrm{T}}\boldsymbol{C}\boldsymbol{q}_0+s\boldsymbol{z}_j^{\mathrm{T}}\boldsymbol{M}\boldsymbol{q}_0}{\gamma_j(s-\mathrm{i}\lambda_j)}\boldsymbol{z}_j^*+\\
&\frac{\boldsymbol{z}_j^{*\mathrm{T}}\overline{\boldsymbol{f}}(s)+\boldsymbol{z}_j^{*\mathrm{T}}\boldsymbol{M}\dot{\boldsymbol{q}}_0+\boldsymbol{z}_j^{*\mathrm{T}}\boldsymbol{C}\boldsymbol{q}_0+s\boldsymbol{z}_j^{*\mathrm{T}}\boldsymbol{M}\boldsymbol{q}_0}{\gamma_j^*(s+\mathrm{i}\lambda_j^*)}\boldsymbol{z}_j^*\Bigg\}
\end{aligned} \tag{3.242}$$

根据拉普拉斯变换表，我们知道

$$\mathcal{L}^{-1}\left[\frac{1}{s-a}\right]=\mathrm{e}^{at} \text{和} \mathcal{L}^{-1}\left[\frac{s}{s-a}\right]=a\mathrm{e}^{at}，\ t>0 \tag{3.243}$$

对式(3.242)进行反拉普拉斯变换，可以得到时域动态响应为

$$\boldsymbol{q}(t)=\mathcal{L}^{-1}[\overline{\boldsymbol{q}}(s)]=\sum_{j=1}^{N}\frac{1}{\gamma_j}a_{1j}(t)\boldsymbol{z}_j+\frac{1}{\gamma_j^*}a_{2j}(t)\boldsymbol{z}_j^* \tag{3.244}$$

其中

对 $t>0$，

$$
\begin{aligned}
a_{1j}(t) &= \mathcal{L}^{-1}\left[\frac{\boldsymbol{z}_j^{\mathrm{T}}\overline{\boldsymbol{f}}(s)}{s-\mathrm{i}\lambda_j}\right] \\
&+\mathcal{L}^{-1}\left[\frac{1}{s-\mathrm{i}\lambda_j}\right]\left(\boldsymbol{z}_j^{\mathrm{T}}\boldsymbol{M}\dot{\boldsymbol{q}}_0+\boldsymbol{z}_j^{\mathrm{T}}\boldsymbol{C}\boldsymbol{q}_0\right)+\mathcal{L}^{-1}\left[\frac{s}{s-\mathrm{i}\lambda_j}\right]\boldsymbol{z}_j^{\mathrm{T}}\boldsymbol{M}\boldsymbol{q}_0 \\
&=\int_0^t \mathrm{e}^{\mathrm{i}\lambda_j(t-\tau)}\boldsymbol{z}_j^{\mathrm{T}}\boldsymbol{f}(\tau)\mathrm{d}\tau+\mathrm{e}^{\mathrm{i}\lambda_j t}\left(\boldsymbol{z}_j^{\mathrm{T}}\boldsymbol{M}\dot{\boldsymbol{q}}_0+\boldsymbol{z}_j^{\mathrm{T}}\boldsymbol{C}\boldsymbol{q}_0\mathrm{i}\lambda_j\boldsymbol{z}_z^{\mathrm{T}}\boldsymbol{M}\boldsymbol{q}_0\right)
\end{aligned}
\tag{3.245}
$$

且类似地

对 $t>0$，

$$
\begin{aligned}
a_{2j}(t)&\mathcal{L}^{-1}\left[\frac{\boldsymbol{z}_j^{*\mathrm{T}}\overline{\boldsymbol{f}}(s)}{s+\mathrm{i}\lambda_j}\right]+\mathcal{L}^{-1}\left[\frac{1}{s+\mathrm{i}\lambda_j}\right]\left(\boldsymbol{z}_j^{*\mathrm{T}}\boldsymbol{M}\dot{\boldsymbol{q}}_0+\boldsymbol{z}_j^{*\mathrm{T}}\boldsymbol{C}\boldsymbol{q}_0\right) \\
&+\mathcal{L}^{-1}\left[\frac{s}{s+\mathrm{i}\lambda_j}\right]\boldsymbol{z}_j{*}^{\mathrm{T}}\ \boldsymbol{M}\boldsymbol{q}_0 \\
&=\int_0^t \mathrm{e}^{-\mathrm{i}\lambda_j(t-\tau)}\boldsymbol{z}_j^{*\mathrm{T}}\boldsymbol{f}(\tau)\mathrm{d}\tau+\mathrm{e}^{-\mathrm{i}\lambda_j t}\left(\boldsymbol{z}_j^{*\mathrm{T}}\boldsymbol{M}\dot{\boldsymbol{q}}_0+\boldsymbol{z}_j^{*\mathrm{T}}\boldsymbol{C}\boldsymbol{q}_0-\mathrm{i}\lambda_j\boldsymbol{z}_j^{*\mathrm{T}}\boldsymbol{M}\boldsymbol{q}_0\right)
\end{aligned}
\tag{3.246}
$$

例 3.5　图 3.13 显示了一个 3-DOF 弹簧-质量系统。该系统与例 3.3 中使用的系统完全相同，不同之处在于与中间挡块相连的阻尼器已经断开。

(1) 证明该系统一般具有复杂模态。

(2) 获取复固有频率的近似表达式(使用一阶扰动法)。

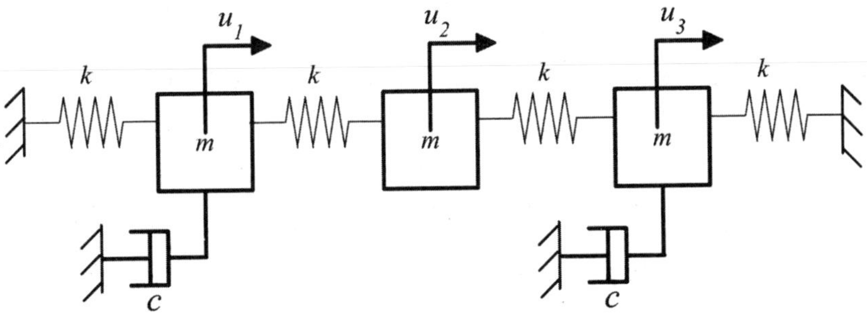

图 3.13　3-DOF 阻尼弹簧-质量系统

解：系统的质量矩阵和刚度矩阵与例 3.3(见式(3.146))中的相同。阻尼矩阵显然由下式给出。

$$\boldsymbol{C}=\begin{bmatrix} c & 0 & 0 \\ 0 & 0 & 0 \\ 0 & 0 & c \end{bmatrix} \tag{3.247}$$

由此(以及通过观察)可以看出，阻尼矩阵既不与质量矩阵成正比，也不与刚度矩阵成正比。因此，该系统很可能不存在经典法向模态。为了确定这一点，需要检查是否满足 Caughey 和 O'Kelly[26]的标准，即 $\boldsymbol{CM}^{-1}\boldsymbol{K}=\boldsymbol{KM}^{-1}\boldsymbol{C}$。因为 $\boldsymbol{M}=m\boldsymbol{I}$ 是对角矩阵，所以 $\boldsymbol{M}^{-1}=\frac{1}{m}\boldsymbol{I}$。而对于任意矩阵 $\boldsymbol{A}$，都有 $\boldsymbol{IA}=\boldsymbol{AI}=\boldsymbol{A}$。利用系统矩阵，我们得出

$$\begin{aligned} \boldsymbol{CM}^{-1}\boldsymbol{K} &= \boldsymbol{C}\frac{1}{m}\boldsymbol{IK}=\frac{1}{m}\boldsymbol{CK}=\frac{ck}{m}\begin{bmatrix} 1 & 0 & 0 \\ 0 & 0 & 0 \\ 0 & 0 & 1 \end{bmatrix}\begin{bmatrix} 2 & -1 & 0 \\ -1 & 2 & -1 \\ 0 & -1 & 2 \end{bmatrix} \\ &= \frac{ck}{m}\begin{bmatrix} 2 & -1 & 0 \\ 0 & 0 & 0 \\ 0 & -1 & 2 \end{bmatrix} \end{aligned} \tag{3.248}$$

和

$$\begin{aligned} \boldsymbol{KM}^{-1}\boldsymbol{C} &= \boldsymbol{K}\frac{1}{m}\boldsymbol{IC}=\frac{1}{m}\boldsymbol{KC}=\frac{ck}{m}\begin{bmatrix} 2 & -1 & 0 \\ -1 & 2 & -1 \\ 0 & -1 & 2 \end{bmatrix}\begin{bmatrix} 1 & 0 & 0 \\ 0 & 0 & 0 \\ 0 & 0 & 1 \end{bmatrix} \\ &= \frac{ck}{m}\begin{bmatrix} 2 & 0 & 0 \\ -1 & 0 & -1 \\ 0 & 0 & 2 \end{bmatrix} \end{aligned} \tag{3.249}$$

显然，$\boldsymbol{CM}^{-1}\boldsymbol{K}\neq\boldsymbol{KM}^{-1}\boldsymbol{C}$，即系统矩阵不满足 Caughey 和 O'Kelly[26]的条件。这证明该系统不具有经典法向模态，而具有复模态。

使用 3.5.1 节“1. 状态空间法”中概述的状态空间方法可以获得系统的精确复模态。3-DOF 系统需要求解 6 阶特征值问题。在此，将使用 3.5.1 节“2. 配置空间中的近似方法”中所述的一阶扰动法获得近似固有频率。再利用式(3.176)中的无阻尼模态矩阵，可以得到模态协调中的阻尼矩阵为

$$
\begin{aligned}
\boldsymbol{C}' = \boldsymbol{X}^{\mathrm{T}}\boldsymbol{C}\boldsymbol{X} &= \frac{1}{2\sqrt{m}}\begin{bmatrix} 1 & \sqrt{2} & 1 \\ \sqrt{2} & 0 & -\sqrt{2} \\ 1 & -\sqrt{2} & 1 \end{bmatrix}^{\mathrm{T}} \begin{bmatrix} c & 0 & 0 \\ 0 & 0 & 0 \\ 0 & 0 & c \end{bmatrix} \frac{1}{2\sqrt{m}} \\
&\begin{bmatrix} 1 & \sqrt{2} & 1 \\ \sqrt{2} & 0 & -\sqrt{2} \\ 1 & -\sqrt{2} & 1 \end{bmatrix} \\
&= \frac{c}{4m}\begin{bmatrix} 1 & \sqrt{2} & 1 \\ \sqrt{2} & 0 & -\sqrt{2} \\ 1 & -\sqrt{2} & 1 \end{bmatrix} \begin{bmatrix} 1 & 0 & 0 \\ 0 & 0 & 0 \\ 0 & 0 & 1 \end{bmatrix} \begin{bmatrix} 1 & \sqrt{2} & 1 \\ \sqrt{2} & 0 & -\sqrt{2} \\ 1 & -\sqrt{2} & 1 \end{bmatrix} \\
&= \frac{c}{4m}\begin{bmatrix} 1 & \sqrt{2} & 1 \\ \sqrt{2} & 0 & -\sqrt{2} \\ 1 & -\sqrt{2} & 1 \end{bmatrix} \begin{bmatrix} 1 & \sqrt{2} & 1 \\ 0 & 0 & 0 \\ 1 & -\sqrt{2} & 1 \end{bmatrix} = \frac{c}{4m}\begin{bmatrix} 2 & 0 & 2 \\ 0 & 4 & 0 \\ 2 & 0 & 2 \end{bmatrix} \\
&= \frac{c}{m}\begin{bmatrix} 1/2 & 0 & 1/2 \\ 0 & 1 & 0 \\ 1/2 & 0 & 1/2 \end{bmatrix}
\end{aligned} \tag{3.250}
$$

注意，与例 3.3 不同的是，C' 不是对角矩阵，也就是说，模态坐标中的运动方程是通过 C' 矩阵的非对角项耦合的。从式(3.217)可以得到近似复固有频率为

$$
\lambda_1 \approx \pm\omega_1 + iC'_{11}/2 = \pm\sqrt{\left(2-\sqrt{2}\right)\alpha} + \mathrm{i}\frac{c}{4m} \tag{3.251}
$$

$$
\lambda_2 \approx \pm\omega_2 + \mathrm{i}C'_{22}/2 = \pm\sqrt{2\alpha} + \mathrm{i}\frac{c}{2m} \tag{3.252}
$$

和

$$
\lambda_3 \approx \pm\omega_3 + \mathrm{i}C'_{33}/2 = \pm\sqrt{\left(2+\sqrt{2}\right)\alpha} + \mathrm{i}\frac{c}{4m} \tag{3.253}
$$

在上述公式中，使用了在例 3.3(式(3.152))中得到的无阻尼特征值。第二个复数模态的阻尼最大(因为虚部是其他两个模态的两倍)。这是因为在第二模态中，中间质量是静止的(参见式(3.165)中的第二模态形状)，而两个“受阻”质量从中间移动了最大距离。这导致两个阻尼器的最大“拉伸”，并在此模态中产生最大阻尼。

3.6 小结

本章讨论了单自由度和多自由度无阻尼和黏性阻尼系统的动力学知识，介绍了阻尼 SDOF 系统的固有频率和阻尼系数的基本概念，推导了单自由度无阻尼系统和黏性阻尼系统的频率响应和脉冲响应函数。单自由度黏性阻尼系统动态响应的性质受阻尼系数值的影响。本章分别针对单自由度无阻尼和有阻尼系统推导了由任意作用力函数和初始条件引起的一般动态响应表达式。然后，利用特征值、特征向量和模态阻尼系数，将这些表达式推广到多自由度无阻尼和比例阻尼系统。结果表明，经典模态分析可用于以类似方式获得无阻尼和比例阻尼系统的动态响应。

此外，本章还对比例阻尼的概念进行了详细研究。比例阻尼是复杂工程结构中耗散力建模的最常用方法，十多年来一直用于各种动态问题。质量和刚度比例阻尼近似法的主要局限性之一在于，使用这种方法无法准确模拟阻尼系数随振动频率的任意变化。然而，实验结果表明，阻尼系数可随频率变化。本章讨论了一种新的广义比例阻尼模型，以准确捕捉阻尼系数的频率变化。广义比例阻尼用平滑连续函数来表示阻尼矩阵，其中涉及特殊排列的质量和刚度矩阵，因此系统仍具有经典的法向模态。这样就能以简化的方式模拟模态阻尼系数随频率的变化。

一般黏性阻尼系统的动态分析需要计算复固有频率和复模态。使用状态空间方法可以直接实现这一目标，但计算成本较高。本章概述了对称状态空间方程。状态空间中的复特征向量满足正交关系，类似于配置空间中的经典法向模态。利用正交关系，可以扩展模态分析，以使用类似无阻尼或比例阻尼系统的模态叠加来获得动态响应。然而，这些模态都是复模态，需要解决一般的二次特征值问题。本章给出了一种基于轻阻尼假设的简单扰动方法。

本章的研究为讨论动态系统数字孪生的更高级主题提供了必要的平台。第 4 章开始讨论动态系统的随机分析。

第4章

随机分析

4.1 概率论

4.1.1 概率空间

试验是用来描述现象观察的术语。样本空间构成试验的所有可能结果，可表示为Θ。事件θ被定义为给定试验Θ的样本空间子集。不发生事件的结果是空集ϕ。如果P表示概率度量，F表示满足以下条件的非空子集集合：①空集ϕ包含于F；②如果A包含于F，那么A的补集也包含于F；③如果A_i, i=1,2,3,..是F的元素序列，则A_i的并集也包含于F，且概率空间的构造可用三元组(Θ,F,P)的概念表示。

4.1.2 随机变量

随机变量X可以用来定义空间(Θ,F,P)上的一个映射，即X：$\Theta \to \mathbb{R}$。设随机变量X的一个实现，$x=\left(x_1,x_2,\ldots,x_N\right):\Omega_x \to \mathbb{R}$，其概率度量为$P(x)$，累积分布函数$F_x(X)=P(x\leqslant X)$，其中$P$表示概率，$\Omega_x$表示$x$的概率空间，则概率密度函数表示为$p_x$，$p_x=\mathrm{d}F_x/\mathrm{d}x$。此外，对于给定的连续函数$g(X)=X^l$，第$l$个统计矩(moment)可定义为$\mathbb{E}[X^l]\equiv\int_{-\infty}^{\infty}x^l px(x)\mathrm{d}X$，而第一个矩$\mu_x=m_1$称为平均值，其他矩$\sigma_x^2=\mathbb{E}\left[X-\mu_x\right]^2$、$\Psi_3=\mathbb{E}[X-\mu_x]^3/\sigma_x^3$和$\Psi_4=\mathbb{E}[X-\mu_x]^4/\sigma_x^4$分别称为方差、偏斜系数和峰度系数。

4.1.3 希尔伯特空间

在实随机变量 $X_1,X_2 \in \Omega(\Theta,F,P)$的向量空间中，如果有一个有限的第二矩($\mathbb{E}[X_1]^2 < \infty$，$\mathbb{E}[X_2]^2 < \infty$)，那么期望运算允许内积和相关范数表示为

$$\langle X_1, X_2 \rangle = \mathbb{E}[X_1 X_2] \tag{4.1}$$

$$\|X\| = \sqrt{\mathbb{E}[X^2]} \tag{4.2}$$

然后可以证明$\Omega(\Theta,F,P)$是完备的，并且构成了一个希尔伯特空间[220]。

4.2 可靠性

4.2.1 不确定性的来源

通常，工程分析问题中的不确定性来源大致分为 4 种：物理不确定性、模型不确定性、人为误差和估计误差。物理不确定性，也称为不确定性，是实际系统中固有的。这些不确定性存在于系统中，是由于材料特性、强度特征、几何形状和加载条件的变化造成的。另一方面，假设和近似会导致模型的不确定性。这些不确定性也被称为认识上的不确定性。建模误差的来源包括为实现模型的可操作性而进行的简化。此外，缺乏对基本物理现象的正确理解也会导致建模误差，从而产生不确定性。不过，通过对问题物理的了解和认识，这些不确定性会减少。除了上述不确定性，人为误差造成的不确定性在工程问题中也很常见。人为误差是指在设计、施工或运行阶段出现的误差。最后，由于测量、取样和预测的波动会产生估计误差，即统计误差。

4.2.2 随机变量和极限状态函数

如前所述，系统参数的可变性决定了系统的可靠性。计算失效概率的第一步是定义极限状态函数或性能标准。极限状态函数也表示系统极限状态下参数的数学或函数关系。

假设一个 N 维随机变量 $\boldsymbol{X}$，向量 $\boldsymbol{X} = (X_1, X_2, \dots, X_N) : \Omega_X \to \mathbb{R}^N$ 具有概率密度函数 $P_{\boldsymbol{X}}(\boldsymbol{x})$和累积分布函数 $F_X(\boldsymbol{x}) = \mathbb{P}(\boldsymbol{X} \leqslant \boldsymbol{x})$，其中 $\mathbb{P}$ 表示概率，Ω_X表示概率空间。给定系统的失效概率 Ω_X^F 基于极限状态函数 $g(\boldsymbol{x})=0$ 进行量化。该函数描述了系统的可靠性，其中 $g(\boldsymbol{x})<0$ 表示失效域 Ω_X^F 。

$$\Omega_X^F \triangleq \{\boldsymbol{x} : g(\boldsymbol{x}) < 0\} \tag{4.3}$$

$g(\boldsymbol{x})>0$ 表示安全域。$g(\boldsymbol{x})=0$ 表示极限条件。失效概率定义为

$$P_f = \mathbb{P}(\boldsymbol{X} \in \Omega_X^F) = \int_{\Omega_X^F} \mathrm{d}F_X(\boldsymbol{x}) = \int_{\Omega_X} I_{\Omega_X^F} \mathrm{d}F_X(\boldsymbol{x}) \tag{4.4}$$

其中，$I_{\Omega_X^F}$ 是一个特征函数，并满足以下条件

$$I_{\Omega_X^F}(\boldsymbol{x}) = \begin{cases} 1, & x \in \Omega_X^F \\ 0, & \text{其他情形} \end{cases} \tag{4.5}$$

极限函数 $g(x)$在确定失效概率方面的重要作用已得到明确证实。这里，极限状态函数的广义多元形式可表示为 $y=g(\boldsymbol{x})$，$g: \mathbb{R}^N \to \mathbb{R}$，$N \geqslant 1$。

4.2.3　早期方法

如前所述，失效概率是通过评估失效域上的联合概率得到的。然而，一般情况下很难获得随机变量的联合分布；即使获得了联合分布，也不可能对多变量积分进行实际评估。因此，实现积分的可行方法是利用分析近似，从而简化积分形式。大多数早期的结构可靠性方法都是通过将系统变量归结为载荷(S)和阻力(R)来分析系统性能的。这里的安全裕度表示为

$$Z = R - S \tag{4.6}$$

此外，康奈尔可靠性指数[51]的通用表达式为

$$\beta_c = \frac{\mu_z}{\sigma_z} \tag{4.7}$$

其中，μ_z 是变量 z 的均值，σ_z 是标准差。当 R 和 S 呈正态分布时，指数 β_c 可用 S、R 的均值(μ_S, μ_R)和标准差(σ_S, σ_R)以及变量的相关系数(ρ_{RS})来表示，其值为

$$\beta_c = \frac{\mu_S - \mu_R}{\sqrt{\sigma_S^2 + \sigma_R^2 - 2\rho_{RS}\sigma_S\sigma_R}} \tag{4.8}$$

然而，在极限状态函数的输入为 N 维随机向量 $\boldsymbol{X}=X_1, X_2, X_3, \ldots, X_N^{\mathrm{T}}$ 的一般情况下，上述表达式无效。因此，使用所谓的一次二阶矩可靠性指标的平均值，其中截断为线性项的泰勒级数展开式在随机向量μ_x的平均值处求值。指数 β_{MVFOSM} 的计算公式为

$$\beta_{\mathrm{MVFOSM}} = \frac{g(\mu_X)}{\sqrt{(\nabla g|_{X=\mu_x})^{\mathrm{T}} R (\nabla g|_{X=\mu_x})}} \tag{4.9}$$

其中，∇ 是$\{\partial/\partial X_1 \ldots \partial/\partial X_N\}^{\mathrm{T}}$。

4.3 模拟方法

模拟方法通过采样和估计来计算失效概率。这些技术既适用于隐式函数，也适用于显式函数。

4.3.1 直接蒙特卡罗模拟法

最常用的可靠性分析方法可能是直接蒙特卡罗模拟(MCS)[163,184]。MCS 是统计物理学中一种广泛使用的多元积分计算方法。它对从输入变量的概率分布中独立抽取的大量样本点进行模拟。因此，该方法原则上可以通过枚举法模拟结果来估计失效概率。

假设有随机向量 $\boldsymbol{X}=\{X_1, X_2, X_3,...., X_N\}$、联合概率 $p_x(X)$和极限状态函数 $g(x)$，如果在由 $p_x(X)$生成的 M 个样本中，$\{x_1, x_2, x_3,....., x_M\}$中的 m 个样本满足 $g((x))<0$，则失效估计值为

$$P_f \equiv P(g((x))<0) \approx \frac{m}{M} \tag{4.10}$$

虽然这一过程简单明了，但 MCS 的成本却相当高，因为它必须利用大量的模拟来确保求解的收敛性。

4.3.2 重要性采样

为了克服上述问题，研究人员开发了一些方法来提高简化版的 MCS 的计算效率。重要性采样就是其中一种方法[8, 67, 112]。这种方法的目的是集中分布中最重要的区域。为此，所使用的方法是从另一个采样分布中生成样本，该采样分布有望更好地近似新密度函数的失效概率。使用该方法得出的失效概率为

$$P_F = \int_{g(x)<0} P_x(x)\mathrm{d}x = \int_{g(x)<0} \omega(x)h(x)\mathrm{d}x \tag{4.11}$$

其中，$w(x)=P_x(x)/h(x)$。

4.3.3 分层采样

在分层采样方法[212]中，集成域被划分为不同的部分，因此可以通过模拟更多导致失效事件的区域来引起注意。如果将整个集成域划分为 m 个互斥的区域，则可以用 R_1、R_2、R_3、...、R_m 表示。利用总概率定理，可以参照下式计算失效概率。

$$P_f = \sum_{j=1}^{m}(P(R_j))\sum_{i=1}^{N_j} I_g(x_i) \tag{4.12}$$

其中，I 是关于性能函数 $g(x)$和 R_j 区域内失效概率 $P(R_j)$的指示函数。

$$I(x) = \begin{cases} 1, & \text{如果} x \in \Omega_X^F \\ 0, & \text{其他} \end{cases} \tag{4.13}$$

由于事先不知道失效区域，通常采用试错法。

4.3.4　定向采样

在定向模拟[62]中，可假设有一个涉及 N 个正态分布随机变量的极限状态/性能函数 $g(x)$的可靠性问题。随机变量 $\boldsymbol{X}$ 的向量可写成长度 R 与方向 $\boldsymbol{A}$ 的乘积，其中 R^2 遵循卡方分布。失效概率通过对 $\boldsymbol{A}=\boldsymbol{a}$ 方向上的条件失效概率进行积分来评估。

$$\begin{aligned} P_F &= P(g(x) \leqslant 0) = P(g(R\boldsymbol{A}) \leqslant 0) \\ &= \int_{\text{Alldirections}} P(g(R\boldsymbol{a}) \leqslant 0) p_A(\boldsymbol{a})\mathrm{d}\boldsymbol{a} \\ &= \int_{\text{Alldirections}} (1 - X_N^2(r_a^2)) p_A(\boldsymbol{a})\mathrm{d}\boldsymbol{a} \end{aligned} \tag{4.14}$$

与简化版的 MCS 相比，定向模拟[62]具有更高的收敛速度；但是，这些技术仍然需要大量的模拟才能实现精确的估计。

4.3.5　子集模拟

另一种先进的基于模拟的结构可靠性方法是子集模拟(SS)[9, 10, 15, 227]。这种方法尤其适用于失效概率非常小的情况。SS 的基本前提是将失效概率表示为条件概率的乘积，而条件概率又是通过 Metropolis Hasting 算法估算的。SS 的文献已相当成熟，研究人员多年来提出了不同的变体。最近，子集模拟与混合多项式相关函数展开相结合[36]，用于估计具有极限状态函数的问题中的罕见事件[37]。下面简要介绍子集模拟的基本原理。

设 $\boldsymbol{X} = (X_1, X_2, ..., X_N): \Omega_X \to \mathbb{R}^N$ 为 N 维随机向量，其累积分布函数为 $F_X(x) = \mathbb{P}(\boldsymbol{X} \leqslant x)$，其中 Ω_X 表示概率空间。Ω_X^F 为失效域。根据这一设置，失效概率可表示为

$$\begin{aligned} P_f &= \mathbb{P}(\boldsymbol{X} \in \Omega_{\boldsymbol{X}}^F) \\ &= \int_{\Omega_X^F} \mathrm{d}f_{\boldsymbol{X}}(x) \\ &= \int_{\Omega_X} \mathbb{I}_{\Omega_X^F}(x)\mathrm{d}f_X(x) \end{aligned} \tag{4.15}$$

式(4.15)中的 $\mathbb{I}_k(x)$ 表示一个指标函数，即

$$\mathbb{I}_k(x) = \begin{cases} 1 & \text{如果} x \in k \\ 0 & \text{其他} \end{cases} \tag{4.16}$$

遗憾的是，大多数情况下，式(4.15)中的积分无法通过分析求解，必须采用某种数值积分方案。SS 就是求解式(4.15)中积分的一种有效方法。SS 的主要思想是将失效概率表示为较大条件概率的乘积。这种算法最早是在[9]中提出的，此后，不同的研究人员提出了这种算法的不同变体[10, 15, 227]。需要注意，SS 算法一般在标准正态空间中工作。因此，利用映射 $\eta: x \in \mathbb{R}^N \rightarrow z \in \mathbb{R}^N$，可将式(4.15)转换为标准正态空间：

$$P_f = \int_{\tilde{\Omega}_z} \mathbb{I}_{\tilde{\Omega}_z^F}(z)\mathrm{d}f_z(z) \tag{4.17}$$

其中，z 是标准正态变量 Z 的实现。$\tilde{\Omega}_z$ 和 $\tilde{\Omega}_z^F$ 分别是标准正态空间中的问题域和失效域。

通常，SS 算法从模拟级别 0 开始，生成 Z 的 N_s 个样本 z_i，i=1,...,N_s，通过使用映射 $\eta': z \in \mathbb{R}^N \rightarrow x \in \mathbb{R}^N$ 将 $z_i \forall_i$ 转换为 x_i，然后使用 x_i 评估极限状态函数 $\boldsymbol{J}(x)$。接下来，模拟级别 1，第 p_0N_s+1 个最大值被视为阈值，其中 p_0 是用户选择的级别概率。然后利用 p_0N_s 样本生成额外的样本，条件是 $J(x)>b_1$，其中 b_1 是当前模拟级别的阈值。该过程一直持续到所需的水平为止。SS 的分步程序如算法 1 所示。

算法 1　子集模拟

初始化： 提供随机变量的统计特性。设置 p_0 和 N_s。

$z_i \sim N\left(0, \boldsymbol{I}_N\right)\ i = 1, \ldots, N_s$，其中 $\boldsymbol{I}_N$ 是 $N \times N$ 单位矩阵。

$x_i \leftarrow \eta'(z_i), \forall i$。

$Y_i \leftarrow \mathcal{J}(x_i), \forall i$。

对 $\left\{z_i^0, i = 1, \ldots, N_s\right\}$ 中的样本进行排序，按相应 $Y_i : i = 1, \ldots, N_s$ 的递增顺序排列：

$c_0 \leftarrow p_0$ 百分位数样本 $\{Y_i : i = 1, \ldots, N_s\}$。设 $F_1 = \{z \in R^N : Y \leqslant c_0\}$。

设 $j = 0$。

重复 $c_j > 0$

$j \leftarrow j+1$。

$l \leftarrow 1/p_0$

for $i=1,\ldots,N_s p_0$ **do**

for $k=1,\ldots,l$ **do**

使用 Metropolis Hasting 算法为 z_i 和相应的 Y_i 获取新的条件样本。

end for

根据 Y 对 z 进行排序。

$c_j \leftarrow p_0$ 百分位数的样本 $\{Y_i : i = 1, \ldots, N_s\}$。设 $F_j = \left\{z \in \mathbb{R}^N : Y \leqslant c_0\right\}$。

end for

计算样本数 $N_f\left\{z_k \in \tilde{\Omega}_z^F\right\}, k=1,\ldots,N_f$

$p_f \leftarrow p_0^{j-1}\dfrac{N_f}{N_s}$

4.4　可靠性

工程设计的首要目标是设计出既经济又安全的系统/结构。虽然这在确定性设置中是简单明了的，但系统中的不确定性往往使其具有挑战性。我们采用了两种不同的不确定性设计算法，即基于可靠性的优化设计(RBDO)和鲁棒性优化设计(RDO)。在RBDO 中，目标是确保优化后的系统足够可靠。这是通过在优化框架中加入概率约束来实现的。从实际角度看，RBDO 的求解并不简单，因为它涉及一个嵌套循环。外循环解决优化问题，内循环解决可靠性分析问题，解决 RBDO 问题的常用方法包括可靠性指数法[66,173]、性能测量法[186,219]、顺序优化和可靠性分析法[64]、阈值移动法[86]和单循环法[120]。需要注意的是，许多研究使用 RBDO 设计各种无源控制装置[43,131]。

RDO 是 RBDO 的一个可行替代方案。在 RDO 中，目标是最大限度地减少从输入到响应的不确定性，即找到不敏感设计。这是通过求解一个双目标优化问题来实现的，即同时最小化响应的均值和方差。设 x 为设计变量，ξ 为随机变量，c 为成本函数，RDO 的目标函数表示为

$$c_{\text{RDO}} = \alpha\mu_c + (1-\alpha)\sigma_c \tag{4.18}$$

其中，μ_c 代表成本函数的平均值，σ_c 代表成本函数的标准差。需要注意的是，上述表达式通过引入权重系数 α (其中 $0 \leqslant \alpha \leqslant 1$)将双目标优化问题转换为单目标优化问题。

与 RBDO 类似，RDO 问题的解决也涉及一个嵌套循环，其中内循环对应不确定性量化问题，外循环解决优化问题。因此，RDO 的计算成本很高。为了解决这个问题，许多研究人员开发了各种近似方案。其中包括扰动法[99，213]、点估计法[94]、混沌多项式展开法(PCE)[171，181，214]、高斯过程(GP)[18，19，40]和径向基函数(RBF)[55，111，126]。需要注意的是，所有这些方法都试图通过高效解决不确定性量化问题来加速求解过程。遗憾的是，上述方法都存在一些问题。例如，如果基本问题的性质是高度非线性的，扰动法会产生错误结果。这是因为扰动法利用的是二阶泰勒级数展开。另一方面，基于代理方法，如 PCE、GP 和 RBF，也存在维度诅咒的问题(curse of dimensionality)。为解决这些复杂问题，人们还提出了解决 RDO 问题的自适应[31，159]和分析[44]框架。

第5章

数字孪生动态系统

本章介绍动态系统的数字孪生模型，并利用前几章提供的背景知识，为弹簧-质量系统和弹簧-质量-阻尼系统开发基于物理学的数字孪生模型，以及讨论不确定性对系统的影响。

5.1 数字孪生系统的动态模型

本节将讨论标称动态系统和由该模型产生的数字孪生系统。标称模型是数字孪生系统的“初始模型”或“起始模型”。对于工程动态系统而言，标称模型是一个经过验证、确认和校准的基于物理的模型。例如，当产品离开生产厂家并准备投入使用时，它可以是船舶或飞机的有限元模型。因此，其数字孪生模型将从标称模型开始，随着时间的推移改变原始模型，反映系统的当前状态。接下来将通过一个单自由度(SDOF)动态系统来解释数字孪生的基本思想。本章介绍的材料改编自参考文献[77]。

5.1.1 单自由度系统：标称模型

SDOF 动态系统的运动方程[97]为

$$m_0 \frac{\mathrm{d}^2 u_0(t)}{\mathrm{d}t^2} + c_0 \frac{\mathrm{d}u_0(t)}{\mathrm{d}t} + k_0 u_0(t) = f_0(t) \tag{5.1}$$

由式(5.1)得出的系统被命名为标称动力系统。这里 m_0、c_0 和 k_0 分别是标称质量系数、阻尼系数和刚度系数。作用力函数和动态响应分别用 $f_0(t)$和 $u_0(t)$表示。式(5.1)中的 SDOF 模型可以代表更复杂的动态系统的简化模型，也可以代表多自由度系统的模态坐标动态。本章的公式适用于这两种重要情况。

除以 m_0，运动方程式(5.1)可写成

$$\ddot{u}_0(t)+2\zeta_0\omega_0\dot{u}_0(t)+\omega_0^2u_0(t)=\frac{f(t)}{m_0} \tag{5.2}$$

无阻尼固有频率 (ω_0) 和阻尼系数(ζ_0)分别为

$$\omega_0=\sqrt{\frac{k_0}{m_0}} \tag{5.3}$$

和

$$\frac{c_0}{m_0}=2\zeta_0\omega_0 \text{ 或 } \zeta_0=\frac{c_0}{2\sqrt{k_0m_0}} \tag{5.4}$$

基本无阻尼系统的固有周期为

$$T_0=\frac{2\pi}{\omega_0} \tag{5.5}$$

对式(5.2)进行拉普拉斯变换，得到

$$s^2U_0(s)+s2\zeta_0\omega_0U_0(s)+\omega_0^2U_0(s)=\frac{F_0(s)}{m_0} \tag{5.6}$$

其中，$U_0(s)$和 $F_0(s)$分别是 $u_0(t)$和 $f_0(t)$的拉普拉斯变换。在式(5.2)中求解与 $U_0(s)$系数相关的公式，而不求解作用力项，可以得到系统的复固有频率

$$\lambda_{0_{1,2}}=-\zeta_0\omega_0\pm\mathrm{i}\omega_0\sqrt{1-\zeta_0^2}=-\zeta_0\omega_0\pm\mathrm{i}\omega_{d_0} \tag{5.7}$$

这里的虚数 $\mathrm{i}=\sqrt{-1}$ 和阻尼固有频率表示为

$$\omega_{d_0}=\omega_0\sqrt{1-\zeta_0^2} \tag{5.8}$$

对于阻尼振荡器而言，在共振时，振荡频率为 $\omega_{d_0}<\omega_0$。因此，对于正阻尼，阻尼系统的共振频率总是低于相应的基本无阻尼系统。

5.1.2 数字孪生模型

假设有一个物理系统，可以像之前那样，由一个单自由度弹簧、质量和阻尼器系统来近似。其数字孪生公式可写成

$$m(t_s)\frac{\partial^2u(t,t_s)}{\partial t^2}+c(t_s)\frac{\partial_u(t,t_s)}{\partial t}+k(t_s)u(t,t_s)=f(t,t_s) \tag{5.9}$$

这里的 t 和 t_s 分别指系统时间和“慢时间”。“慢时间”的概念对于理解数字孪生的演化非常重要。与式(5.1)中的标称系统不同，$u(t, t_s)$是两个变量的函数，因此运动方程用相对于时间变量 t 的偏导数来表示。慢时间或服务时间 t_s 可以被视为比 t 慢得多的时间变量。例如，它可以表示飞机中的循环次数。因此，质量 $m(t_s)$、阻尼 $c(t_s)$、刚度 $k(t_s)$和作用力 $f(t, t_s)$随 t_s 而变化，例如因系统在其使用寿命期间的退化。作用力也是时间 t 和慢时间 t_s 的函数，系统响应 $x(t, t_s)$也是如此。式(5.9)被视为 SDOF 动态系统的数字孪生。当 t_s=0 时，即系统使用寿命开始时，数字孪生式(5.9)将还原为式(5.1)中的标称系统。

假设在物理系统上安装了传感器，并在由 t_s 定义的时间位置进行测量。质量、刚度和作用力与 t_s 的函数关系形式是未知的，必须根据传感器的测量数据进行估算。图 5.1 显示了为 SDOF 动态系统创建数字孪生系统的总体情况。

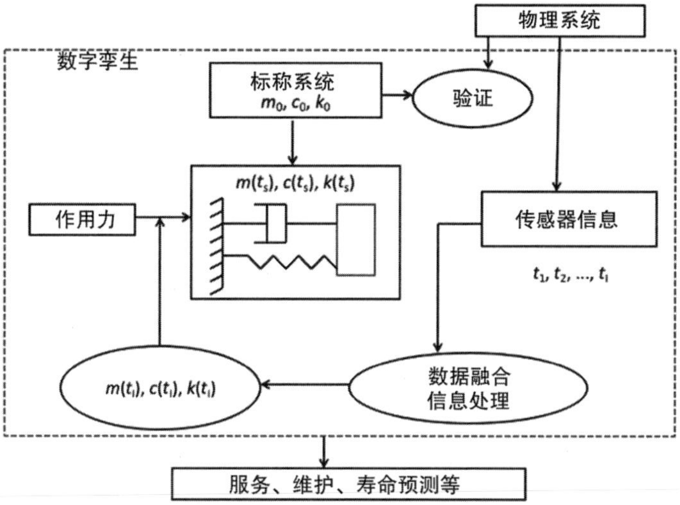

图 5.1　构建单自由度动态系统数字孪生的概述

根据这些讨论，可以对数字孪生作如下定义。

定义 单自由度系统的数字孪生是在两个时间尺度上再现物理系统动态的比特尺度模型。

从式(5.9)可以看出，数字孪生模型体现在 $k(t_s)$、$m(t_s)$和 $c(t_s)$函数中。显然，可以有多种函数形式。以刚度函数为例，$k(t_s)$可以是确定函数，也可以是随机函数(即随机过程)。如果 $k(t_s)$是一个确定函数，那么它必须满足的数学条件就是式(5.9)可解，这可以用一个合适的范数来概括。因此，必要条件是

当 $k(t_s) = k_0$，$t_s = 0$

和
$$\int_0^{T_s} k^2(t_s)\mathrm{d}t_s < \infty, \quad 0 < T_s < \infty \tag{5.10}$$

其中，T_s 是构建数字孪生的时间。如果 $k(t_s)$是一个随机过程，那么它的自相关函数在任何时候都必须是有限的。$m(t_s)$和 $c(t_s)$也有类似的限制。

数字孪生的一个关键特征是其连接性。最近，物联网(IoT)的发展带来了许多新的数据技术，从而推动了数字孪生技术的发展。物联网实现了物理 SDOF 系统与其数字对应系统之间的连接。数字孪生的基础就是这种连接。没有连接性，数字孪生技术就不可能存在；它是网络世界的产物。物理系统上的传感器收集数据，并通过各种信号处理和通信技术对这些数据进行整合和通信，从而建立连接。传感器对数据进行间歇性采样，通常，t_s代表离散的时间点。假设 $k(t_s)$、$m(t_s)$和 $c(t_s)$的变化非常缓慢，以至于系统式(5.9)的动态与这些函数变化能有效地解耦。因此，就式(5.9)的瞬时动力学而言，$k(t_s)$、$m(t_s)$和 $c(t_s)$作为 t 的函数是不变的。因此，我们只考虑质量和刚度的变化。考虑的函数形式如下：

$$k(t_s) = k_0(1 + \Delta_k(t_s))$$

和
$$m(t_s) = m_0(1 + \Delta_m(t_s)) \tag{5.11}$$

根据式(5.10)中的条件，t_s=0 时，$\Delta_k(t_s)$=$\Delta_m(t_s)$=0。通常，$k(t_s)$是一个长期衰减函数，用于表示系统刚度的损失。在飞机中，这可以表示由于复合材料结构中的基体开裂、分层和纤维断裂造成的刚度损失。大多数飞机都由复合材料制成，这些材料很容易受到这些复杂损坏机制的影响。另一方面，$m(t_s)$可以是一个递增或递减函数。例如，就飞机而言，它可以代表货物和乘客的装载量，也可以代表飞行过程中燃料的使用量。

根据上述限制条件和讨论情况，可选择以下具有代表性的函数作为示例。

$$\Delta_k(t_s) = \mathrm{e}^{-\alpha_k t_s}\frac{(1+\epsilon_k\cos(\beta_k t_s))}{(1+\epsilon_k)} - 1 \tag{5.12}$$

和
$$\Delta_m(t_s) = \epsilon_m \mathrm{SawTooth}(\beta_m(t_s - \pi/\beta_m)) \tag{5.13}$$

SawTooth(•)表示周期为 2π 的锯齿波。在图 5.2 中，这些函数模型所产生的刚度和质量特性的总体变化是按标称模型的自然时间周期归一化后的时间函数绘制的。这些示例使用的数值为：α_k=4×10^{-4}，ϵ_k=0.05，β_k=2×10^{-2}，β_m=0.15 和$\epsilon_m = 0.25$。选择这些函数的理由是，刚度随时间周期性下降，代表飞机在反复加压过程中可能出现的疲劳裂纹增长；而质量则因飞行期间的加油和燃料消耗而在标称值的基础上增减。关键的考虑因素是，动态系统(如飞机或其他飞行器)的数字孪生系统应能通过利用系统上测量到的传感器数据来跟踪这些变化。其他系统会有不同的功能变化，可以从该领域的专家那里获得。

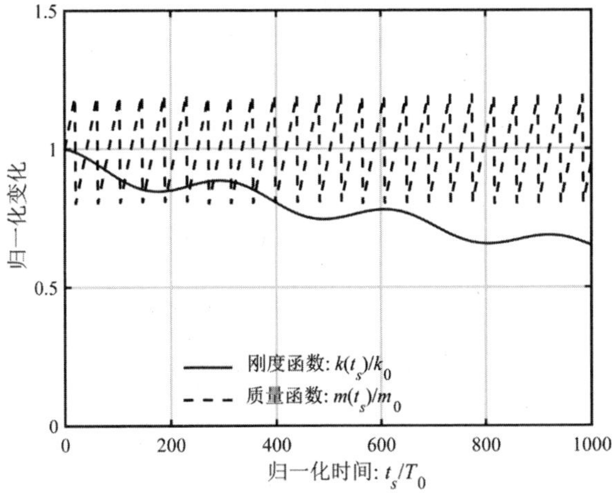

图 5.2　代表数字孪生系统质量和刚度特性长期变化的模型函数示例

5.2　由刚度演化的数字孪生

传感器技术的进步对数字孪生概念的发展至关重要。本章的内容基于系统的固有频率和响应可以在线测量这一事实，这在最近的一些论文中已有所体现。Feng 等人[71]开发了一种基于视觉的传感器系统，用于远程测量结构位移。在铁路桥和人行天桥上进行的现场测试表明，该传感器在时域和频域上都非常精确。基于视觉的非接触式传感器可以提取结构上任何一点的结构位移。Wang 等人[193]提出了一种光纤 Bragg 光栅传感器，利用振动引起的应变来估算结构的固有频率。他们使用电应变计、压电加速度计和光纤 Bragg 光栅传感器对金属管道进行了振动和冲击载荷实验，以获得固有频率。这些研究表明，传感器系统可以在线测量固有频率和位移，本章及后面有关动态系统数字孪生开发的章节都将基于这一事实。

5.2.1　获取精确的固有频率数据

假设标称模型的质量和阻尼不变，只有刚度特性的变化会影响数字孪生模型。对于 t_s 的固定值，仅有刚度特性变化的 SDOF 动力系统的数字孪生运动方程为

$$m_0 \frac{\mathrm{d}^2 u(t)}{\mathrm{d}t^2} + c_0 \frac{\mathrm{d}u(t)}{\mathrm{d}t} + k_0(1+\Delta_k(t_s))u(t) = f(t) \tag{5.14}$$

该公式是式(5.9)中一般公式的特例。由于 t_s 的值是固定的，式(5.9)中的偏导数项在此公式中变成了全导数。除以 m_0 并求解特征公式，阻尼自然特征频率可表示为

$$\lambda_{s_{1,2}}(t_s) = -\zeta_0\omega_0 \pm \mathrm{i}\omega_0\sqrt{1+\Delta_k(t_s)-\zeta_0^2} \tag{5.15}$$

这里的下标(•)s 表示随慢时间 t_s 变化的“测量”值。对式(5.15)进行重排，可得

$$\begin{aligned}\lambda_{s_{1,2}}(t_s) = &-\underbrace{\frac{\zeta_0}{\sqrt{1+\Delta_k(t_s)}}}_{\zeta_s(t_s)}\underbrace{\omega_0\sqrt{1+\Delta_k(t_s)}}_{\omega_s(t_s)} \\ &\underbrace{\pm\mathrm{i}\omega_0\sqrt{1+\Delta_k(t_s)}\sqrt{1-\left(\frac{\zeta_0}{\sqrt{1+\Delta_k(t_s)}}\right)^2}}_{\omega_{d_s}(t_s)}\end{aligned} \tag{5.16}$$

这里，$\omega_s(t_s)=\omega_0\sqrt{1+\Delta_k(t_s)}$，$\zeta_s(t_s)=\zeta_0/\sqrt{1+\Delta_k(t_s)}$，$\omega_{d_s}(t_s)=\omega_s(t_s)\sqrt{1-\zeta_s^2(t_s)}$ 分别是数字孪生的固有频率、阻尼系数和阻尼固有频率。系统的这 3 个基本属性随慢时间 t_s 的变化而变化。

对于 SDOF 模型，可以测量和利用几个量来开发数字孪生模型。这些量包括但不限于瞬态响应、强迫响应、频率响应、固有频率和阻尼系数。固有频率测量是可以通过相对简单的方式获得的最基本的量之一。通常情况下，预计系统的传感器数据将通过无线方式传输，以开发数字孪生系统。如果要实时构建数字孪生系统，就必须尽量减少所需的数据量。考虑到这些因素，选择固有频率作为“传感器测量数据”比考虑时域响应或频域响应更有效。这主要是因为对于 SDOF 系统来说，固有频率只是一个标量，而响应量可能是长度极大的向量。需要注意的是，与响应测量不同，固有频率通常是一个推导量，而不是直接测量值。不过，有几种方法[71，193]可以从测量到的振动响应数据中实时提取频率，而且可以高效地实施。

大多数固有频率提取技术都能获得阻尼固有频率。考虑到这些数据可用于给定的瞬时 $t_s\in[0,T_s]$，其中 T_s 是要创建数字孪生的时间窗口的上限。用 l_2 准则定义两个量 A 和 B 之间的距离为

$$d(A,B)=\sqrt{(A-B)^{\mathrm{H}}(A-B)}=\|A-B\|_2 \tag{5.17}$$

这里$(\bullet)^{\mathrm{H}}$表示 Hermitian 转置。对于标量，$(\bullet)^{\mathrm{H}}$只是(•)的复共轭。仅考虑阻尼固有频率，则距离测量值可表示为

$$d_1(t_s)=d(\omega_{d_0},\omega_{d_s}(t_s)) \tag{5.18}$$

使用相应的表达式得出

$$\tilde{d}_1(t_s) = \frac{d_1(t_s)}{\omega_0} = \sqrt{1-\zeta_0^2} - \sqrt{1+\Delta_k(t_s)-\zeta_0^2} \tag{5.19}$$

$\tilde{d}_1(t_s)$ 是相对于标称系统无阻尼固有频率的归一化距离测量值。在这里，$\tilde{d}_1(t_s)$ 被用作从原始标称模型开发数字孪生模型的输入函数。这种情况下，数字孪生模型完全由函数$\Delta_k(t_s)$描述，只需要根据 $\tilde{d}_1(t_s)$ 计算即可。求解式(5.19)可得出$\Delta_k(t_s)$为

$$\Delta_k(t_s) = \tilde{d}_1(t_s)\left(2\sqrt{1-\zeta_0^2} - \tilde{d}_1(t_s)\right) \tag{5.20}$$

这是数字孪生系统的精确解决方案，之所以能够实现，主要是因为考虑到了 SDOF 系统。可对多自由度(MDOF)系统采用类似的方法。如果标称系统的阻尼很小，则 $1 \gg \zeta_0^2$ 可得到近似表达式

$$\Delta_k(t_s) \approx -\tilde{d}_1(t_s)\left(2 - \tilde{d}_1(t_s)\right) \tag{5.21}$$

如果有 $\omega_{d_0} < \omega_{d_s}(t_s)$，那么 $\tilde{d}_1(t_s)$ 将为正值。因此，如果 $\tilde{d}_1(t_s) < 2$，$\forall t_s \in [0, T_s]$，则式(5.20)或式(5.21)中的$\Delta_k(t_s)$将为负值。这正是物理上所期望的。回想一下，函数 $\tilde{d}_1(t_s)$ 是一个无量纲量，表示系统固有频率随时间变化而发生的相对移动。通常，$\tilde{d}_1(t_s) < 0.5$，$\forall t_s$ 可以强制执行。这是因为，如果系统的固有频率在一段时间内变化超过 50%，那么原始标称模型的物理有效性就会受到质疑。这种情况下，应放弃最初的标称模型，并寻找另一个能准确反映当前物理特性的模型。换句话说，在标称模型的基础上创建数字孪生模型是不合适的。作为式(5.20)和式(5.21)有效性的绝对数学条件，$\tilde{d}_1(t_s)$ 必须满足以下条件

$$\tilde{d}_1(t_s) < 2, \ \forall t_s \tag{5.22}$$

在所有实际情况下，$\tilde{d}_1(t_s)$ 都应大大小于上述数学极限。我们建议 $\tilde{d}_1(t_s)$ 小于上述数学极限的 15%，即 $\tilde{d}_1(t_s)$ <0.3，这样才能保证本文所采用的方法具有物理意义。我们给出的这些界限和建议是基于我们对动态系统的物理理解，随着数字孪生概念的日益明确和更多案例研究的报道，这些界限和建议可能会在未来更加明晰。

5.2.2　带误差的固有频率数据

动态系统(航空航天车辆、汽车、风力涡轮机、船舶、发电厂、建筑物、桥梁等)上的传感器所收集和传输的数据容易受到多种误差的影响。误差来源包括测量噪声、传输误差、数据存储不准确、文件损坏、无线信号丢失、数据带宽饱和、时间步长不匹配、数据黑客攻击和篡改等。尽管构建数字孪生的$\Delta_k(t_s)$表达式是精确的，但输入数

据 $\tilde{d}_1(t_s)$ 通常包含误差。这种输入数据误差会渗透到数字孪生中。这种误差的量化方法与 5.2.1 节类似。

假设误差用 $\theta(t_s)$表示。这可以是一个确定性函数(例如传感器的偏差)，也可以是一个随机函数。对于第二种情况，$\theta(t_s)$成为一个随机过程[142]，必须由一个合适的自相关函数来定义。考虑到这一误差，测得的阻尼固有频率变为

$$\hat{\omega}_{d_s}(t_s)=\omega_0\sqrt{1+\Delta_k(t_s)-\zeta_0^2}+\theta(t_s) \tag{5.23}$$

结合式(5.18)和式(5.19)可以得出

$$\tilde{d}_1(t_s)=\frac{d_1(t_s)}{\omega_0}=\sqrt{1-\zeta_0^2}-\sqrt{1+\Delta_k(t_s)-\zeta_0^2}-\theta(t_s)/\omega_0 \tag{5.24}$$

求解上式，就得到了构建数字孪生的函数$\Delta_k(t_s)$，即

$$\Delta_k(t_s)=-\left(\tilde{d}_1(t_s)+\theta(t_s)/\omega_0\right)\left(2\sqrt{1-\zeta_0^2}-\left(\tilde{d}_1(t_s)+\theta(t_s)/\omega_0\right)\right) \tag{5.25}$$

虽然这是精确的解决方案，但测量数据的误差会影响数字孪生。接下来将提出另一种策略，以更鲁棒的方式解决测量数据的误差问题。

5.2.3 带误差估计的固有频率数据

要应用 5.2.2 节的方法，则需要为所有 t_s 测量数据的误差值。遗憾的是，这一误差值可能并不总是可用或已知。更合理的情况是当数据的总体误差估计值可用时，例如，制造商提供的传感设备公差(如 10%)可用时；在不失一般性的前提下，我们认为 $\theta(t_s)$ 是一个标准差为 σ_θ 的零均值高斯白噪声。因此有

$$\mathrm{E}\left[\theta^2(t_s)\right]=\sigma_\theta^2 \quad \forall t_s \tag{5.26}$$

其中 E[•]表示数学期望算子。根据式(5.18)的期望值，距离度量重新定义为

$$\bar{d}_1^2(t_s)=\mathrm{E}\left[d^2(\omega_{d_0},\hat{\omega}_{d_s}(t_s))\right] \tag{5.27}$$

将式(5.23)中的 $\hat{\omega}_{d_s}(t_s)$ 表达式代入上式，可得

$$\begin{aligned}\bar{d}_1^2(t_s)&=\mathrm{E}\left[\left(\omega_0\sqrt{1-\zeta_0^2}-\omega_0\sqrt{1+\Delta_k(t_s)-\zeta_0^2}-\theta(t_s)\right)^2\right]\\&=\mathrm{E}\left[(d_1(t_s)-\theta(t_s))^2\right]=d_1^2(t_s)+\sigma_\theta^2\end{aligned} \tag{5.28}$$

将公式除以 ω_0^2，重新排列并取平方根，得出

$$\operatorname{sign}\left(\tilde{d}_1(t_s)\right)\sqrt{\tilde{d}_1^2(t_s)-\sigma_\theta^2/\omega_0^2}=\sqrt{1-\zeta_0^2}-\sqrt{1+\Delta_k(t_s)-\zeta_0^2} \tag{5.29}$$

注意，平方根的符号要与 $\tilde{d}_1(t_s)$ 的符号保持一致。解出这个公式后，开发数字孪生的函数 $\Delta_k(t_s)$ 即为

$$\begin{aligned}\Delta_k(t_s)=&-\operatorname{sign}\left(\tilde{d}_1(t_s)\right)\sqrt{\tilde{d}_1^2(t_s)-\sigma_\theta^2/\omega_0^2}\\&\left(2\sqrt{1-\zeta_0^2}-\operatorname{sign}\left(\tilde{d}_1(t_s)\right)\sqrt{\tilde{d}_1^2(t_s)-\sigma_\theta^2/\omega_\theta^2}\right)\end{aligned} \tag{5.30}$$

当测量无误差时，即 $\sigma_\theta^2\to 0$ 时，上式将还原为式(5.20)中的确定性情况。因此，式(5.30)是数字孪生的函数 $\Delta_k(t_s)$ 的一般表达式。

5.2.4　数值说明

接下来将以一个标称阻尼系数为 ζ_0=0.05 的 SDOF 系统为例，讲解前几节中推导的数字孪生公式的适用性。物理系统在“慢时间” t_s 中持续演化。假设传感器数据是以一定的固定时间间隔间歇性传输的，本例将利用图 5.2 所示的系统刚度特性的变化来模拟固有频率的变化。图 5.3(a)显示了系统阻尼固有频率随时间的实际变化，以及数字孪生中可用的离散数据点样本。

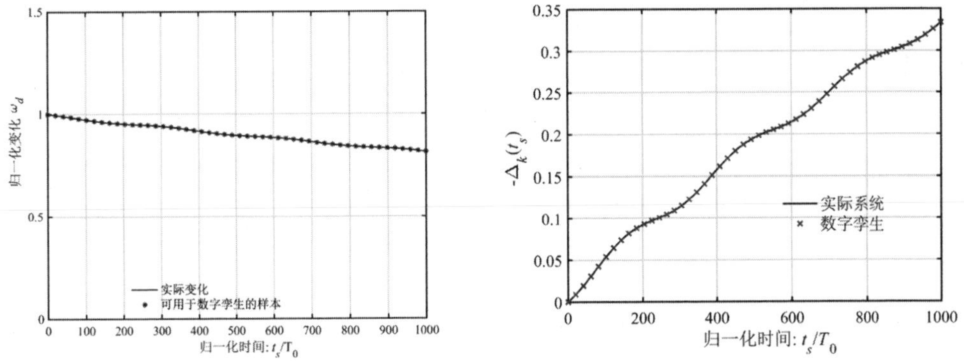

(a) (阻尼)固有频率随时间的变化　　(b) 利用精确数据构建的数字孪生模型

图 5.3　用精确数据绘制的(阻尼)固有频率变化和数字孪生与归一化“慢时间”ts/T0 的函数关系图。(b)中的数字孪生是根据式(5.20)利用(a)中的数据计算出的距离范数得到的

通常情况下，数据的可用频率取决于一些实际细节，如无线数据传输系统的带宽、数据收集的能耗需求以及数据传输的成本。数字孪生的有效性取决于数据采样和传输的频率，以及测量频率变化的剧烈程度。例如，如果由于采样不佳而漏掉了频率的尖

峰或异常变化，那么数字孪生系统将无法捕捉到系统中的这一真实变化。考虑到这些限制因素，图 5.3(b)显示了使用式(5.20)得出的数字孪生模型。由于式(5.20)是一个精确公式，数字孪生模型完全反映了有固有频率数据的所有 t_s 值的实际系统。式(5.20)所给出的数字孪生模型的有效性由此得到验证。

错误数据的情况如图 5.4 所示。

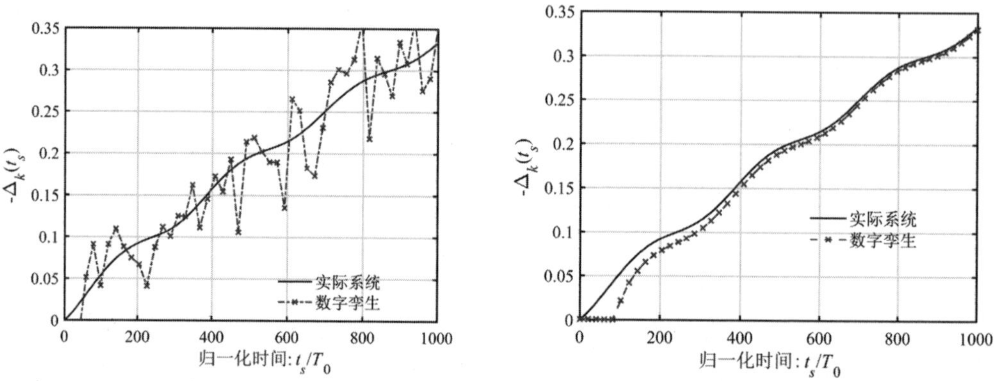

(a) 利用错误数据构建的数字孪生　　(b) 利用误差估计构建的数字孪生

图 5.4　利用错误数据和误差估计构建的数字孪生与归一化“慢时间” t_s/T_0 的函数关系。误差形式为离散零均值高斯白噪声，标准差为 0.025

图 5.4(a)中的数字孪生由式(5.25)得出，图 5.4(b)中的数字孪生由式(5.30)得出。数据误差假设为离散的零均值高斯白噪声，标准差为 σ_θ=0.025。在数字孪生中插入数据误差的情况下，图 5.4(a)观察到与实际系统的明显偏差。另一方面，如图 5.4(b)所示，当误差估计先验已知时，数字孪生系统将密切跟踪真实系统。当 t_s 值较低时，会出现一些差异，因为在这一区域，标准误差的值相对大于距离测量值。这个数字示例说明了数据中不同类型的误差以及如何处理这些误差对数字孪生效果的重大影响。

5.3 由质量演化的数字孪生

5.3.1 获取精确的固有频率数据

假设标称模型的刚度和阻尼不变，只有质量特性的变化影响数字孪生模型。那么对于固定的 t_s 值，仅质量特性发生变化的 SDOF 系统的数字孪生运动方程表示为

$$m_0(1+\Delta_m(t_s))\frac{\mathrm{d}^2u(t)}{\mathrm{d}t^2}+c_0\frac{\mathrm{d}u(t)}{\mathrm{d}t}+k_0u(t)=f(t) \tag{5.31}$$

除以 m_0 并求解特征公式，阻尼固有特征频率为

$$\lambda_{s_{1,2}}(t_s) = -\frac{\zeta_0\omega_0}{1+\Delta_m(t_s)} \pm \mathrm{i}\frac{\omega_0\sqrt{1+\Delta_m(t_s)-\zeta_0^2}}{1+\Delta_m(t_s)} \tag{5.32}$$

将该式变形后可得

$$\lambda_{s_{1,2}}(t_s) = -\omega_s(t_s)\zeta_s(t_s) \pm \mathrm{i}\omega_{d_s}(t_s) \tag{5.33}$$

这里，

$$\omega_s(t_s) = \omega_0 / \sqrt{1+\Delta_m(t_s)} \tag{5.34}$$

$$\zeta_s(t_s) = \zeta_0 / \sqrt{1+\Delta_m(t_s)} \tag{5.35}$$

和

$$\omega_{d_s}(t_s) = \omega_s(t_s)\sqrt{1-\zeta_s^2(t_s)} = \frac{\omega_0\sqrt{1+\Delta_m(t_s)-\zeta_0^2}}{1+\Delta_m(t_s)} \tag{5.36}$$

分别为数字孪生的固有频率、阻尼系数和阻尼固有频率。同样，系统的这 3 个基本属性也会随着慢时间 t_s 的变化而变化。假设有与式(5.18)类似的距离度量，且定义如下：

$$d_2(t_s) = d(\omega_{d_0}, \omega_{d_s}(t_s)) \tag{5.37}$$

或

$$\tilde{d}_2(t_s) = \frac{d_2(t_s)}{\omega_0} = \sqrt{1-\zeta_0{}^2} - \frac{\sqrt{1+\Delta_m(t_s)-\zeta_0{}^2}}{(1+\Delta_m(t_s))} \tag{5.38}$$

这里，$\tilde{d}_2(t_s)$ 是相对于标称系统无阻尼固有频率的归一化距离测量值。将 $\tilde{d}_2(t_s)$ 视为从原始标称模型开发数字孪生模型的输入函数。这种情况下，数字孪生模型完全由函数$\Delta_m(t_s)$描述，并通过求解式(5.38)得到$\Delta_m(t_s)$，即

$$\Delta_m(t_s) = \frac{\begin{gathered}-2\tilde{d}_2(t_s)^2 + 4\tilde{d}_2(t_s)\sqrt{1-\zeta_0{}^2} - 1 + 2\zeta_0{}^2 \\ +\sqrt{1-4\tilde{d}_2(t_s)^2\zeta_0{}^2 + 8\tilde{d}_2(t_s)\sqrt{1-\zeta_0{}^2}\,\zeta_0{}^2 - 4\zeta_0{}^2 + 4\zeta_0{}^4}\end{gathered}}{2\left(-\tilde{d}_2(t_s) + \sqrt{1-\zeta_0{}^2}\right)^2} \tag{5.39}$$

这是精确解；对任何 ζ_0 值都有效。如果假设阻尼很小，则 $\zeta_0^k \approx 0$，$k \geqslant 2$。利用这一近似值，式(5.39)可改写为

$$\Delta_m(t_s) \approx \frac{\tilde{d}_2(t_s)\left(2-\tilde{d}_2(t_s)\right)}{\left(1-\tilde{d}_2(t_s)\right)^2} \tag{5.40}$$

如果$\tilde{d}_2(t_s)$是正数，那么$\Delta_m(t_s)$也一定是正数。从上式可以得出结论，本分析有效性的绝对数学条件是$\tilde{d}_2(t_s)<2$，$\forall t_s$。然而，推荐为原始标称模型的物理相关性使用$\tilde{d}_2(t_s)<0.3$。如果$\tilde{d}_2(t_s)$超过该值，则应仔细检查原始标称模型。

5.3.2 带误差的固有频率数据

假设误差函数为$\theta(t_s)$；测得的阻尼固有频率变为

$$\hat{\omega}_{d_s}(t_s)=\frac{\omega_0\sqrt{1+\Delta_m(t_s)-\zeta_0^2}}{1+\Delta_m(t_s)}+\theta(t_s) \tag{5.41}$$

结合式(5.37)和式(5.38)可以得出

$$\tilde{d}_2(t_s)=\sqrt{1-\zeta_0{}^2}-\frac{\sqrt{1+\Delta_m(t_s)-\zeta_0{}^2}}{(1+\Delta_m(t_s))}-\theta(t_s)/\omega_0 \tag{5.42}$$

虽然这个公式的精确解可能存在，但由此得到的闭式表达式却很繁杂。因此，利用小阻尼近似，可以得到构建数字孪生的函数$\Delta_m(t_s)$，即

$$\Delta_m(t_s)\approx\frac{\left(\tilde{d}_2(t_s)+\theta(t_s)/\omega_0\right)\left(2-\tilde{d}_2(t_s)-\theta(t_s)/\omega_0\right)}{\left(1-\tilde{d}_2(t_s)-\theta(t_s)/\omega_0\right)^2} \tag{5.43}$$

要想让该表达式有效，需要满足$\tilde{d}_2(t_s)+\theta(t_s)<2$，$\forall t_s$。

5.3.3 带误差估计的固有频率数据

设$\theta(t_s)$为零均值高斯白噪声，标准差为σ_θ。取式(5.37)的期望值，定义距离度量为

$$\bar{d}_2^2(t_s)=\mathrm{E}\left[d^2(\omega_{d_0},\hat{\omega}_{d_s}(t_s))\right] \tag{5.44}$$

将式(5.41)中的$\hat{\omega}_{d_s}(t_s)$表达式代入上式，有

$$\begin{aligned}\bar{d}_2^2(t_s)&=\mathrm{E}\left[\left(\omega_0\sqrt{1-\zeta_0^2}-\frac{\omega_0\sqrt{1+\Delta_m(t_s)-\zeta_0^2}}{1+\Delta_m(t_s)}-\theta(t_s)\right)^2\right]\\&=\mathrm{E}\left[(d_2(t_s)-\theta(t_s))^2\right]=d_2^2(t_s)+\sigma_\theta^2\end{aligned} \tag{5.45}$$

将公式除以ω_0^2，重新排列并取平方根，有

$$\mathrm{sign}\left(\tilde{d}_2(t_s)\right)\sqrt{\tilde{d}_2^2(t_s)-\sigma_\theta^2/\omega_0^2}=\sqrt{1-\zeta_0{}^2}-\frac{\sqrt{1+\Delta_m(t_s)-\zeta_0{}^2}}{(1+\Delta_m(t_s))} \tag{5.46}$$

取平方根的符号是为了保持 $\tilde{d}_1(t_s)$ 的符号。用小阻尼近似法求解该公式，构造数字孪生的函数$\Delta_m(t_s)$变为

$$\Delta_m(t_s) \approx \frac{\operatorname{sign}\left(\tilde{d}_2(t_s)\right)\sqrt{\tilde{d}_2^2(t_s)-\sigma_\theta^2/\omega_0^2}\left(2-\operatorname{sign}\left(\tilde{d}_2(t_s)\right)\sqrt{\tilde{d}_2^2(t_s)-\sigma_\theta^2/\omega_0^2}\right)}{\left(1-\operatorname{sign}\left(\tilde{d}_2(t_s)\right)\sqrt{\tilde{d}_2^2(t_s)-\sigma_\theta^2/\omega_0^2}\right)^2} \tag{5.47}$$

当测量无误差时，即 $\sigma_\theta^2 \to 0$ 时，上式将简化为式(5.40)中的确定性情况。因此，式(5.47)可视为数字孪生的函数$\Delta_m(t_s)$的一般表达式。

5.3.4　数值说明

接下来将以一个标称阻尼系数为 ζ_0=0.05 的 SDOF 系统，讲解质量演化数字孪生公式的适用性。

物理系统在慢时间 t_s 中持续演化。为便于进行数值说明，可假设传感器数据有两种不同的采样率。利用图 5.2 所示的系统质量特性的变化来模拟固有频率的变化。在图 5.5(a)中，显示了系统阻尼固有频率随时间的实际变化，以及数字孪生中离散数据点的粗略样本和精细样本。粗略的数据样本忽略了基本变化的某些特征，突出了采样率在数字孪生中的作用。图 5.5(b)显示了利用式(5.40)得出的数字孪生模型。由于式(5.40)是一个精确的公式，因此数字孪生模型完美地反映了实际系统在所有可获得固有频率数据的 t_s 值上的情况。这就验证了式(5.40)所给出的数字孪生的准确性。

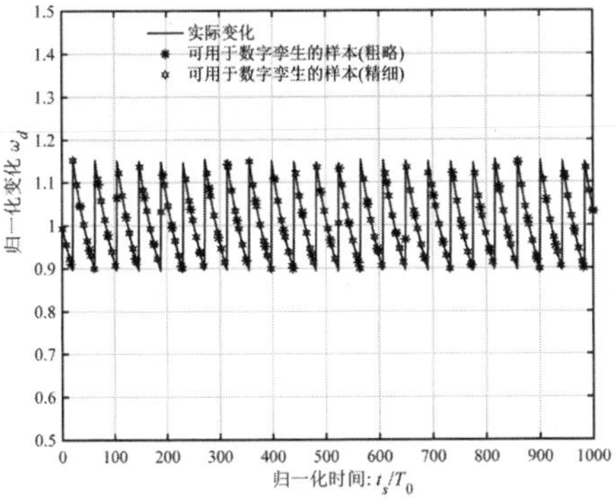

(a)　(阻尼)固有频率随时间的变化

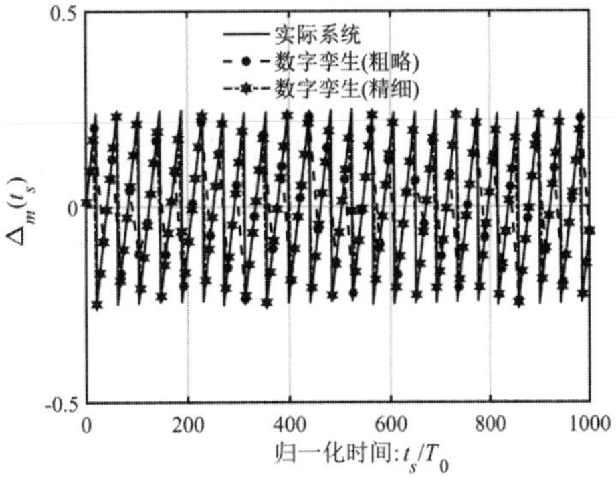

(b) 利用精确数据构建的数字孪生模型

图 5.5　(阻尼)固有频率的变化和使用精确数据绘制的数字孪生模型与归一化“慢时间” t_s/T_0 的函数关系。图中显示了两种不同采样率的影响。(b)中的数字孪生是根据式(5.20)利用(a)中数据计算出的距离范数得到的

错误数据的情况如图 5.6 所示。图 5.6(a)中的数字孪生结构是利用式(5.43)得到的。图 5.6(b)中的数字孪生是利用式(5.47)得到的。数据中的误差被模拟为一个离散的标准差为 σ_θ 的零均值高斯白噪声。如图 5.6(a)所示，数字孪生中的数据误差会导致与实际系统的偏差。当数据采样较粗略时，偏差会更加明显。

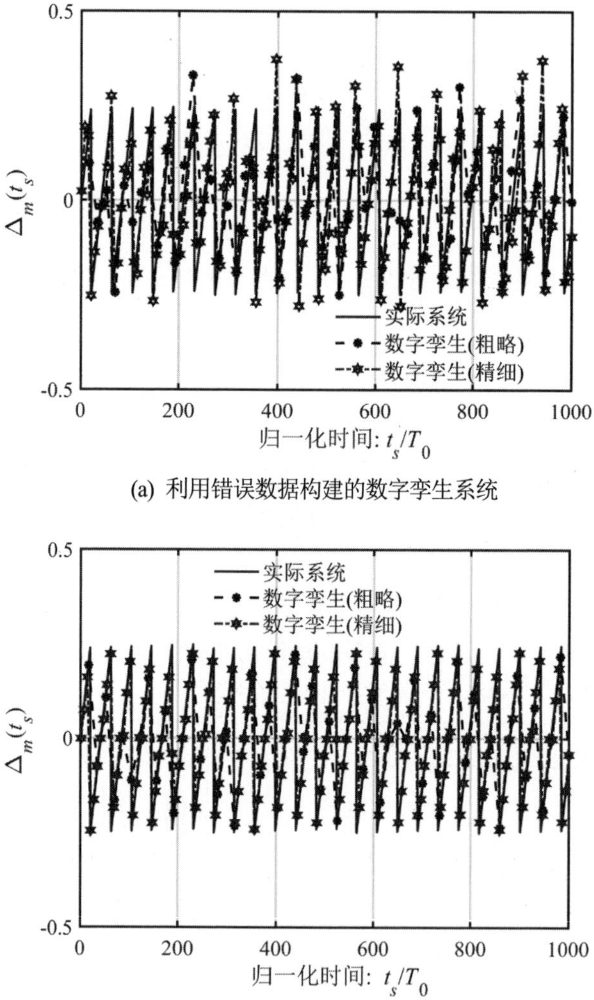

(a) 利用错误数据构建的数字孪生系统

(b) 利用误差估计构建的数字孪生系统

图 5.6 利用错误数据和误差估计构建的数字孪生系统与归一化“慢时间” t_s/T_0 的函数关系。误差形式为离散零均值高斯白噪声，标准差为 0.025

另一方面，如果误差估计先验已知，那么数字孪生就会更接近真实的系统，如图 5.6(b)所示。正如预期的那样，粗略的数据采样会导致一些差异。这个数值示例凸显了数据中不同类型的误差对数字孪生系统有效性的重大影响。

5.4 由质量和刚度演化的数字孪生

假设系统的刚度和质量属性同时随着慢时间尺度 t_s 的变化而变化，标称模型的阻尼保持不变。在刚度和质量属性变化的情况下，SDOF 系统在固定值 t_s 下的数字孪生运动方程为

$$m_0(1+\Delta_m(t_s))\frac{\mathrm{d}^2u(t)}{\mathrm{d}t^2}+c_0\frac{\mathrm{d}u(t)}{\mathrm{d}t}+k_0(1+\Delta_k(t_s))u(t)=f(t) \tag{5.48}$$

除以 m_0 并求解特征公式，即可得到阻尼自然特征频率

$$\lambda_{s_{1,2}}(t_s)=-\frac{\zeta_0\omega_0}{1+\Delta_m(t_s)}\pm \mathrm{i}\frac{\omega_0\sqrt{(1+\Delta_k(t_s))(1+\Delta_m(t_s))-\zeta_0^2}}{1+\Delta_m(t_s)} \tag{5.49}$$

将该式变形后可得

$$\lambda_{s_{1,2}}(t_s)=-\omega_s(t_s)\zeta_s(t_s)\pm \mathrm{i}\omega_{d_s}(t_s) \tag{5.50}$$

这里，

$$\omega_s(t_s)=\omega_0\frac{\sqrt{1+\Delta_k(t_s)}}{\sqrt{1+\Delta_m(t_s)}} \tag{5.51}$$

$$\zeta_s(t_s)=\frac{\zeta_0}{\sqrt{1+\Delta_k(t_s)}\sqrt{1+\Delta_m(t_s)}} \tag{5.52}$$

和

$$\omega_{d_s}(t_s)=\omega_s(t_s)\sqrt{1-\zeta_s^2(t_s)}=\frac{\omega_0\sqrt{(1+\Delta_k(t_s))(1+\Delta_m(t_s))-\zeta_0^2}}{1+\Delta_m(t_s)} \tag{5.53}$$

这 3 个式子分别为数字孪生的固有频率、阻尼系数和阻尼固有频率。如前所述，系统的这 3 个基本属性会随着慢时间 t_s 的变化而变化。

与前两种情况不同，这里有两个未知函数，即定义数字孪生系统的$\Delta_k(t_s)$和$\Delta_m(t_s)$。为确定这两个未知函数唯一性，所有 t_s 都应有两个独立的公式。从式(5.51)~式(5.53)可以看出，所有 3 个关键动态量，即固有频率、阻尼系数和阻尼固有频率，都是随着$\Delta_k(t_s)$和$\Delta_m(t_s)$的函数而变化的。因此，只需要测量这 3 个动态量中的两个即可建立数字孪生模型。至于选择哪两个量，则取决于现有的数据，因为这两个量都不是现实动态

系统的“直接测量值”。下文将再次讨论建立数字孪生系统的 3 种实际情况。

5.4.1 获取精确的固有频率数据

式(5.49)中给出的阻尼固有特征频率是复数值。现在分别考虑实部和虚部，建立两个公式，从而建立数字孪生。设与式(5.18)类似的距离度量，将其分别应用于实部和虚部，定义如下：

$$d_{\Re}(t_s)=d(\Re(\lambda_0),\Re(\lambda_s(t_s))) \tag{5.54}$$

和

$$d_{\Im}(t_s)=d(\Im(\lambda_0),\Im(\lambda_s(t_s))) \tag{5.55}$$

将距离测量值除以 ω_0，归一化误差测量值为

$$\tilde{d}_{\Re}(t_s)=\frac{d_{\Re}(t_s)}{\omega_0}=\frac{\zeta_0}{1+\Delta_m(t_s)}-\zeta_0 \tag{5.56}$$

和

$$\tilde{d}_{\Im}(t_s)=\frac{d_{\Im}(t_s)}{\omega_0}=\sqrt{1-\zeta_0{}^2}-\frac{\sqrt{(1+\Delta_k(t_s))(1+\Delta_m(t_s))-\zeta_0^2}}{1+\Delta_m(t_s)} \tag{5.57}$$

使用 $\tilde{d}_{\Re}(t_s)$ 和 $\tilde{d}_{\Im}(t_s)$ 作为输入函数，从原始标称模型出发建立数字孪生模型。在这种情况下，数字孪生模型完全由函数$\Delta_k(t_s)$和$\Delta_m(t_s)$定义，并可通过同时求解上述两个公式获得，即

$$\Delta_m(t_s)=-\frac{\tilde{d}_{\Re}(t_s)}{\zeta_0+\tilde{d}_{\Re}(t_s)} \tag{5.58}$$

和

$$\Delta_k(t_s)=\frac{\zeta_0\tilde{d}_{\Re}^2(t_s)-(1+2\zeta_0{}^2)\tilde{d}_{\Re}(t_s)-2\sqrt{1-\zeta_0{}^2}\,\zeta_0\tilde{d}_{\Im}(t_s)+\zeta_0\tilde{d}_{\Im}^2(t_s)}{\zeta_0+\tilde{d}_{\Re}(t_s)} \tag{5.59}$$

这是精确解，对任何 ζ_0 值都有效。显然，要建立质量和刚度同步演化的数字孪生模型，需要对复数固有频率的实部和虚部进行距离测量。

5.4.2 带误差的精确固有频率数据

虽然复数固有频率的实部和虚部都是单个特征值的组成部分，但是它们在物理上对应于系统动力学的不同方面。实部对应自由振动响应的衰减率。虚部对应振荡频率。测量这些量的技术[70]也有很大差异。因此，与这两个量对应的误差通常是不同的，且相互独立。

设有误差函数 $\theta_{\Re}(t_s)$ 和 $\theta_{\Im}(t_s)$ 。测得的复特征频率变为

$$\begin{aligned}\hat{\lambda}_{s_{1,2}}(t_s)=&-\left(\frac{\zeta_0\omega_0}{1+\Delta_m(t_s)}+\theta_{\Re}(t_s)\right)\\&\pm\mathrm{i}\left(\frac{\omega_0\sqrt{(1+\Delta_k(t_s))(1+\Delta_m(t_s))-\zeta_0^2}}{1+\Delta_m(t_s)}+\theta_{\Im}(t_s)\right)\end{aligned}\tag{5.60}$$

结合式(5.54)~式(5.57)可以得出

$$\tilde{d}_{\Re}(t_s)=\frac{\zeta_0}{1+\Delta_m(t_s)}-\zeta_0+\theta_{\Re}(t_s)/\omega_0\tag{5.61}$$

和

$$\tilde{d}_{\Re}(t_s)=\sqrt{1-\zeta_0{}^2}-\frac{\sqrt{(1+\Delta_k(t_s))(1+\Delta_m(t_s))-\zeta_0^2}}{1+\Delta_m(t_s)}-\theta_{\Im}(t_s)/\omega_0\tag{5.62}$$

同时求解上述两个公式，可以得到用于描述存在数据误差的数字孪生模型的两个函数：$\Delta_k(t_s)$和$\Delta_m(t_s)$，即

$$\Delta_m(t_s)=-\frac{\tilde{d}_{\Re}(t_s)-\theta_{\Re}(t_s)/\omega_0}{\zeta_0+\tilde{d}_{\Re}(t_s)-\theta_{\Re}(t_s)/\omega_0}\tag{5.63}$$

和

$$\Delta_k(t_s)=\frac{\begin{array}{c}\zeta_0\left(\tilde{d}_{\Re}(t_s)-\theta_{\Re}(t_s)/\omega_0\right)^2-(1-2\zeta_0{}^2)(d_{\Re}(t_s)-\theta_{\Re}(t_s)/\omega_0)\\-2\sqrt{1-\zeta_0{}^2}\,\zeta_0\left(\tilde{d}_{\Im}(t_s)+\theta_{\Im}(t_s)/\omega_0\right)+\zeta_0\left(\tilde{d}_{\Im}(t_s)+\theta_{\Im}(t_s)/\omega_0\right)^2\end{array}}{\zeta_0+\tilde{d}_{\Re}(t_s)-\theta_{\Re}(t_s)/\omega_0}\tag{5.64}$$

误差函数 $\theta_{\Re}(t_s)$ 和 $\theta_{\Im}(t_s)$ 可以是确定函数，也可以是随机函数。如果是随机函数，则应完整描述这两个随机过程的交叉相关函数。本章假设它们是统计上不相关的函数。

5.4.3 带误差估计的精确固有频率数据

根据 5.4.2 节的讨论，我们认为$\theta_{\Re}(t_s)$和$\theta_{\Im}(t_s)$是统计上不相关的零均值高斯白噪声，其标准差为$\sigma_{\theta\Re}$和$\sigma_{\theta\Im}$。取式(5.54)和式(5.55)的期望值，并定义新的距离度量为

$$\bar{d}_{\Re}^2(t_s) = \mathrm{E}\left[d^2(\Re(\lambda_0), \Re(\hat{\lambda}_s(t_s))) \right] \tag{5.65}$$

和

$$\bar{d}_{\Im}^2(t_s) = \mathrm{E}\left[d^2(\Im(\lambda_0), \Im(\hat{\lambda}_s(t_s))) \right] \tag{5.66}$$

将式(5.60)中的$\hat{\lambda}_s(t_s)$表达式代入上式，并按照前几节所述的步骤进行计算，可得

$$\operatorname{sign}\left(\tilde{d}_{\Re}(t_s)\right)\sqrt{\tilde{d}_{\Re}^2(t_s) - \sigma_{\theta\Re}^2 / \omega_0^2} = \frac{\zeta_0}{1+\Delta_m(t_s)} - \zeta_0 \tag{5.67}$$

和

$$\begin{aligned}\operatorname{sign}\left(\tilde{d}_{\Im}(t_s)\right)\sqrt{\tilde{d}_{\Im}^2(t_s) - \sigma_{\theta\Im}^2 / \omega_0^2} &= \sqrt{1-\zeta_0{}^2} \\ &\quad - \frac{\sqrt{(1+\Delta_k(t_s))(1+\Delta_m(t_s)) - \zeta_0^2}}{1+\Delta_m(t_s)}\end{aligned} \tag{5.68}$$

求解这两个耦合公式，可求得函数$\Delta_k(t_s)$和$\Delta_m(t_s)$为

$$\Delta_m(t_s) = -\frac{\operatorname{sign}\left(\tilde{d}_{\Re}(t_s)\right)\sqrt{\tilde{d}_{\Re}^2(t_s) - \sigma_{\theta\Re}^2 / \omega_0^2}}{\zeta_0 + \operatorname{sign}\left(\tilde{d}_{\Re}(t_s)\right)\sqrt{\tilde{d}_{\Re}^2(t_s) - \sigma_{\theta\Re}^2 / \omega_0^2}} \tag{5.69}$$

$$\zeta_0\left(\tilde{d}_{\Re}^2(t_s) - \sigma_{\theta\Re}^2 / \omega_0^2\right) - (1-2\zeta_0{}^2)\operatorname{sign}\left(\tilde{d}_{\Re}(t_s)\right)\sqrt{\tilde{d}_{\Re}^2(t_s) - \sigma_{\theta\Re}^2 / \omega_0^2}$$

和

$$\Delta_k(t_s) = \frac{-2\sqrt{1-\zeta_0{}^2}\,\zeta_0 \operatorname{sign}\left(\tilde{d}_{\Im}(t_s)\right)\sqrt{\tilde{d}_{\Im}^2(t_s) - \sigma_{\theta\Im}^2/\omega_0^2} + \zeta_0\left(\tilde{d}_{\Im}^2(t_s) - \sigma_{\theta\Im}^2/\omega_0^2\right)}{\zeta_0 + \operatorname{sign}\left(\tilde{d}_{\Re}(t_s)\right)\sqrt{\tilde{d}_{\Re}^2(t_s) - \sigma_{\theta\Re}^2 / \omega_0^2}} \tag{5.70}$$

这是精确解，对任何ζ_0值都有效。当测量没有误差时，即$\sigma_{\theta\Re}^2, \sigma_{\theta\Im}^2 \to 0$，上述式子就会生成式(5.58)和式(5.59)中的确定性情况。

5.4.4　数值说明

再次使用之前用过的 SDOF 模型来理解质量和刚度同步演化的数字孪生公式。如图 5.2 所示，利用系统质量和刚度特性的变化来模拟固有频率随慢时间 t_s 的变化。图 5.7 显示了系统固有频率的实部和虚部随时间的实际变化。图中还显示了用于构建数字孪生系统的样本数量减少情况。阻尼系数为 ζ_0=0.05。与前两种情况不同，现在阻尼的存在对于利用质量和刚度演变构建数字孪生模型至关重要。图 5.8 展示了质量和刚度属性的实际同步变化，以及利用数字孪生式(5.58)和式(5.59)得出的数值。由于数据比较粗略，因此需要在数据点之间对数字孪生进行插值。刚度函数的插值与实际系统非常相似，因为函数变化平滑且在数学上连续。然而，质量函数的插值精度却不尽相同，因为其变化是光滑的，本质上并不具有数学连续性。这说明，在相同的数据分辨率下，同一数字孪生体的不同方面会受到截然不同的影响。

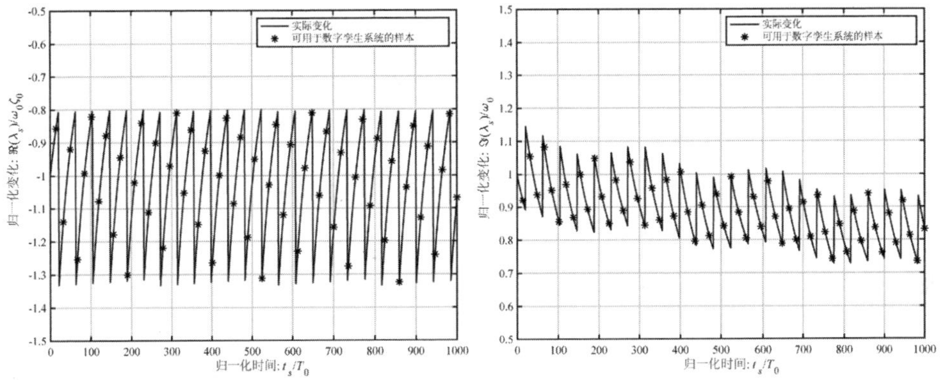

(a) 固有频率实部的变化　　　　(b) 固有频率虚部的变化

图 5.7　固有频率实部和虚部的归一化变化与归一化“慢时间” t_s/T_0 的函数关系。图中用“*”标出了可用于构建数字孪生的样本数量减少的情况

现在来看看数据中的随机误差对数字孪生的影响。图 5.9 显示了使用数字孪生式(5.63)和式(5.64)的质量和刚度特性。这些结果假设复固有频率虚部和实部误差的标准差分别为 0.025 和 0.025 ζ_0。数据误差对刚度演化函数的影响最为严重。而数字孪生的质量演化函数受数据误差的影响较小。图 5.10 显示了使用误差估计值得到的数字孪生模型与归一化“慢时间”t_s/T_0 的函数关系。质量和刚度属性的变化由式(5.69)和式(5.70)得出。复固有频率虚部和实部误差的标准差假设与之前相同。图 5.10(a)显示，与图 5.9(a)相比，数字孪生体的质量演化函数没有受到数据误差的明显干扰。另一方面，从图 5.9(b)和图 5.10(b)中得到的刚度演化函数之间存在明显差异。很明显，若数据的误差估计可知，应用式(5.70)就可以得到逼真的数字孪生模型。

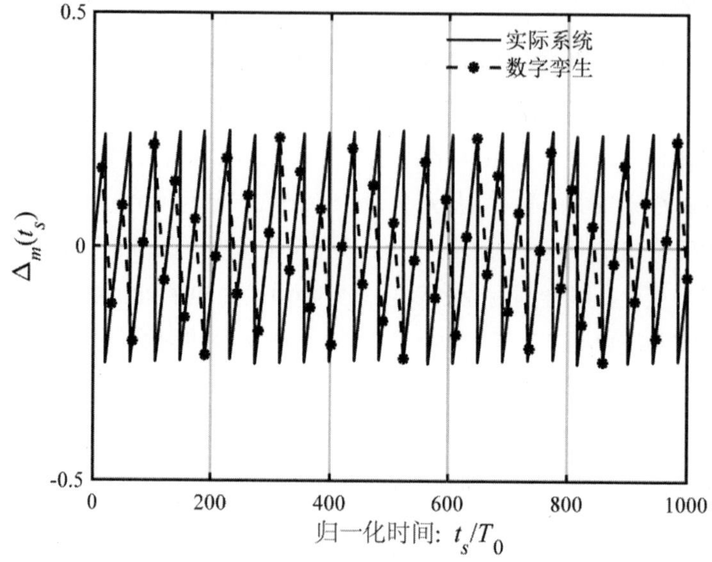

(a) 数字孪生体的质量函数

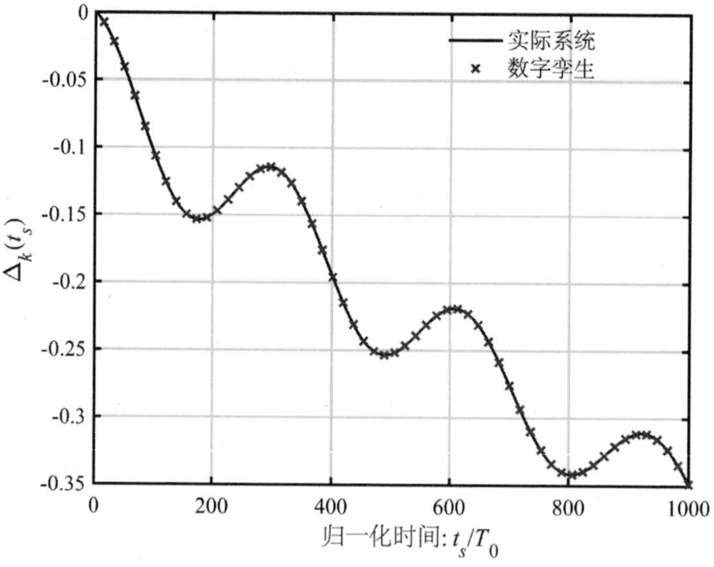

(b) 数字孪生体的刚度函数

图 5.8 根据粗略但精确的数据，通过质量和刚度的同步演化得到的数字孪生模型与归一化“慢时间” t_s/T_0 的函数关系。(a)中的质量函数由式(5.58)得出，而(b)中的刚度函数由式(5.59)得出

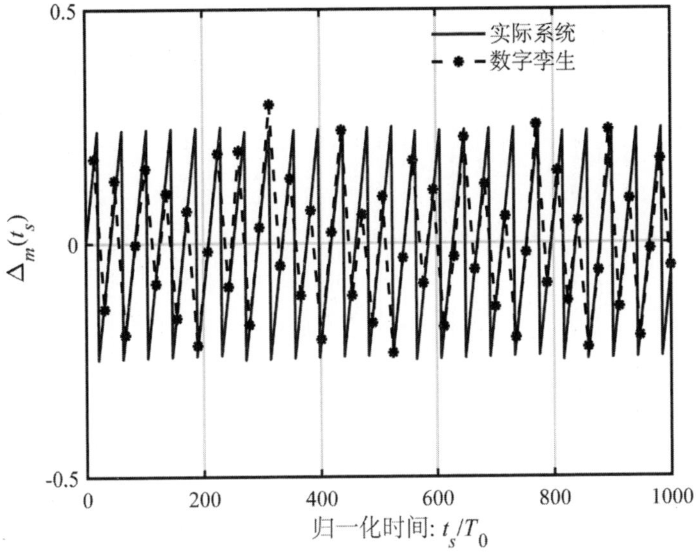

(a) 数字孪生体的质量函数

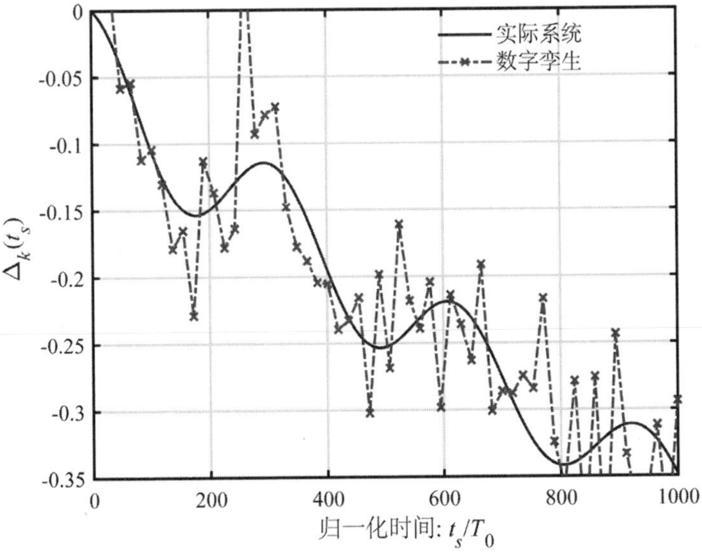

(b) 数字孪生体的刚度函数

图 5.9　通过质量和刚度的同步变化从错误数据中得到的数字孪生模型与归一化“慢时间” t_s/T_0 的函数关系。(a)中的质量函数由式(5.63)得出，而(b)中的刚度函数由式(5.64)得出。虚部和实部的误差采用离散零均值高斯白噪声形式，其标准差分别为 0.025 和 $0.025\zeta_0$

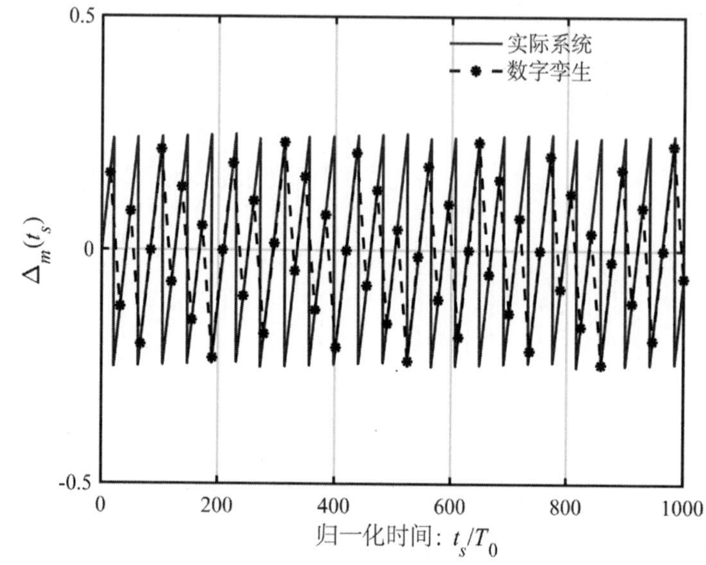

(a) 数字孪生体的质量函数

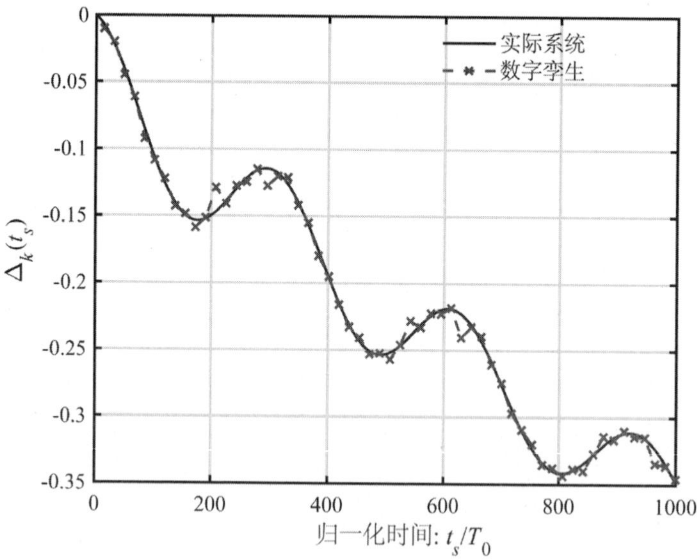

(b) 数字孪生体的刚度函数

图 5.10 将质量和刚度的同步变化作为归一化“慢时间” t_s/T_0 的函数，以获得数字孪生的误差估计。(a)中的质量函数由式(5.69)得出，而(b)中的刚度函数由式(5.70)得出。虚部和实部的误差为离散零均值高斯白噪声，标准差分别为 0.025 和 $0.025\zeta_0$

5.5　讨论

物理系统的数字孪生可以通过多种方式实现。现有的大多数工作都集中在数字孪生的更广泛的概念层面。本章旨在讨论结构化动态系统(特别是 SDOF 系统)的具体情况。本章介绍的主要观点列举如下。

(1) 运动方程用两个相互独立的时间变量表示。时间 t 表示描述系统动态的快时间。时间 t_s 表示描述数字孪生体演化的慢时间。这种时间尺度的分离对于工程动态系统数字孪生的实际开发至关重要。

(2) 数字孪生系统的演化必须有一个系统的标称模型。标称模型是在时间 t_s=0 时经过验证、校准和核实的系统模型。

(3) 关键响应描述符(本例中为固有频率和阻尼系数)的变化与标称系统的偏差不应超过 25%。

(4) 传感器数据中的噪声可以通过两种不同的方式吸收——直接吸收或通过统计过程吸收。

(5) 本章推导了精确和近似的闭式数学表达式，以在不同的物理现实环境下明确获得 SDOF 动力系统的数字孪生。

(6) 数值说明中引入了描述刚度和质量变化、粗采样和相关不确定性模型的模型函数。

本章研究的系统是一个简单的 SDOF 动力系统。该系统由二阶常微分方程表示。闭式数字孪生表达式可直接应用于受此类公式支配的其他物理问题(如电路)。虽然这里介绍的研究只考虑了 SDOF 系统，但其基本概念框架可为更严格的理论研究奠定基础，包括更广泛的实际问题，其中一些将在后续章节中讨论。可能研究以下一些紧迫问题。

(1) 多时间尺度的数字孪生：本章介绍了数字孪生演化的一个时间尺度的概念。然而，并没有任何物理或数学上的理由来解释为什么必须局限于一个时间尺度。复杂数字孪生中的各种因素可能在不同的时间尺度上演化。例如，系统的质量可能因腐蚀而改变，而系统的刚度可能因疲劳而退化。这两个过程的演化时间尺度不同。因此，在更一般的情况下，动态数字孪生系统的运动方程如下。

$$\begin{aligned}&m(t_{s1},t_{s2},t_{s3},\ldots)\frac{\partial^2 u(t,t_{s1},t_{s2},t_{s3},\ldots)}{\partial t^2}\\&+c(t_{s1},t_{s2},t_{s3},\ldots)\frac{\partial u(t,t_{s1},t_{s2},t_{s3},\ldots)}{\partial t}\\&+k(t_{s1},t_{s2},t_{s3},\ldots)u(t,(t_{s1},t_{s2},t_{s3},\ldots))=f(t,t_{s1},t_{s2},t_{s3},\ldots)\end{aligned}\tag{5.71}$$

这里的 $u(t,t_{s1},t_{s2},t_{s3},\ldots)$ 不仅是系统时间 t 的多元函数，也是独立的多个慢时间 $t_{s1},t_{s2},t_{s3}\ldots$ 的多元函数。

(2) 时域或频域响应数字孪生：本章使用固有频率和阻尼系数测量来建立数字孪生。这些都是离散的标量数，通常从时域或频域的响应测量中推导/估算得出。可以开发出直接通过响应测量建立数字孪生系统的方法。这种方法非常有用，因为实际动态系统可能不具备可靠提取固有频率和阻尼系数的能力。换句话说，数字孪生系统应通过连续的实时动态测量来建立。

(3) 多自由度(MDOF)数字孪生：SDOF 模型是复杂 MDOF 系统的简单理想化。要想获得具有实际预测能力的有效数字孪生系统，阻尼 MDOF 模型(实例参见[2,97])非常重要。MDOF 数字孪生系统的运动方程可表示为

$$\boldsymbol{M}(t_s)\frac{\partial^2 \boldsymbol{u}(t,t_s)}{\partial t^2}+\boldsymbol{C}(t_s)\frac{\partial \boldsymbol{u}(t,t_s)}{\partial t}+\boldsymbol{K}(t_s)\boldsymbol{u}(t,t_s)=\boldsymbol{f}(t,t_s)\tag{5.72}$$

这里，$\boldsymbol{M}(t_s)$、$\boldsymbol{C}(t_s)$和 $\boldsymbol{K}(t_s)$是 $N\times N$ 矩阵，$\boldsymbol{u}(t,t_s)$和 $\boldsymbol{f}(t,t_s)$是 N 维向量。可利用一组特征值和相应的特征向量来构建数字孪生模型。

(4) 随机参数化的数字孪生：假设质量 $m(t_s)$、阻尼 $c(t_s)$和刚度 $k(t_s)$函数是确定的。然而，在构建数字孪生模型时，已确定测量数据和传输数据存在不确定性。在本章中，这些不确定性的影响已通过使用统计平均值得到改善。虽然这可以被视为合理的第一步，但更严格的方法是将 $m(t_s)$、$c(t_s)$和 $k(t_s)$本身作为随机量建模。由于它们是时间变量 t_s 的函数，因此每个函数都必须作为随机过程建模。可以使用假设自相关函数的静态高斯随机过程模型来模拟这些函数。数字孪生将通过估计自相关函数的参数来建立。

(5) 非线性数字孪生：质量 $m(t_s)$、阻尼 $c(t_s)$和刚度 $k(t_s)$函数的演化在本章中被视为 t_s 的非线性函数。然而，系统在 t 时的动力学特性被视为线性。对于许多数字孪生来说，线性动态假设在物理上可能并不准确。其中一个例子就是大幅振动的动态系统。数字孪生系统可以考虑几种类型的非线性。立方非线性(实例参见[137])的示例可通过 Duffing 振荡器数字孪生来实现，即

$$m(t_s)\frac{\partial^2 u(t,t_s)}{\partial t^2}+c(t_s)\frac{\partial u(t,t_s)}{\partial t}+k(t_s)(u(t,t_s)-\epsilon\, u^3(t,t_s))=f(t,t_s)\tag{5.73}$$

这是一个软化型非线性系统，ϵ 是一个固定常数，用于量化非线性的“强度”。在此，ϵ 也可以随着 t_s 的变化而变化。在这种情况下，需要从传感器数据中识别$\epsilon(t_s)$。因此，建立这种数字孪生模型需要在逆问题的背景下进行非线性动态分析。

(6) 连续系统的数字孪生：许多工程动态问题都使用连续体模型(如梁、板和壳)进行建模和后续分析。与离散或离散化模型相比，使用连续体模型的优势在于它能给出简单且具有物理洞察力的结果。相关真实系统的数字孪生可以利用连续模型，既简单又实用。例如，阻尼 Euler-Bernoulli beam(梁)的数字孪生[13]可以表示为

$$
\begin{aligned}
&EI(t_s)\frac{\partial^4 U(x,t,t_s)}{\partial x^4}+c_1(t_s)\frac{\partial^5 U(x,t,t_s)}{\partial x^4\partial t}+m(t_s)\frac{\partial^2 U(x,t,t_s)}{\partial t^2}\\
&+c_2(t_s)\frac{\partial U(x,t,t_s)}{\partial t}=F(x,t,t_s)
\end{aligned}
\tag{5.74}
$$

在上式中，x 是沿梁长度方向的坐标，t 是表示梁动态的时间变量，$EI(t_s)$是弯曲刚度，$m(t_s)$是单位质量，$c_1(t_s)$是随应变速率变化的黏性阻尼系数，$c_2(t_s)$是随速度变化的黏性阻尼系数，$F(x,t,t_s)$是施加的空间动压力，$U(x,t,t_s)$是横向位移。与本章讨论的 SDOF 系统类似，数字孪生将通过建立与慢时间 t_s 有关的量来实现。然而，公式的求解更为复杂。

(7) 数字孪生系统的预测响应：确定随 t_s 变化的系数函数是开发动态系统数字孪生的第一步。数字孪生的一个潜在应用是响应预测和随后的工程决策。MDOF 数字孪生系统需要新的高效计算方法，因为在这种系统中，质量、阻尼和刚度矩阵可能很大，而且会随 t_s 的变化而变化。此外，如果作用力函数是随机的，那么动态响应将是一个在 t_s 中演化的随机过程。这类问题可以用随机振动框架来解决[139，160]。需要新的分析公式来描述涉及多个时间尺度的随机过程。

(8) 数字孪生的不确定性量化：无论数字孪生的复杂程度、深度和范围如何，不确定性的量化和管理在数字孪生的构建中都起着根本性的作用。不仅需要对系数函数和作用力函数中的不确定性进行建模，而且需要以有效的方式传播这些不确定性。随机 MDOF 数字孪生体的运动方程为

$$
\boldsymbol{M}(t_s,\xi)\frac{\partial^2 \boldsymbol{u}(t,t_s,\xi)}{\partial t^2}+\boldsymbol{C}(t_s,\xi)\frac{\partial \boldsymbol{u}(t,t_s,\xi)}{\partial t}+\boldsymbol{K}(t_s,\xi)\boldsymbol{u}(t,t_s,\xi)=\boldsymbol{f}(t,t_s,\xi)
\tag{5.75}
$$

其中，$\xi\in\Xi$ 表示样本空间。因此，$\boldsymbol{M}(t_s,\xi)$、$\boldsymbol{C}(t_s,\xi)$和 $\boldsymbol{K}(t_s,\xi)$是 $N\times N$ 随机矩阵，$\boldsymbol{u}(t,t_s,\xi)$和 $\boldsymbol{f}(t,t_s,\xi)$是 N 维随机向量。随机有限元法可用于具有时变系数的系统。多项式混沌[82]等降阶不确定性传播技术和其他代用建模方法[109，147]可用于随机数字孪生。

(9) 贝叶斯框架下的数字孪生：贝叶斯方法通常从先验概率密度函数开始，然后根据可用数据进行更新。有几种理论和计算方法可以实现贝叶斯更新。例如，已有的几种功能强大的滤波方法，如集合 Kalman 滤波、扩展 Kalman 滤波和粒子滤波(实例参见[69，104])。由于可以获得大量数据(通常是在连续的时间 t_s 内)，数字孪生技术适合采用贝叶斯方法。应用新的贝叶斯方法开发数字孪生的概率模型前景广阔。与非贝叶斯方法的数字孪生相比，贝叶斯数字孪生能让用户更有信心。

(10) 数字孪生中的机器学习和大数据：许多现代系统都集成了大量传感器。此外，这些传感器通常具有很高的采样率，数据不断从系统传输到云端，而云端的信息处理算法则从数据中提取特征。大量传感器和高采样率的结合产生了大量数据，从而导致了大数据问题。传输到云端的数据需要用于更新数字孪生。数据还受到来自无处不在的来源的不确定性污染。机器学习方法有助于确保数字孪生尽可能与物理系统的演化相匹配。传感器数据可能是数值数据，如加速度、应变或压力测量值。不过，数据也可以是文本、语音和图像形式，这些数据来自机器噪声记录、飞行员或维护工程师下达的指令，以及数码相机/智能手机获取的有关系统状态变化的图像。深度学习方法可以融合大数据并从中提取特征。

5.6　小结

最近数字孪生的兴起促使学术界和工业界的研究人员将基本程序和方法正规化和标准化。然而，这种方法的一个主要缺点是文献充斥着大量的专业术语，许多数字孪生的早期践行者可能发现很难针对其特定的应用领域进行调整。考虑到这一背景，本章提出一种特定但独创的方法，用于开发结构化动态系统的数字孪生。基于物理的 SDOF 动态系统模型由二阶微分方程控制。主要的科学命题是，数字孪生的时间尺度比系统的动态发展要慢得多。这使得从连续测量的数据中识别作为“慢时间”函数的关键系统参数成为可能。根据可用数据的数量、质量和性质，设想了以下两大类情况。

(1) 仅复固有频率的虚部可用

(2) 复固有频率的实部和虚部均可用

对于上述每种情况，可设想 3 种可能的实际情况，即

(1) 测量数据精确

(2) 测量数据包含明显误差

(3) 测量数据包含误差估计值

本章指出，SDOF 数字孪生体的刚度和质量随慢时间演化，并推导出精确的闭式表达式，以建立这些不同情况下的数字孪生模型。

全新的数学表达式的应用已通过数值示例进行了说明。人们已经针对飞机系统开发了代表质量和刚度变化的模拟函数，作为慢时间的函数；并对以较低采样率获得数据的情况进行了数值研究。虽然本章只考虑了 SDOF 动态系统，但仍详细介绍了这项工作的几个概念扩展。其中一些观点将在本书后续章节中进行更深入的探讨。其他观点则留给本书读者自行探索。

第6章

机器学习和代理模型

6.1　方差分解分析

设$i=\left(i_1,i_2,\ldots,i_N\right)\in\mathbb{N}_0^N$是一个多索引，$|i|=i_1+i_2+\ldots+i_N$。若有$\boldsymbol{x}=(x_1,x_2,\ldots,x_N)$为随机输入，则未知响应$g(\boldsymbol{x})$可表示为[178]：

$$\begin{aligned} g(\boldsymbol{x}) &= \sum_{|i|=0}^{N} g_i(x_i) \\ &= g_0+\sum_{k=1}^{N}\sum_{i_1<i_2<\cdots<i_k} g_{i_1 i_2\ldots i_k}(x_{i_1},x_{i_2},\ldots,x_{i_k}) \end{aligned} \tag{6.1}$$

其中$g_i(x_i)$为分量函数。

定义1　式(6.1)中的单变量项(即对应于k=1的项)称为一阶分量函数。同理，二元项(对应于k=2的项)被称为二阶分量函数。g_0是零阶分量函数。

注释1：一阶分量函数并不表示线性变化，而是由具有更高阶协同效应的项组成。方差分析(ANOVA)中的阶表示表达式中涉及的合作项的数量。

注释2：式(6.1)中定义的分量函数必须相互正交。这一标准被称为分层正交标准。注意，这是确保解的唯一性的基本条件。

若设$x_1, x_2,\ldots, x_N$是独立的，则可以通过施加消失条件来确定问题空间的分量函数[192]：

$$\int_{p_i}^{q_i} \varpi_k(x_k) g_{i_1 i_2 \ldots i_m}(x_{i_1}, x_{i_2}, \ldots, x_{i_m}) \mathrm{d}x_k = 0, \quad \forall k \in \{i_1, i_2, \ldots, i_m\} \tag{6.2}$$

其中，ϖ_k 表示 x_k 的 PDF，p_i、q_i 表示变量的边界。利用式(6.2)，ANOVA 的分量函数可写成[113]：

$$\begin{aligned} g_0 &= E(g(\boldsymbol{x})) \\ g_i(x_i) &= E(g(\boldsymbol{x}) \mid x_i) - g_0 \\ g_{ij}(x_i, x_j) &= E(g(\boldsymbol{x}) \mid x_i, x_j) - g_i(x_i) - g_j(x_j) - g_0 \end{aligned} \tag{6.3}$$

其中 $E(\bullet)$表示期望值。经典 ANOVA 利用式(6.3)中指定的公式来确定分量函数。然而，使用经典 ANOVA 确定分量函数的实际计算非常烦琐，而且需要大量的训练点。为解决这个问题，人们又演化出了 ANOVA 的其他变体。锚定 ANOVA[47，48]利用插值函数来表示分量函数，而基于多项式的 ANOVA[113，118，192]则用一些合适的基来表示分量函数。不过，上述 ANOVA 都只适用于仅涉及自变量的系统。

最近，基于多项式的 ANOVA 概念被扩展到涉及相关和独立随机变量的系统[93，116]。这种方法被称为 G-ANOVA，用扩展基来表达分量函数。未知系数是通过加强分量函数的正交性来确定的。正如已经证明的那样，这种方法对于高维系统具有极佳的效果[32，33，35，41]。这里讨论的 G-ANOVA 是 ANOVA 的其他版本，是 ANOVA 的一个子集。

提出 G-ANOVA

本节提出了一种新的 G-ANOVA 变体。其基本思想是使用多项式混沌展开(PCE)来表示未知分量函数。利用 PCE 的函数形式，式(6.1)可以重写为

$$\boldsymbol{g}(\boldsymbol{x}) = g_0 + \sum_{|i|=1}^{N} \sum_{|j_i|=1}^{\infty} \alpha_{j_i}^{i} \psi_{j_i} \tag{6.4}$$

设有 M 阶 ANOVA 和 r 阶 PCE，式(6.4)可简化为

$$\hat{\boldsymbol{g}}(x) = g_0 + \sum_{|i|=1}^{M} \sum_{|j_i|=1}^{r} \alpha_{j_i}^{i} \psi_{j_i} \tag{6.5}$$

式(6.5)的矩阵形式为

$$\boldsymbol{\Psi\alpha} = \boldsymbol{d} \tag{6.6}$$

其中，$\boldsymbol{\Psi}$ 是由正交基组成的矩阵，向量 $\boldsymbol{\alpha}$ 由未知系数向量组成，$\boldsymbol{d} = \boldsymbol{g} - \overline{\boldsymbol{g}}$，其中，

$\boldsymbol{g}=(g_1,g_2,\ldots,g_{N_S})^{\mathrm{T}}$ 是由 N_S 训练点的观察响应组成的向量，$\overline{\boldsymbol{g}}=\left(g_0,g_0,\ldots,g_0\right)^{\mathrm{T}}$ 是平均响应向量。将式(6.6)与 $\boldsymbol{\Psi}^{\mathrm{T}}$ 相乘，得到

$$\boldsymbol{B\alpha}=\boldsymbol{C} \tag{6.7}$$

其中 $\boldsymbol{B}=\boldsymbol{\Psi}^{\mathrm{T}}\boldsymbol{\Psi}$，$\boldsymbol{C}=\boldsymbol{\Psi}^{\mathrm{T}}\boldsymbol{d}$。仔细观察 $\boldsymbol{\Psi}$ 可以发现两列完全相同。因此，$\boldsymbol{B}$ 有相同的行。这些行是多余的，可以删除。移除 $\boldsymbol{B}$ 中相同的行和 $\boldsymbol{C}$ 中相应的行，可以得到

$$\boldsymbol{B}'\boldsymbol{\alpha}=\boldsymbol{C}' \tag{6.8}$$

式(6.8)代表一组欠定方程，自然存在无数个解。设 $\boldsymbol{B}'$ 是一个 $p\times q$ 矩阵。那么式(6.8)的所有解都可以表示为

$$\boldsymbol{\alpha}(s)=(\boldsymbol{B}')^{-1}\boldsymbol{C}'+\left[\boldsymbol{I}-(\boldsymbol{B}')^{-1}\boldsymbol{B}'\right]\upsilon(s) \tag{6.9}$$

其中，$(\boldsymbol{B}')^{-1}$ 表示 $\boldsymbol{B}'$ 的广义逆矩阵，$v(s)$是 $\mathbb{R}^q$ 中的任意向量，$\boldsymbol{I}$ 表示同一矩阵。式(6.8)中$(\boldsymbol{B}')^{-1}$ 的一个选择是$(\boldsymbol{B}')^{\dagger}$，其中 $a_0=(\boldsymbol{B}')^{\dagger}\boldsymbol{C}'$ 是使用最小平方回归得到的解。用式(6.9)中的$(\boldsymbol{B}')^{\dagger}$代替$(\boldsymbol{B}')^{-1}$ 即可得出

$$\boldsymbol{\alpha}(s)=(\boldsymbol{B}')^{\dagger}\boldsymbol{C}'+\boldsymbol{P}\upsilon(s) \tag{6.10}$$

其中

$$\boldsymbol{P}=\boldsymbol{I}-(\boldsymbol{B}')^{\dagger}\boldsymbol{B}' \tag{6.11}$$

定义 2　在式(6.10)定义的所有可能解中，最小平方误差且满足“注释 2”中定义的 G-ANOVA 层次正交性标准的解称为“最佳解”。在提出的 G-ANOVA 中，“最佳解”是通过同源算法(HA)[34，114，119]从式(6.10)定义的所有可用解中获得的。HA 通过最小化最小平方误差和目标函数来确定未知系数。使用 HA 的解法如下：

$$\boldsymbol{\alpha}_{\mathrm{HA}}=\left[\boldsymbol{V}_{q-r}(\boldsymbol{U}_{q-r}^{\mathrm{T}}\boldsymbol{V}_{q-r})^{-1}\boldsymbol{U}_{q-r}^{\mathrm{T}}\right]\boldsymbol{\alpha}_0 \tag{6.12}$$

其中，$\boldsymbol{U}$ 和 $\boldsymbol{V}$ 是通过对 $\boldsymbol{PW}$ 矩阵进行奇异值分解得到的矩阵：

$$\boldsymbol{PW}=\boldsymbol{U}\begin{pmatrix}\boldsymbol{A}_r & 0\\ 0 & 0\end{pmatrix}\boldsymbol{V}^{\mathrm{T}} \tag{6.13}$$

关于式(6.12)的详细推导，感兴趣的读者可参阅[34，114]。$\boldsymbol{PW}$ 中的 $\boldsymbol{P}$ 是式(6.11)中定义的矩阵，$\boldsymbol{W}$ 是用于实现 HA 目标函数的权重矩阵。关于权重矩阵 $\boldsymbol{W}$ 的详细信息，感兴趣的读者可以参考文献[32，116]。

一旦确定了未知系数向量 $\boldsymbol{\alpha}$，式(6.4)就提供了输入和输出变量的明确映射。本文利用提出的 G-ANOVA 方法生成极限状态函数的明确表达式。确定后，失效概率 P_f 的计算公式可写成[33]：

$$P_f=\frac{1}{2}\frac{\sqrt{\pi}\exp\left(\frac{1}{4}\frac{\lambda_1^2}{\lambda_2}\right)\left[\operatorname{erf}\left(\frac{1}{2}\frac{\lambda_1}{\sqrt{\lambda_2}}\right)-\operatorname{erf}\left(\frac{1}{2}\frac{2\lambda_2 y_l+\lambda_1}{\sqrt{\lambda_2}}\right)\right]\exp(-\lambda_0)}{\sqrt{\lambda_2}} \tag{6.14}$$

其中，erf(•)表示误差函数。上式中的 y_l 表示响应的下限。

注释 3：提出的 G-ANOVA 的一个优势在于可以推导出前两个统计量的分析公式。因此，在利用 MCS 确定统计矩时，所得到的统计矩不会引入采样误差。

统计矩

引理 1 除零阶分量函数外，其他分量函数的第一矩均为零。

证明 任意 m 阶分量函数 $g_{i_1 i_2 \dots i_m}(x_{i_1},x_{i_2},\dots,x_{i_m})$ 可表示为

$$g_{i_1 i_2 \dots i_m}(x_{i_1},x_{i_2},\dots,x_{i_m})=\sum_{|i|=1}^{r}\alpha_i\psi_i(x_i) \tag{6.15}$$

在等式两边应用期望算子 $E(\bullet)$，有

$$E(g_{i_1 i_2 \dots i_m})=\sum_{|i|=1}^{r}\alpha_i E(\psi_i(x_i)) \tag{6.16}$$

如前所述，ψ_i 是正交多项式，因此有

$$E(\psi_i)=0,\ \ i=1,2,\dots,r \tag{6.17}$$

因此，

$$E(g_{i_1 i_2 \dots i_m})=0 \tag{6.18}$$

从式(6.18)可以得出结论，除零阶分量函数外，其他分量函数的第一矩均为零。

推论 1 提出的 G-ANOVA 的均值为 g_0。

证明 6.1 可重写为

$$g(\boldsymbol{x})=\underbrace{g_0}_{\text{第0阶}}+\sum_i\underbrace{g_i(x_i)}_{\text{第1阶}}+\sum_{1\leqslant i<j\leqslant N}\underbrace{g_{ij}(x_i,x_j)}_{\text{第2阶}}+\cdots+\underbrace{g_{12\dots N}(x_1,x_2,\dots,x_N)}_{\text{第}N\text{阶}} \tag{6.19}$$

在两边应用期望算子：

$$
\begin{aligned}
E(g(\boldsymbol{x})) = E(g_0) + \sum_i E(g_i(x_i)) + \sum_{1\leqslant i<j\leqslant N} E(g_{ij}(x_i, x_j)) + \cdots \\
+E(g_{12\ldots N}(x_1, x_2, \ldots, x_N))
\end{aligned} \tag{6.20}
$$

现在 g_0 是常数，因此 $E(g_0)=g_0$。此外，根据引理 1，所有其他分量函数的期望值都为零。因此

$$
E(g(\boldsymbol{x})) = g_0 \tag{6.21}
$$

这就完成了推论 1 的证明。

定理 1　所有分量函数互不相关。

证明 假设有两个函数 $\mathcal{J}$ 和 $\mathcal{K}$ 。根据定义，$\mathcal{J}$ 和 $\mathcal{K}$ 是正交的，如果

$$
E(\mathcal{J}\mathcal{K}) = \frac{\boldsymbol{J}^{\mathrm{T}}\boldsymbol{K}}{N_r} = 0 \tag{6.22}
$$

其中，$\boldsymbol{J}$ 和 $\boldsymbol{K}$ 是由函数 $\mathcal{J}$ 和 $\mathcal{K}$ 的 N_r 个实现组成的向量。同理，在下列情况下，$\mathcal{J}$ 和 $\mathcal{K}$ 是不相关的：

$$
E\left(\left(\mathcal{J}-\bar{\mathcal{J}}\right)\left(\mathcal{K}-\bar{\mathcal{K}}\right)\right) = \frac{\left(\boldsymbol{J}-\bar{\boldsymbol{J}}\right)^{\mathrm{T}}\left(\boldsymbol{K}-\bar{\boldsymbol{K}}\right)}{N_r} = 0 \tag{6.23}
$$

根据引理 1，各分量函数(除零阶函数外)的均值均为零。这种情况下，式(6.22)和式(6.23)是相同的。因此，可以得出结论：所有分量函数互不相关。定理 1 的证明至此完成。

从定理 1 可以看出，任何两个分量函数之间的协方差都为零。因此，在式(6.19)的两边应用方差算子 var(•)。

$$
\begin{aligned}
\operatorname{var}(g(\boldsymbol{x})) = \operatorname{var}(g_0) + \sum_i \operatorname{var}(g_i(x_i)) + \sum_{1\leqslant i<j\leqslant N} \operatorname{var}(g_{ij}(x_i, x_j)) + \cdots \\
+\operatorname{var}\left(g_{12\ldots N}(x_1, x_2, \ldots, x_N)\right)
\end{aligned} \tag{6.24}
$$

现在 g_0 是常数，因此 $\operatorname{var}(g_0)=0$。因此，式(6.24)简化为

$$
\begin{aligned}
\operatorname{var}(g(\boldsymbol{x})) = \sum_i \operatorname{var}(g_i(x_i)) + \sum_{1\leqslant i<j\leqslant N} \operatorname{var}(g_{ij}(x_i, x_j)) + \\
\cdots + \operatorname{var}(g_{12\ldots N}(x_1, x_2, \ldots, x_N))
\end{aligned} \tag{6.25}
$$

设有一个任意的 m 阶分量函数 $g_{i_1 i_2 \ldots i_m}(x_{i_1 i_2}, \ldots, x_{i_m})$ 如式(6.15)所示，并在两边应用方差算子。

$$\mathrm{var}(g_{i_1 i_2 \ldots i_m}(x_{i_1}, x_{i_2}, \ldots, x_{i_m})) = \sum_{|i|=1}^{r} (\alpha_i)^2 \,\mathrm{var}(\psi_i(x_i)) \tag{6.26}$$

对其应用式(6.17)中正交基础特性，可得

$$\mathrm{var}(\psi_i(x_i)) = E\left((\psi_i(x_i))^2\right) - (E(\psi_i(x_i)))^2 \tag{6.27}$$

将式(6.27)代入式(6.26)可得

$$\mathrm{var}(g_{i_1 i_2 \ldots i_m}(x_{i_1}, x_{i_2}, \ldots, x_{i_m})) = \sum_{|i|=1}^{r} (\alpha_\mathrm{i})^2 E\left((\psi_i(x_i))^2\right) \tag{6.28}$$

此外，如果使用正交多项式的特殊类别，即正交多项式，有

$$E\left((\psi_i(x_i))^2\right) = 1 \tag{6.29}$$

因此，

$$\mathrm{var}(g_{i_1 i_2 \ldots i_m}(x_{i_1}, x_{i_2}, \ldots, x_{i_m})) = \sum_{|i=1|}^{r} (\alpha_i)^2 \tag{6.30}$$

将式(6.30)代入式(6.25)并使用多指数符号即可得到

$$\mathrm{var}\,(g(x)) = \sum_{|i|=1}^{N} \sum_{|j_i|=1}^{\infty} (\alpha_{j_i}^i)^2 \tag{6.31}$$

因此，

$$E\left((g(\boldsymbol{x}))^2\right) = (g_0)^2 + \sum_{|i|=1}^{N} \sum_{|j_i|=1}^{\infty} (\alpha_{j_i}^i)^2 \tag{6.32}$$

其中，式(6.32)是计算提出的 G-ANOVA 的第二个矩的基本公式。分别使用式(6.31)和式(6.32)确定前两个矩后，就可使用[33]中的程序确定 λ。最后，利用式(6.14)确定失效概率。

6.2 混沌多项式展开法

混沌多项式展开法(PCE)是另一种有效的元建模方法，通常用于不确定性量化。Wiener[206]最早提出了这种元模型，因此也将其称为“Wiener 混沌扩展”。此外，Xui[215]已继续将所谓的 Askey 方案的发现推广到诸多连续和离散系统中。该著作还介绍了相关希尔伯特空间的收敛情况。下面将介绍利用 PCE 进行可靠性分析的基本概念。

设 $i=(i_1,i_2,i_3,..,i_n)\in\in_0^n$ 是一个多索引，其中$|i|=i_1+i_2+i_3+...+i_n$，且 $N\geqslant 0$，则 N 阶 PCE 的计算公式为

$$g(\hat{Z})=\sum_{|i|=0}^{N}a_i\Phi_i(Z) \tag{6.33}$$

其中，$\{a_i\}$为未知系数，$\Phi_i(Z)$为 n 维多项式，满足下列正交条件：

$$\left\langle\Phi_i(Z)\Phi_j(Z)\right\rangle=\int_{\Omega}\Phi_i(Z)\Phi_j(Z)\mathrm{d}F_z(Z)=\delta_{ij} \tag{6.34}$$

其中，$0\leqslant|i|$，$|j|\leqslant N$，δ_{ij} 表示多元 Krawtchouk 三角函数。需要注意，根据随机变量(F_z)的概率空间，选择了相应的正交多项式(见表 6.1)。表中给出了正交多项式与分布模式的对应关系。文献中提出了确定未知系数的不同方法。在这些方法中，最常用的是最小平方法和搭配法。一旦模型被近似，即可采用与其他代理方法类似的方式，进行蒙特卡罗模拟(MCS)以确定失效概率。此外，由于维数诅咒，这种方法不适用于高随机维数。

表 6.1　正交多项式类型与分布模式的对应关系

分布情况	随机变量	多项式	假设条件
连续	高斯分布	埃尔米特	$(-\infty,\infty)$
	伽马	拉盖尔	$[0,\infty)$
	贝塔	雅可比	$[a,b]$
	均匀	勒让德	$[a,b]$
离散	泊松	查里耶	$\{0,1,...\}$
	二项式	Krawtchouk	$\{0,1,...,N\}$
	负二项式	迈克斯纳	$\{0,1,...\}$
	超几何	哈恩	$\{0,1,...,N\}$

6.3　支持向量机

支持向量机(Support Vector Machine，SVR)模型是一种独特的学习方法，最初用于模式识别任务。不过，后来因其表现不逊于其他现有方法，也被用于基于回归的任务。训练方法需要提前了解学习器的输入和输出之间的相关性或非线性映射函数 $f(x)$。此外，SVR 会试图给出一个非线性映射函数，将 $i=1,...,n$ 的训练数据$\{x_i,y_i\}$映射到高维

特征空间。然后，就可以通过以下回归函数来描述学习器的输入和输出之间的关系：

$$f(X)=\boldsymbol{W}^{\mathrm{T}}\phi(X)+b \tag{6.35}$$

其中 $\boldsymbol{W}$ 和 b 是有待确定的未知系数。此外，经验风险可表示为

$$R_{\mathrm{emp}}(f)=\frac{1}{n}\sum_{i=1}^{n}\Theta_{\varepsilon}(y_i,f(X)) \tag{6.36}$$

上述表达式中的 Θ_{ε} 是 ε 密集损失函数，可进行如下定义：

$$\Theta_{\varepsilon}(y_i,f(X))=\begin{cases}|f(X)-y|-\varepsilon，若\Theta_{\varepsilon}(y_i,f(X))\geqslant\varepsilon\\ 0，其他\end{cases} \tag{6.37}$$

SVR 通过优化获得超平面，将训练数据划分为具有最大分离距离的线性可分离子集，其目标函数为：

$$\mathrm{Min}_{\omega,b,\xi^*,\xi}R_{\varepsilon}(\boldsymbol{\omega},\xi^*,\xi)=\frac{1}{2}\boldsymbol{\omega}^{\mathrm{T}}\boldsymbol{\omega}+C\sum_{i=1}^{n}(\xi_i+\xi_i^*) \tag{6.38}$$

其中 C 是公式第一项和第二项之间的权衡参数。为了对公式中的大权重进行正则化处理，需要通过最大化距离对其进行修正。此外，在两组不同的数据之间，使用对 ε 不敏感的损失函数来惩罚 $f(x)$和 y 的训练误差。该优化问题的约束条件如下：

$$\begin{aligned}&y_i-\boldsymbol{\omega}^{\mathrm{T}}\varphi(X_i)-b\leqslant\xi_i*\varepsilon,i=1,2,3,\dots,n\\&-y_i+\boldsymbol{\omega}^{\mathrm{T}}\varphi(X_i)+b\leqslant\xi_i*\varepsilon,i=1,2,3,\dots,n\\&\xi_i*\varepsilon\geqslant0,i=1,2,3,\dots,n\end{aligned} \tag{6.39}$$

系数 w 可以通过求解优化问题来确定，其表达式如下：

$$\boldsymbol{\omega}=\sum_{i=1}^{n}(\beta_i-\beta_i^*)\varphi(X_i) \tag{6.40}$$

这里的 $\boldsymbol{\beta_i}$ 是拉格朗日系数。最后，SVR 回归函数描述如下：

$$f(X)=\sum_{i=1}^{n}(\beta_i-\beta_i^*)K(X_i,X_j)+b \tag{6.41}$$

这里，$K(X_i,X_j)$表示核函数。在特征空间中，核函数定义为

$$K(X_i,X_j)=\varphi(X_i).\varphi(X_j) \tag{6.42}$$

最常用的核函数是高斯径向基函数(Radial Basis Function，RBF)和多项式。

6.4 神经网络

人工神经网络(Artificial Neural Network，ANN)是一种信息处理范式，其概念来源于生物神经系统。目前，该框架已被广泛用于各种计算任务。ANN 和深度学习已被视为计算机视觉、自然语言处理、物联网(IoT)、语音处理、神经科学、自动驾驶汽车等广泛应用的潜在解决方案。

1980 年推出的 Neocognitron[72]被公认为是第一个神经网络数学模型，具有卷积网络的某些特征。根据通用近似定理[54]，任意函数都可以用足够数量的隐藏层和神经元来表示神经网络。图 6.1 是 ANN 的示意图。深度卷积神经网络(Deep Convolutional Neural Network，DCNN)[110]是潜在的神经网络类别之一，在几乎所有有意义的计算机视觉任务中都占据了性能指标的主导地位，从而彻底颠覆了计算机视觉领域。神经网络(NN)具有强大的代表性，因此自动编码器算法[46]及其深度对应算法作为传统的降维方法获得了巨大成功。ANN 可用作近似复杂隐式性能函数的代理模型。然而，ANN 的应用不仅限于代理模型。任何 NN 的基本实体都称为神经元，神经元之间需要相互连接，从而形成神经网络。前馈结构是一种最简单、应用最广泛的结构。

神经元模型的基本思想是，为给定的数据集$\{x_i, y_i\}_{i=1}^{N}$的输入 x_i 和偏置项 b 通过 w 加权，然后汇总得到下一个神经元的输入$a_m = \sum \omega_{lm} x_l + b_l$，即激活值。神经元的输出是该激活值的线性或非线性函数映射 $Z_m=f(a_m)$。同样，下一个神经元的输出也会传递给后续的神经元。最后，可以得到 y 的近似值：

$$\hat{y} = f_\theta(mx_i) \tag{6.43}$$

网络使用误差函数$\ell(\hat{y}, y_i)$进行训练，其中必须适当选择误差函数。在训练过程中，可通过优化参数 θ_i 来减少误差函数的值。

$$\theta^* = \arg\min_{\theta} \sum_{i=1}^{N} \ell(f_\theta(x_i), y_i) \tag{6.44}$$

其中 $\theta_i=\{w_i,b_i\}$。前馈 NN 的原理图如图 6.1 所示。NN 在学习输入到输出数据的复杂非线性关系方面表现出色。事实证明，它是图像处理领域的一个强大工具。然而，ANN 无法保证问题的实际物理特性得到满足，而在处理由某些管理低点驱动的系统时，ANN 也无法保证问题的实际物理特性得到满足。此外，当没有足够的训练数据时，它也无法给出准确结果。为克服 ANN 的缺点，研究人员开发了物理约束的 NN，也称为物理信息神经网络(Physics Informed Neural Network，PINN)。在过去几年中，文献[80，

102，149，150]中对 PINN 进行了大量研究。

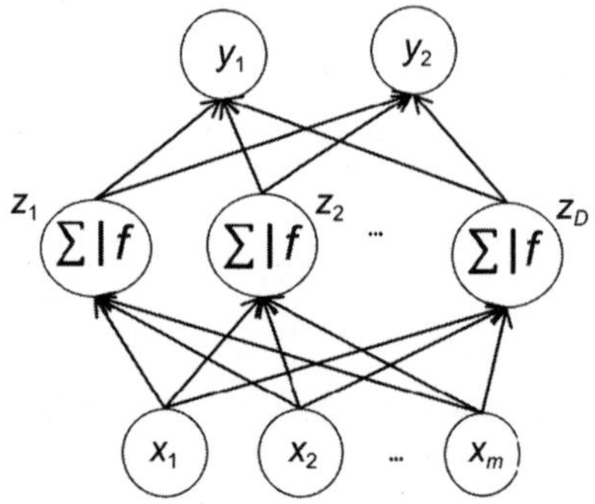

图 6.1　神经网络示意图

6.5　高斯过程

高斯过程模型在解决非线性回归和分类问题方面备受关注。高斯过程回归(Gaussian Process Regression，GPR)可以避免过拟合，而其他大多数可用的回归方法都容易过拟合。此外，在许多全面的经验比较中，高斯过程回归的预测性能也令人印象深刻。GP 模型可以通过简单的矩阵操作进行精确的贝叶斯分析，并提供良好性能。GPR 背后的基本概念如下。

设有一组有限的输入数据 $X=x_1, x_2, x_3,..., x_n$，其协方差矩阵为 $\boldsymbol{K}_{ij}=k(x_i,x_j)$。$Y=y_1,y_2,y_3,...y_n$，设每个输入 $\boldsymbol{x}$ 都有一个相应的输出 $y(\boldsymbol{x})$。输入到输出的关系表示如下：

$$\boldsymbol{y}=t(\boldsymbol{x})+\xi \tag{6.45}$$

其中，$t(\boldsymbol{x})$是随机变量，$\boldsymbol{t}=(t(x_1),t(x_2),...,t(x_n))^{\mathrm{T}}\sim N(0,K)$；$\xi$ 是随机变量，$\xi\sim N(0,\sigma^2)$。此外，输出 $y(\boldsymbol{x})$的分布可由贝叶斯定理确定。$y(\boldsymbol{x})$在给定输入输出数据上的条件分布为正态分布。$\boldsymbol{y}=(y(x_1),y(x_2),...,y(x_n))^{\mathrm{T}}$ 的等价参数表示为：

$$\boldsymbol{y}=\boldsymbol{K\alpha}+\xi \tag{6.46}$$

其中，$\alpha\sim N(0,\boldsymbol{K}^{-1})$，$\xi\sim N(0,\sigma^2\boldsymbol{I})$。因此后验概率 $p(\boldsymbol{\alpha}/\boldsymbol{y},X)$如下：

$$p(\boldsymbol{\alpha}/\boldsymbol{y},X)\propto \exp(-\frac{1}{2\sigma^2}|\boldsymbol{y}-\boldsymbol{K\alpha}|+\frac{1}{2})\exp(-\frac{1}{2}\boldsymbol{\alpha}^{\mathrm{T}}\boldsymbol{K\alpha}) \tag{6.47}$$

新点 $\boldsymbol{x}$ 的条件期望值为

$$E[y(\boldsymbol{x})/\boldsymbol{y},X]=\boldsymbol{k}^{\mathrm{T}}\boldsymbol{\alpha}_{\mathrm{opt}} \tag{6.48}$$

其中，$\boldsymbol{k}^{\mathrm{T}}$ 表示 $\boldsymbol{k}^{\mathrm{T}}=(k(x_1,\boldsymbol{x}),k(x_2,\boldsymbol{x}),\ldots,k(x_n,\boldsymbol{x}))$，$\boldsymbol{\alpha}_{\mathrm{opt}}$ 是使 $p(\boldsymbol{\alpha}/\boldsymbol{y},\boldsymbol{X})$ 最大化的 $\boldsymbol{\alpha}$ 值。此外，$\boldsymbol{\alpha}$ 的最大后验(MAP)估计值可以通过最小化负对数后验来计算，其计算公式为

$$\boldsymbol{\alpha}_{\mathrm{MAP}}=\mathrm{minimize}\left[-\boldsymbol{y}^{\mathrm{T}}\boldsymbol{K}\boldsymbol{\alpha}+\frac{1}{2}\boldsymbol{\alpha}^{\mathrm{T}}(\sigma^2\boldsymbol{K}+\boldsymbol{K}^{\mathrm{T}}\boldsymbol{K})\boldsymbol{\alpha}\right],\quad \boldsymbol{\alpha}\in R^M \tag{6.49}$$

现在认知分布的均值和方差分别为 $\boldsymbol{k}^{\mathrm{T}}(\boldsymbol{K}+\sigma^2\boldsymbol{I})^{-1}\boldsymbol{y}$，$\boldsymbol{k}(\boldsymbol{x},\boldsymbol{x})+\sigma^2-\boldsymbol{k}^{\mathrm{T}}(\boldsymbol{K}+\sigma^2\boldsymbol{I})^{-1}\boldsymbol{k}$。

6.6　混合多项式相关函数展开法

混合多项式相关函数展开(H-PCFE)可以看作对传统 GP 的改进，在传统 GP 中，GP 的均值函数用 PCFE 的函数形式表示。

$$\mu_f(\boldsymbol{\xi};\beta)\approx g_0+\sum_{k=1}^{Mo}\left(\sum_{i_1=1}^{N-k+1}\sum_{i_2=i_1}^{N-k+2}\cdots\sum_{i_k=i_{k-1}}^{N}\sum_{r=1}^{k}\left(\sum_{m_1=1}^{s}\cdots\sum_{m_{r=1}}^{s}\beta_{m_1\ldots m_r}^{(i_1i_2\ldots i_k)i_r}\psi_{m_1}^{i_1}\cdots\psi_{m_r}^{i_r}\right)\right)$$

其中，ψ 为正交基函数，β 表示与基函数相关的未知系数。式(6.50)使用了一个具有 s 阶基函数的 M 阶 PCFE。

为计算 H-PCFE 的超参数，这里使用了最大似然估计法(MLE)。

$$\left(\boldsymbol{\Psi}^{\mathrm{T}}\boldsymbol{R}^{-1}\boldsymbol{\Psi}\right)\beta=\boldsymbol{\Psi}^{T}R^{-1}\boldsymbol{J}_s \tag{6.50a}$$

$$\sigma^2=\frac{1}{N_s}(\boldsymbol{J}_s-\boldsymbol{\Psi}\beta)^{\mathrm{T}}\boldsymbol{R}^{-1}(\boldsymbol{J}-s-\boldsymbol{\Psi}\beta) \tag{6.50b}$$

其中，$\boldsymbol{\Psi}\in\mathbb{R}^{N_s\times N_b}$ 和 $\boldsymbol{R}\in\mathbb{R}^{N_s\times N_s}$ 分别是基函数矩阵(即设计矩阵)和基于训练样本计算的协方差矩阵。$\boldsymbol{J}\in\mathbb{R}^{N_s}$ 是响应向量，$\boldsymbol{J}_s=\boldsymbol{J}-g_0$ 是与训练样本相对应的移位响应向量。需要注意的是，长尺度参数 $\boldsymbol{\theta}$ 并不存在闭形式的解，因此我们别无选择，只能求解数值优化问题。在这项工作中，我们采用随机梯度下降法来计算 $\boldsymbol{\theta}$。假设训练是根据 N_s 个训练样本进行的。

我们注意到，根据式(6.50a)计算 β 并不简单，这是因为 $\boldsymbol{A}=\boldsymbol{\Psi}^{\mathrm{T}}\boldsymbol{R}^{-1}\boldsymbol{\Psi}$ 有相同的行。移除相同行后，会得到一个欠定矩阵 A'。为求解这个欠定方程组，采用了同源算法(HA)[115]。HA 的优势在于可以满足与 PCFE 和 H-PCFE 相关的分层正交准则[117]。利用 HA 算法得到的最优 β 如下：

$$\beta_{HA}=\left[\boldsymbol{V}_{N_b-k}\left(\boldsymbol{U}_{N_b-k}^{\mathrm{T}}\boldsymbol{V}_{N_b-k}\right)^{-1}\boldsymbol{U}_{N_b-k}^{\mathrm{T}}\right]\beta_0 \tag{6.51}$$

其中

$$\beta_0=(\boldsymbol{A}')^{\dagger}\boldsymbol{D}' \tag{6.52}$$

式(6.52)中的 $\boldsymbol{D}'$ 和 $\boldsymbol{A}'$ 分别是 $\boldsymbol{D}=\boldsymbol{\Psi}^{\mathrm{T}}\boldsymbol{R}^{-1}\boldsymbol{J}_s$ 和去掉相同行后的 $\boldsymbol{A}$。$(\boldsymbol{A}')^{\dagger}$ 表示 $\boldsymbol{A}'$ 的伪逆矩阵，同时满足 4 个 Penrose 条件[152]。式(6.51)中的 $\boldsymbol{U}$ 和 $\boldsymbol{V}$ 如下所示：

$$\boldsymbol{PW}_{\mathrm{HA}}=\boldsymbol{U}\begin{bmatrix}\boldsymbol{S}_k & 0\\ 0 & 0\end{bmatrix}\boldsymbol{V}^{\mathrm{T}} \tag{6.53}$$

其中，$\boldsymbol{P}=\left(\mathbb{I}_{N_b}-(\boldsymbol{A}')^{\dagger}\boldsymbol{A}'\right)$，$\boldsymbol{W}_{\mathrm{HA}}$ 是权重矩阵，在 HA 中用于确保分层正交性准则。有关本研究中使用的权重矩阵的详细信息，请参阅[38]。$\boldsymbol{U}_{N_b-k}$ 和 $\boldsymbol{V}_{N_b-k}$ 分别表示 $\boldsymbol{U}$ 和 $\boldsymbol{V}$ 的最后 N_0-k 列。

$$\boldsymbol{U}=[\boldsymbol{U}_k\boldsymbol{U}_{N_b-k}],\quad \boldsymbol{V}=[\boldsymbol{V}_k\boldsymbol{V}_{N_b-k}] \tag{6.54}$$

有关 HA 的更多详情，感兴趣的读者可参阅[115]。关于 H-PCFE 训练阶段的更多详情，感兴趣的读者可参考文献[36]。H-PCFE 模型训练步骤的算法见算法 2。

训练阶段完成并获得 H-PCFE 模型的超参数后，即会进入预测阶段。在这一阶段，我们的目标是预测与未观察到的输入 ξ_{pred} 对应的响应 $\boldsymbol{J}_{\mathrm{pred}}$。为此，可参照下式计算响应的预测分布：

$$\mathbb{P}(J_{\mathrm{pred}}\mid\boldsymbol{\xi}_{\mathrm{pred}},\boldsymbol{\xi},\boldsymbol{J},g_0)=\mathcal{N}(\boldsymbol{J}_{\mathrm{pred}}\mid\mu_{\mathrm{pred}},\sigma_{\mathrm{pred}}) \tag{6.55}$$

其中

$$\mu_{\mathrm{pred}}=g_0+\boldsymbol{\Psi}_{\mathrm{pred}}\beta_{\mathrm{HA}}+\boldsymbol{rR}^{-1}(\boldsymbol{J}'-\boldsymbol{\Psi}_{\mathrm{pred}}\beta_{\mathrm{HA}}) \tag{6.56}$$

$$\sigma_{\mathrm{pred}}=\sigma^2\left\{1-\boldsymbol{r}^{\mathrm{T}}+\frac{1-\boldsymbol{\Psi}^{\mathrm{T}}\boldsymbol{R}^{-1}r}{\boldsymbol{\Psi}^{\mathrm{T}}\boldsymbol{R}^{-1}\boldsymbol{\Psi}}\right\} \tag{6.57}$$

式(6.56)和式(6.57)中的 $\boldsymbol{\Psi}_{\mathrm{pred}}$ 和 $\boldsymbol{r}$ 分别是在 ξ_{pred} 处求得的基函数向量和代表预测点 ξ_{pred} 与训练点之间相关性的向量。

算法 2　H-PCFE 训练

先决条件： 训练样本 $\boldsymbol{\xi}^{(i)}, \boldsymbol{J}^{(i)}, i=1,\ldots,N_s$。提供 PCFE/H-PCFE m 的阶数、基函数 s 的最大阶数和相关函数 $\boldsymbol{R}$ 的形式。

通过最大似然法获得长尺度参数 θ。

计算设计矩阵 $\boldsymbol{\Psi}$。

计算相关矩阵 $\boldsymbol{R}$。

计算权重矩阵 $\boldsymbol{R}$。

建立权重矩阵 $\boldsymbol{W}_{\mathrm{HA}}$，用于 HA[38]。

使用式(6.53)计算 $\boldsymbol{U}$ 和 $\boldsymbol{V}$。

使用式(6.52)计算 β_0。

使用式(6.51)计算 β_{HA}。

使用式(6.50b)计算过程方差 σ^2。

结果： H-PCFE 超参数、β_{HA}、θ 和 σ^2。

第7章

基于代理的动态系统数字孪生体

正如第 1 章中讨论的，数字孪生是存在于计算机云中的物理系统的虚拟模型。这种物理系统越来越多地被称为物理孪生系统[180]。模拟物理系统行为的尝试是工程和科学的重要组成部分。数字孪生系统与计算机模型的区别在于，数字孪生系统通过使用传感器、数据分析、信号处理和 IoT 进行自我更新，以跟踪物理孪生系统。数字孪生还可通过向物理孪生上的执行器发送信号来指导物理孪生的变化。理想的数字孪生体与物理孪生体具有时间同步性。

数字孪生技术的应用非常广泛，可用于机械系统、航空航天系统、制造过程、智慧城市和生物系统等。当系统开始运行时，数字孪生便会作为系统的标称模型诞生。$t=t_s=0$ 时，数字孪生和物理孪生完全相同。此后，该系统的数字孪生会跟踪其随时间的演化。正如第 1 章所述，真实系统及其数字孪生系统至少受两个时间尺度的影响。第一个时间尺度是瞬时时间 t，第二个时间尺度是“慢时间” t_s，用于跟踪真实系统属性的演化。例如，在燃气轮机诊断中，随着发动机投入使用，模块效率会缓慢下降，t_s 的线性变化是一个很好的近似值[73]。由于疲劳，复合材料中的损伤会随着时间的推移而增长，这可用曲线拟合来表示[125]。这种与 t_s 有关的曲线拟合捕捉到了基体开裂、分层和纤维断裂等物理损伤模式。

物理系统与互联网无处不在的连接允许对数百万个物理数字孪生进行实时跟踪。然而，要确保数字孪生系统在时间上与物理系统保持一致是一项挑战。换句话说，数字孪生系统必须随着物理孪生系统的生命周期而不断发展。因此，在环境、负载、维护、维修、损坏等方面，数字孪生系统必须与物理孪生系统接受相同的条件或培育。在生命周期结束时，数字孪生和物理孪生都可能被终止。另一方面，也可以允许数字孪生体继续作为过期物理孪生体的信息库。具体选择取决于系统的要求。

物理孪生存在于现实世界，而数字孪生存在于云端[52]。综上所述，数字孪生技术发展中的问题主要涉及以下几个方面：

(1) 物理孪生体的建模和模拟；

(2) 物理孪生体与数字孪生体所在云端之间数据传输的准确性和速度；

(3) 存储和处理传感器在整个生命周期中产生的大数据；

(4) 云端数字孪生模型的高效计算机处理；

(5) 通过数字孪生模型从云端向物理孪生模型上的执行器发送信号，实现物理孪生模型的合理执行。

Tuegel 和他的同事发表了一篇关于飞机结构寿命预测中数字孪生的早期论文[187]。他们的目标是应用通过尾号识别的单个飞机的超高保真度模型来预测其剩余结构寿命。这项研究的动机是高性能计算的发展。该文提出的核心想法是需要通过飞机尾号来跟踪每架飞机，尾号是唯一的标识符。因此，机队中的每架飞机都有一个独立的数字孪生体，当其面临独特的任务、负载、环境、飞行员行为、传感器情况等组合时，各架飞机的数字孪生体演化各异。数字孪生的概念后来被扩展至所有物理系统，如汽车、计算机服务器、机车、涡轮机、机床等。数字孪生的主要应用领域包括生产、产品设计、预报和健康管理[88，89，124，182，226]。不过，未来还可能有更多的应用。现代标签方法，如条形码、IP 地址、国家识别码、图像识别、人脸识别技术以及机器学习，支持人们利用智慧城市中无处不在的 WiFi 和基于智能手机的全球定位系统，创建人机生态系统的数字孪生。

数字孪生技术已在多个行业中得到应用，Tao 等人在最近的综述论文[183]中对此进行了阐述。Tao 和他的合作研究者认为，数字孪生是促进智能制造和工业 4.0 的有利技术。在工业 4.0 中，工厂将配备无线连接和传感器，使生产线自动运行。由于物理系统越来越多地采用传感器，数据传输技术允许在物理系统的整个生命阶段收集数据。数据量十分庞大，需要通过大数据分析来发现故障原因、简化供应链和提高生产效率。诊断和健康管理是数字孪生技术的重要应用领域。Li 等人[218]构建了一个基于动态贝叶斯网络的数字孪生系统，用于监测飞机机翼的运行状态。概率数字孪生模型被用于模拟确定性物理模型。数字孪生还被应用于网络物理系统和增材制造过程的预报和健康管理。物理系统和控制论系统的融合是数字孪生应用面临的主要挑战，解决这一问题的方法之一是提高建模和仿真任务的效率。本章中使用的代理建模可作为提高仿真过程效率的一种方法。

Singh 和 Wilcox[176]讨论了工程设计中的数字线程相关概念。他们提到，数字孪生可被视为“高保真的数字表示，以密切反映特定产品和序列号的寿命(如装载历史、部件更换、损坏等)”。数字线程包含生成和更新数字孪生需要的所有信息。假设一个正在使用的机械部件装有应变传感器，可以识别加载条件。下一代产品设计可以利用这些应变数据来更好地模拟运行中的加载条件，从而改进部件的未来设计。因此，产品生命周期不同阶段的信息和资源必须反馈到设计过程中。这一过程由数字线程完成。对于所选问题，数字线程包括输入变量的概率分布、用于建模的有限元求解器和失效准则、测量的噪声统计和系统组件的几何形状。不确定输入变量的概率分布使用 Kalman 滤波器进行估计。不确定性量化对于数字孪生和数字线程技术的发展非常重要。

第 5 章为一个动态系统开发了一个基于物理的数字孪生模型。该理论基于一个假设，即物理系统的属性演化速度远低于实时演化速度。这种系统属性的演化是在慢时间而非实时时间内发生的。创建了一个 SDOF 系统模型来解释数字孪生的概念，并研究系统质量和刚度属性变化的影响。提出了质量和刚度随慢时间变化的闭式解。对于干净的数据，所提出的闭式解法能精确估计质量和刚度的变化。然而，所提出的基于物理的数字孪生有两大局限性。

(1) 基于物理的数字孪生仅能得出慢时间步的质量和刚度，即存在传感器测量值的时间步。因此，基于物理的数字孪生无法提供中间和未来时间的质量和刚度。

(2) 如果收集到的数据受到噪声污染，基于物理的数字孪生就会失效。这是一个很大的局限性，因为在现实生活中，收集到的数据总会受到噪声的干扰。

因此，基于物理的数字孪生仍然缺乏明确性和具体性。本章将介绍数字孪生框架中的代理模型概念。这是因为物理驱动的数字孪生(如第 5 章中提出的数字孪生)只能提供离散时间步长(与传感器测量对应的时间步长)的估计值。此外，当收集到的数据受到噪声干扰时，这种基于物理模型的数字孪生可能产生错误结果。根据定义，代理模型是基于物理的高保真模型的替代模型。文献中流行的代理模型包括 ANOVA 分解[39]、混沌多项式展开法[181，214]、支持向量机[22，87，224]、神经网络[27，28，85]和高斯过程(GP)[18，19，40]。代理模型成功应用于多个领域，包括但不限于随机力学[60，211]、可靠性分析[37，65]和优化[86，101，148]。本章阐述了如何将代理模型与基于物理的数字孪生技术相结合以及这种结合的优势。

前面讨论的所有代理模型都可在数字孪生框架内使用。本章探讨 GP 的使用，这是一种概率机器学习技术，旨在推断函数的分布，然后对某些未知点进行预测。与其他代理模型相比，GP 具有两大优势。

(1) GP 是一种概率代理模型，不会过拟合。这对于数字孪生来说至关重要，因为收集到的数据会受到复杂噪声的干扰，过拟合会导致错误的预测。

(2) GP 可以量化来自有限数据和噪声的不确定性。这反过来又可应用于使用数字孪生的决策过程。

本章将使用 vanilla GP 作为代理工具来开发数据驱动的数字孪生模型。

本章内容安排如下。7.1 节使用多时间尺度建立 SDOF 数字孪生模型的运动方程。7.2 节讨论 GP 的基本原理。7.3 节讨论仅使用质量演化的数字孪生模型的开发。这 3 节分别考虑(a)仅质量演化、(b)仅刚度演化和(c)质量和刚度都演化这 3 种情况，并用数值示例阐释了所提出的观点。7.4 节对所提出的方法以及数字孪生的整体发展进行了批判性讨论，7.5 节给出了结论性意见。本章改编自参考文献[30]。

7.1 数字孪生动态模型

为探讨数字孪生的概念，接下来将再次以 SDOF 动态系统为例进行讲述。数字孪生的一个关键概念是，数字孪生从“标称模型”开始。因此，标称模型是数字孪生系统的“初始模型”或“起始模型”。对于动态系统而言，标称模型通常是一个经过验证、确认和校准的基于物理的模型；例如当汽车、桥梁、船舶、涡轮机或飞机等产品离开制造厂准备投入使用时，其标称模型可以是一个有限元模型。数字孪生的另一个关键特征是其连接性。物联网(IoT)带来了许多新的数据技术，加速了数字孪生技术的发展。IoT 实现了物理 SDOF 系统与其数字对应系统之间的连接。数字孪生的基础就是这种连接；没有这种连接，数字孪生技术将难以发展。物理系统上的传感器会获取数据，并通过各种技术整合和交流这些数据，从而促进连接。

假设一个物理系统可以很好地近似为一个单自由度的弹簧、质量和阻尼系统，如前文所述[77]。假设传感器间歇性地采样数据，通常，t_s 代表离散的时间点。设 $k(t_s)$、$m(t_s)$和 $c(t_s)$的变化非常缓慢，以至于系统动力学与这些函数变化有效解耦。那么，其运动方程为

$$m(t_s)\frac{\partial^2 u(t,t_s)}{\partial t^2}+c(t_s)\frac{\partial u(t,t_s)}{\partial t}+k(t_s)u(t,t_s)=f(t,t_s) \tag{7.1}$$

此处的 t 和 t_s 分别是系统时间和慢时间。$u(t,t_s)$是两个变量的函数，因此运动方程用相对于时间变量 t 的偏导数来表示。慢时间或服务时间 t_s 可视为比 t 慢得多的时间变量。因此，质量 $m(t_s)$、阻尼 $c(t_s)$、刚度 $k(t_s)$和作用力 $f(t,t_s)$都会随着时间 t_s 的变化而变化；例如，系统在使用寿命期间逐步退化。作用力也是时间 t 和慢时间 t_s 的函数，系统响应 $x(t,t_s)$也是如此。式(7.1)被视为 SDOF 动态系统的数字孪生。当 t_s=0 时，即系统使用寿命开始时，数字孪生公式(7.1)可简化为如下的标称系统。

$$m_0 \frac{\mathrm{d}^2 u_0(t)}{\mathrm{d}t} + c_0 \frac{\mathrm{d}u_0(t)}{\mathrm{d}t} + k_0 u_0(t) = f_0(t) \tag{7.2}$$

其中，m_0、c_0、k_0 和 f_0 分别为 t=0 时的质量、阻尼、刚度和作用力。假设在物理系统上部署了传感器，并在 t_s 定义的时间位置进行测量。质量、刚度和作用力与 t_s 的函数关系形式是未知的，应根据测量到的传感器数据进行估算。假设阻尼很小，$c(t_s)$ 变化的影响可以忽略不计，因此只考虑质量和刚度的变化。在不失一般性的前提下，可认为有以下函数形式：

$$k(t_s) = k_0(1 + \Delta_k(t_s))$$

和

$$m(t_s) = m_0(1 + \Delta_m(t_s)) \tag{7.3}$$

通常情况下，$k(t_s)$在很长一段时间内都会是一个衰减函数，以表示系统刚度的损失。另一方面，$m(t_s)$可以是一个递增或递减函数。例如，对于飞机来说，质量可以代表货物和乘客的装载量，也可以代表飞行过程中燃料的消耗量。这里选择了以下具有代表性的函数例子：

$$\Delta_k(t_s) = \mathrm{e}^{-\alpha_k t_s} \frac{(1+\epsilon_k \cos(\beta_k t_s))}{(1+\epsilon_k)} - 1 \tag{7.4}$$

和

$$\Delta_m(t_s) = \epsilon_m \,\mathrm{SawTooth}(\beta_m(t_s - \pi / \beta_m)) \tag{7.5}$$

这里锯齿波(•)表示周期为 2π 的锯齿波。在图 7.1 中，这些函数模型产生的刚度和质量特性的总体变化是以标称模型的自然时间周期为归一化的时间函数绘制的。这些示例使用的数值为：α_k=4×10^{-4}、$\epsilon_k = 0.05$、β_k=2×10^{-2}、β_m=0.15 和$\epsilon_m = 0.25$。之所以选择这些函数，是因为刚度会随着时间的推移出现周期性退化，这代表飞机在反复加压过程中可能出现疲劳裂纹增多。另一方面，在飞行期间，由于重新加注燃料和燃料燃烧，质量会在标称值的基础上增加或减少。主要的考虑事项是：动态系统的数字孪生应利用系统上测量到的传感器数据来跟踪这些类型的变化。

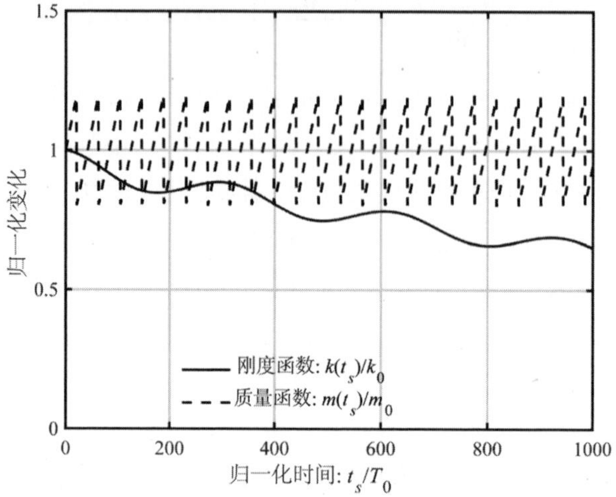

图 7.1 代表数字孪生系统质量和刚度特性长期变化的模型函数示例

7.2 高斯过程仿真器概述

GP(高斯过程)是一种流行的机器学习技术[18,19],已成功应用于结构动态分析[59]和有限元法[61]。与 ANOVA 分解[39]、支持向量机[87]和神经网络[56]等其他机器学习技术不同，GP 采用最优方法，推断出函数的分布，然后利用这些函数对某些未知点进行预测[134]。GP 也被称为 Kriging[20,166]。文献中提及了不同的 GP 变体，其中包括完全贝叶斯 GP[19]、稀疏 GP[5]和多保真 GP[146]等。本章使用的是 vanilla GP。下文将重点讨论 vanilla GP。关于其他类型 GP 的详细信息，感兴趣的读者可以参阅文献[133]。

设输入变量为 $\ell \in \mathbb{R}^d$ ，且

$$y = g(\ell) + \nu \tag{7.6}$$

是一组响应变量的噪声测量值，其中 ν 代表噪声。该式旨在估算出一个潜在的(未观察到的)函数 $g(\ell)$ ，该函数可以预测响应变量 $\hat{y}$ 在新的 ℓ 值上的变化。在基于 GP 的回归中，GP 是由均值 $\mu(\ell)$ 和协方差函数 $_{\kappa}(\ell,\ell';\ \theta)$ 在 $g(\ell)$ 上定义的：

$$g(\ell) \sim \mathcal{GP}\left(\mu(\ell),_{\kappa}(\ell,\ell';\theta)\right) \tag{7.7}$$

由上式可知

$$
\begin{aligned}
&\mu(\ell)=\mathbb{E}g(\ell) \\
&\kappa(\ell,\ell';\theta)=\mathbb{E}(g(\ell)-\mu(\ell))\left(g(\ell')-\mu(\ell')\right)
\end{aligned}
\tag{7.8}
$$

θ 表示协方差函数 κ 的超参数。协方差函数 κ 的选择允许对有关 $g(\ell)$ 的任何先验知识(如周期性、线性、平滑性)进行编码，并能适应任意复杂函数的逼近[208]。式(7.7)中的符号表示任何有限的函数值集合都有一个多变量高斯分布，即 $(g(\ell_1),g(\ell_2),\ldots,g(\ell_N))\sim\mathcal{N}(\boldsymbol{\mu},\boldsymbol{K})$，其中 $\boldsymbol{\mu}=[\mu(\ell_1),\ldots,\mu(\ell_N)]^{\mathrm{T}}$ 是均值向量，$\boldsymbol{K}$ 是协方差矩阵，$\boldsymbol{K}(i,j)=\kappa(\ell_i,\ell_j)$，$i, j=1,2,\ldots,N$。如果没有关于均值函数的可用先验信息，通常将其设为零，即 $\mu(\ell)=0$。然而，对于协方差函数而言，任何能产生正定、半定、协方差矩阵 $\boldsymbol{K}$ 的函数 $\kappa(\ell,\ell')$ 都是有效的协方差函数。因此，GP 的目标是根据观察到的输入-输出对 $\left\{\ell_j,y_j\right\}_{j=1}^{N_t}$ 来估计超参数 θ，其中 N_t 是训练样本的数量。通常，这是通过最大化数据的似然来实现的[40]。另一种方法采用贝叶斯方法计算超参数的后验值 θ[19]。计算出 θ 后，给定数据集 ℓ、y、超参数 θ 和新输入 ℓ^* 后，$g(\ell^*)$ 的预测分布表示为

$$
p(g(\ell^*)\mid y,\ell,\theta,\ell^*)=\mathcal{N}\left(g(\ell^*)\mid\mu_{\mathcal{GP}}(\ell^*),\sigma_{\mathcal{GP}}^2(\ell^*)\right)
\tag{7.9}
$$

其中

$$
\begin{aligned}
&\mu_{\mathcal{GP}}(\ell^*)=k^{\mathrm{T}}(\ell,\ell^*;\theta)[\boldsymbol{K}(\ell,\ell;\theta)+\sigma_n^2\boldsymbol{I}]^{-1}{}_y \\
&\sigma_{\mathcal{GP}}^2(\ell^*)=k(\ell^*,\ell^*;\theta)-k^{\mathrm{T}}(\ell,\ell^*;\theta)[\boldsymbol{K}(\ell,\ell;\theta)+\sigma_n^2\boldsymbol{I}]^{-1}k(\ell,\ell^*;\theta)
\end{aligned}
\tag{7.10}
$$

有关 GP 的详情，读者可参阅[156]。接下来，将利用 GP 获得一个 SDOF 阻尼动态系统的数字孪生系统。

7.3 基于高斯过程的数字孪生

数字孪生概念的发展依赖于传感器技术的进步。利用现代传感器，可以收集加速度时间历史、位移时间历史等不同类型的数据。本章假定可以使用传感器在一些不同的时间步长上测量出式(7.1)所描述系统的固有频率。传感器和信号处理方法的进步支持实时测量动态系统的频率。文献[221]介绍了一种基于网络的实时运动学全球卫星导航系统技术，用于监测桥梁的位移和振动频率。创建了一种小波包滤波方法来处理实验数据。该方法为桥梁结构的动态监测提供了一种潜在的技术。Liu 等人应用扩展 Kalman 滤波器，利用加速度测量结果识别结构系统[122]。Gillich 和 Mituletu[83]对获取的振动信号进行频谱分析，以精确估计结构的固有频率，从而检测裂缝。他们对实

际信号(包括带阻尼的信号和短信号)进行了算法测试。Sabato 等人[165]综述了可用于测量低振幅和低频率振动的基于微型机电系统(MEMS)的无线加速度传感器板。他们发现，频率测量技术已经发展到可以连续监测结构振动的水平。Sony 等人[179]介绍了非接触式测量系统，如在智能传感技术中，智能手机、摄像头、无人飞行器(UAV)和机器人传感器均被用于获取和分析振动数据，以改进结构状态监测。这种智能传感器技术的发展使得基于动态响应的动态系统数字孪生成为一项可行的任务。

7.3.1 通过刚度演化的数字孪生

1. 计算公式

在实例 1 中，假设固有频率随时间的变化仅仅是由于系统刚度的减弱。数字孪生系统的运动方程现在可表示为

$$m_0 \frac{\mathrm{d}^2 u(t)}{\mathrm{d}t^2} + c_0 \frac{\mathrm{d}u(t)}{\mathrm{d}t} + k(t_s)u(t) = f(t) \tag{7.11}$$

其中

$$k(t_s) = k_0(1 + \Delta_k(t_s)) \tag{7.12}$$

式(7.11)是式(7.1)的一个特例。在实际情况中，一般不存在关于刚度如何劣化的先验信息。可以推测，刚度的劣化可以用 GP 表示：

$$\Delta_k(t_s) \approx \Delta_{\hat{k}}(t_s) \sim \mathcal{GP}(\mu_k(t_s), \mathcal{K}k(t_s, t_s'; \theta)) \tag{7.13}$$

然而，现阶段没有与 $\Delta_k(t_s)$ 对应的测量值，因此无法估计 GP 的超参数 θ。将式(7.12)和式(7.13)代入式(7.11)。这样，数字孪生的控制微分方程可以表示为

$$m_0 \frac{\mathrm{d}^2 u(t)}{\mathrm{d}t^2} + c_0 \frac{\mathrm{d}u(t)}{\mathrm{d}t} + k_0(1 + \Delta_{\hat{k}}(t_s))u(t) = f(t) \tag{7.14}$$

假设解的形式为 $u(t) = \bar{u}\exp[\lambda t]$，将其代入式(7.14)，并求解所得的自由振动二次公式(即 $f(t)=0$)，则系统的固有频率为

$$\lambda_{s_{1,2}}(t_s) = -\zeta_0\omega_0 \pm \mathrm{i}\omega_0\sqrt{1 + \Delta_{\hat{k}}(t_s) - \zeta_0^2} \tag{7.15}$$

其中，ω_0 和 ζ_0 分别为 $t_s=0$ 时系统的固有频率和阻尼比。将式(7.15)整理后可得

$$\lambda_{s_{1,2}}(t_s) = -\underbrace{\frac{\zeta_0}{\sqrt{1+\Delta_{\hat{k}}(t_s)}}}_{\zeta_s(t_s)}\underbrace{\omega_0\sqrt{1+\Delta_{\hat{k}}(t_s)}}_{\omega_s(t_s)} \pm \mathrm{i}\underbrace{\omega_0\sqrt{1+\Delta_{\hat{k}}(t_s)}\sqrt{1-\left(\frac{\zeta_0}{\sqrt{1+\Delta_{\hat{k}}(t_s)}}\right)^2}}_{\omega_{d_s}(t_s)} \tag{7.16}$$

其中，$\omega_s(t_s)=\omega_0\sqrt{1+\Delta_{\hat{k}}(t_s)}$ 是固有频率的演化；$\zeta_s(t_s)=\zeta_0/\sqrt{1+\Delta_{\hat{k}}(t_s)}$ 是阻尼系数的演化；$\omega_{d_s}(t_s)=\omega_s(t_s)\sqrt{1-\zeta_s^2(t_s)}$ 是阻尼固有频率在时间尺度较慢情况下的演化。大多数固有频率提取技术都能提取系统的阻尼固有频率。假设使用传感器获得的数据就是阻尼固有频率。根据 Ganguli 和 Adhikari 所著的文献[77]，可以写出

$$\Delta_{\hat{k}}(t_s) = -\tilde{d}_1(t_s)\left(2\sqrt{1-\zeta_0^2}-\tilde{d}_1(t_s)\right) \tag{7.17}$$

其中

$$\tilde{d}_1(t_s) = \frac{d_1(\omega_{d_0},\omega_{d_s}(t_s))}{\omega_0} \tag{7.18}$$

式(7.18)中的函数 $d_1(\omega_{d_0},\omega_{d_s}(t_s))$ 是 ω_{d_0} 和 $\omega_{d_s}(t_s)$ 之间的距离：

$$d_1(\omega_{d_0},\omega_{d_s}(t_s)) = \left\|\omega_{d_0}-\omega_{d_s}(t_s)\right\|_2 \tag{7.19}$$

由于系统的初始阻尼频率 ω_{d_0} 已知，且传感器对 $\omega_{d_s}(t_s)$ 的测量值也已存在，因此可以通过式(7.18)并将其代入式(7.17)轻松计算出 $\tilde{d}_1(t_s)$ 和 $\Delta_{\hat{k}}(t_s)$。尽管如此，仍有理由假设传感器的测量值 $\omega_{d_s}(t_s)$ 会受到一些噪声的干扰，因此 $\Delta_{\hat{k}}(t_s)$ 的估计值也是有噪声的。尽管如此，通过将 $\Delta_{\hat{k}}(t_s)$ 的这些噪声估计值视为与输入 t_s 对应的训练输出，就可得到式(7.13)所描述的 GP 的超参数(θ)。本章使用贝叶斯优化法[145]最大化数据似然。在贝叶斯优化框架内，使用容差为 10^{-5} 的 L-BFGS 优化器。为防止局部收敛，使用了多个起点。超参数 θ 完全描述了式(7.14)中的数字孪生。与 GP 相关的一个重要问题是协方差函数和均值函数的形式。本章探讨一系列均值函数和协方差函数，然后根据贝叶斯信息标准选择最合适的均值函数和协方差函数。表 7.1 列出了可能的均值函数和协方差函数候选方案。这些协方差核的函数形式见[208]。接下来将详细介绍贝叶斯信息准则。

本章将利用贝叶斯信息准则确定 GP 的最佳基函数阶数和最佳协方差核。与第 m 个模型对应的贝叶斯信息准则定义如下[134]：

$$bic_m = k_m \log(n) - \mathcal{L}\left(\hat{\theta}_m\right) \tag{7.20}$$

其中，k_m 为参数个数，n 表示第 m 个模型可用的数据点个数。式(7.20)中的 $\mathcal{L}(\hat{\theta}_m)$ 表示第 m 个模型的数据似然；对于 GP，遵循多变量高斯分布。式(7.20)中的第一项对复杂模型进行惩罚，而第二项则确保选择最能解释模型的模型。

为了利用贝叶斯信息准则确定最优模型，需要考虑与均值函数和协方差函数的所有可能组合对应的模型。表 7.1 列出了可能的均值函数和协方差函数。有 3 个可能的均值函数和 10 个可能的协方差函数。因此，本书共考虑了 30 个模型，并对这 30 个模型分别进行 BIC 分数评估，选出 BIC 分数最小的模型。

表 7.1 GP 中均值函数和协方差函数的可选函数

函数名称	可选函数
平均函数	常数、线性、二次函数
协方差函数	指数函数、平方指数函数、Matern 3/2、Matern 5/2、有理二次、ARD 指数、ARD 平方指数、ARD Matern 3/2、ARD Matern 5/2、ARD 有理二次

2. 数值说明

为应用基于 GP 的仅有刚度演化的数字孪生系统，可假设有一个标称阻尼比 ζ_0=0.05 的 SDOF 系统。假设传感器数据是以一定的固定时间间隔间歇性传输的。为了模拟固有频率的变化，可以假设有如图 7.1 所示系统刚度特性的变化，图 7.2(a)显示了系统阻尼固有频率随时间的实际变化。图中还给出了数字孪生的可用数据点。现阶段必须强调的是，数据可用频率取决于多个因素，如无线传输系统的带宽、数据收集成本等。本例假设有 30 个数据点。图 7.2(b)显示的是带干净数据的基于 GP 的数字孪生模型。可以看出，基于 GP 的数字孪生模型非常准确地捕捉到Δ_k的时间演化。但请注意，这只是一种假想情况，因为在任何真实系统中，几乎不可能有无噪声的测量结果。

接下来，讨论一种更现实的情况，即收集到的数据已受噪声污染。为便于说明，可假设有一个具有 3 种不同标准差的零均值高斯白噪声：① σ_θ=0.005，② σ_θ=0.015 和 ③ σ_θ=0.025。图 7.3(a)~7.3(c)显示了与这 3 种情况对应的基于 GP 的数字孪生模型。σ_θ=0.005 时，基于 GP 的数字孪生模型成功捕捉到刚度随时间的变化。随着噪声水平的增加，基于 GP 的数字孪生模型的性能略有下降。尽管如此，即使当 σ_θ=0.025 时，基于 GP 的数字孪生也能非常准确地捕捉时间变化。基于 GP 的数字孪生的另一个优势是它能捕捉有限数据和噪声带来的不确定性。图 7.3 中的阴影部分说明了这一点。可以看出，随着噪声水平的增加，不确定性也在增加。

为说明拥有更多数据的好处，图 7.3(d)显示了一个有 100 个数据点的案例。从中可以观察到，随着观察数据数量的增加，基于 GP 的数字孪生可以更精确地跟踪刚度的变化，即使数据中的噪声水平最高。

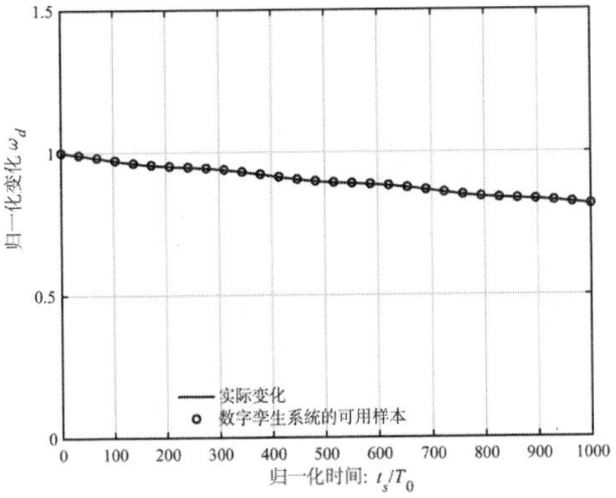

(a) 阻尼固有频率随时间的变化

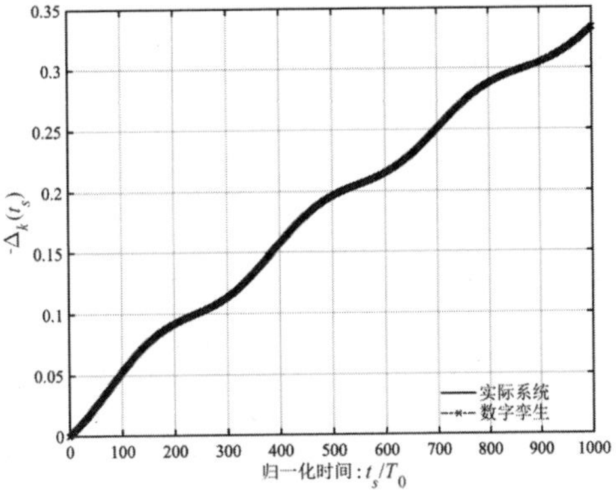

(b) 带干净数据的 GP 辅助数字孪生系统

图 7.2　由(阻尼)固有频率的变化和精确数据得到的基于 GP 的数字孪生系统与归一化慢时间 t_s/T_0 的函数关系图。利用贝叶斯信息标准，选择了“线性”基函数和“ARD 有理二次”协方差函数。贝叶斯优化估计的超参数为：β=[0.1804,0.1009]和 θ=[0.3729,3.48×10^8,0.0128]

7.3.2　通过质量演化实现数字孪生

1. 计算公式

在实例 2 中，假设固有频率的时间变化是由于系统质量的变化引起的。因此，数字孪生体的运动方程可表示为

$$m_s(t_s)\frac{\mathrm{d}^2u(t)}{\mathrm{d}t^2}+c_0\frac{\mathrm{d}u(t)}{\mathrm{d}t}+k_0u(t)=f(t) \tag{7.21}$$

其中

$$m_s(t_s)=m_0(1+\Delta_m(t_s)) \tag{7.22}$$

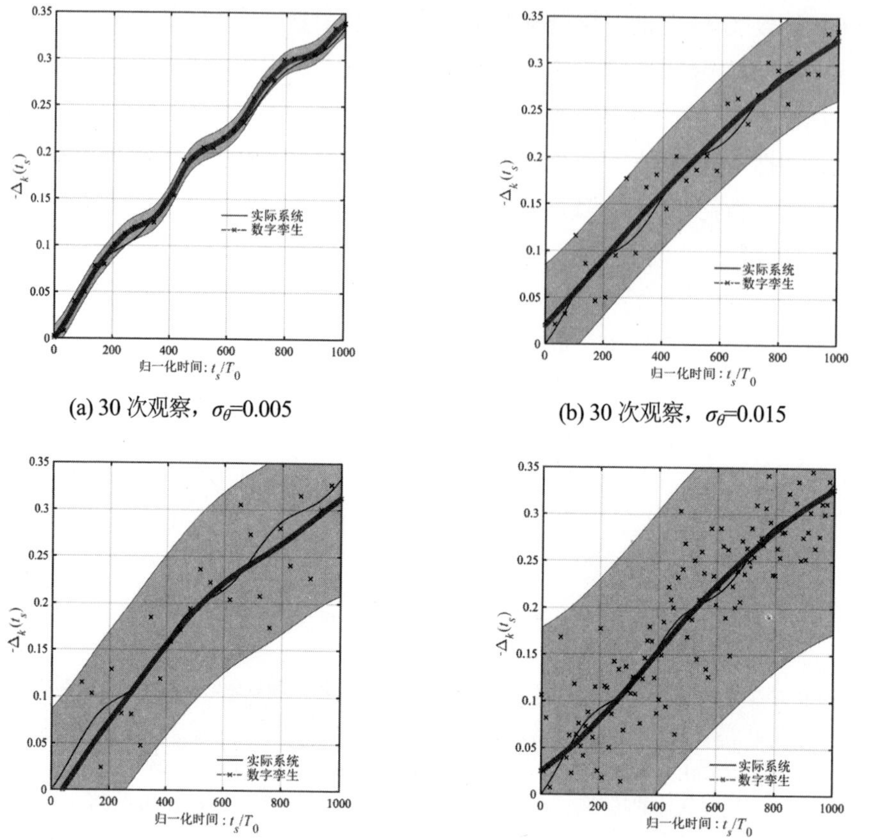

(a) 30 次观察，σ_θ=0.005

(b) 30 次观察，σ_θ=0.015

(c) 30 次观察，σ_θ=0.025

(d) 100 次观察，σ_θ=0.025

图 7.3 利用噪声数据构建的基于 GP 的数字孪生模型与归一化慢时间 t_s/T_0 的函数关系。对于(a)~(c)，贝叶斯信息标准选择“常数”基函数。(a)至(c)分别选择了“ARD 有理二次”“ARD 平方指数”和“ARD Matern 3/2”协方差核。对于(d)，贝叶斯信息标准则得出了 β=0.1768 的“常数”基和 θ=[2.7298×10^3,0.3402] 的“ARD Matern 3/2”协方差核。阴影图表示 95%的置信区间

与实例 1 类似，假设

$$\Delta_m(t_s) \approx \Delta_{\hat{m}}(t_s) \sim \mathcal{GP}(\mu_m(t_s), \mathcal{K}_{\hat{m}}(t_s)) \tag{7.23}$$

将式(7.22)和式(7.23)代入式(7.21)并求解，即可得到系统的固有频率

$$\lambda_{s_{1,2}}(t_s) = -\omega_s(t_s)\zeta_s(t_s) \pm \mathrm{i}\omega_{d_s}(t_s) \tag{7.24}$$

其中

$$\omega_s(t_s) = \frac{\omega_0}{\sqrt{1+\Delta_{\hat{m}}(t_s)}} \tag{7.25a}$$

$$\zeta_s(t_s) = \frac{\zeta_0}{\sqrt{1+\Delta_{\hat{m}}(t_s)}} \tag{7.25b}$$

$$\omega_{d_s}(t_s) = \omega_s(t_s)\sqrt{1-\zeta_s^2(t_s)} \tag{7.25c}$$

表示数字孪生体的固有频率、阻尼比和阻尼固有频率的变化。同样，按照与实例 1 类似的步骤，可以得到

$$\Delta_{\hat{m}}(t_s) = \frac{-2\tilde{d}_2(t_s)^2 + 4\tilde{d}_2(t_s)\sqrt{1-\zeta_0^2} - 1 + 2\zeta_0^2}{2\left(-\tilde{d}_2(t_s) + \sqrt{1-\zeta_0^2}\right)^2} + \frac{\sqrt{1-4\tilde{d}_2(t_s)^2\zeta_0^2 + 8\tilde{d}_2(t_s)\sqrt{1-\zeta_0^2}\,\zeta_0^2 - 4\zeta_0^2 + 4\zeta_0^4}}{2\left(-\tilde{d}_2(t_s) + \sqrt{1-\zeta_0^2}\right)^2} \tag{7.26}$$

其中，$\tilde{d}_2(t_s)$ 相当于质量演化情况下的 $\tilde{d}_1$。与实例 1 类似，利用式(7.26)得到的 $\Delta_{\hat{m}}(t_s)$ 也是有噪声的，将 $\Delta_{\hat{m}}(t_s)$ 的噪声估计值视为训练输出，将 t_s 视为训练输入，用于估计式(7.23)中定义的 GP 的超参数 θ。这是通过最大化数据的似然来实现的。解决优化问题的参数设置与之前类似。在确定最佳均值函数和协方差函数时，再次采用前面提到的贝叶斯信息准则。一旦估算出超参数 θ，式(7.21)中定义的数字孪生模型就完全确定了。

2. 数值说明

为说明基于 GP 的数字孪生模型在质量演化中的适用性，可重新审视用于刚度演化的 SDOF 例子。为了模拟固有频率的变化，假设有如图 7.1 所示系统质量的变化。图 7.4(a)显示了系统阻尼固有频率随时间的实际变化。图中还显示了数字孪生的可用数据点。注意，质量随时间的演化变得更加复杂，因此与刚度演化情况不同，仅使用 30 个观察点是不够的。因此，我们假设在这种情况下可以获得更多数据点。图 7.4(b)显示了由干净数据开发得到的基于 GP 的数字孪生模型。该基于 GP 的数字孪生可以高精度地捕捉质量的时间演化。此外，由于数据有限而产生的不确定性也被充分捕捉到。不过，如前所述，这种零噪声的情况并不现实，因为在实际场景中，收集到的数据总会受到某种形式的噪声干扰。

接下来，继续讨论一种更现实的情况，即所收集的数据已受到噪声污染。图 7.5 显示了使用 100 个噪声观察数据和 σ_θ=0.005 时训练的基于 GP 的数字孪生模型。基于 GP 的数字孪生模型与物理孪生模型之间存在一些差异。为了获得更好的性能，观察数据的数量增加到 150 个。图 7.6(a)~(c)显示了与 3 种噪声水平对应的基于 GP 的数字孪生。这种情况下，基于 GP 的数字孪生得出了准确结果。最后，图 7.7 显示了采样 200 个样本、σ_θ=0.025 的基于 GP 的数字孪生。这种情况下产生的结果最好，质量和不确定性的时间演化都很准确。总之，这个例子说明了较高采样率和数据去噪对于数字孪生技术的重要性。

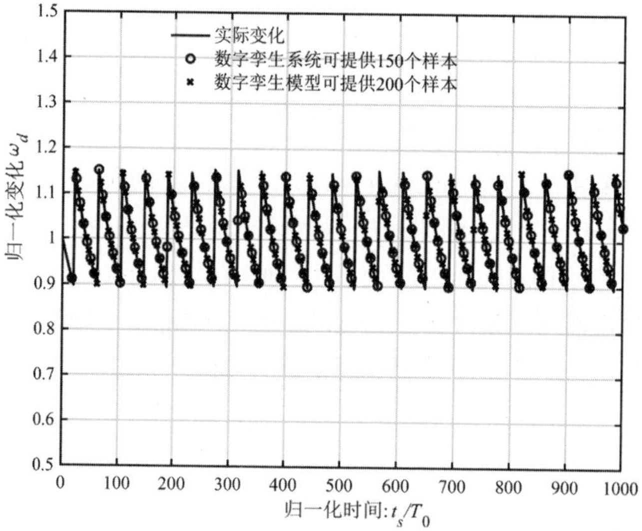

(a) (阻尼)固有频率的变化

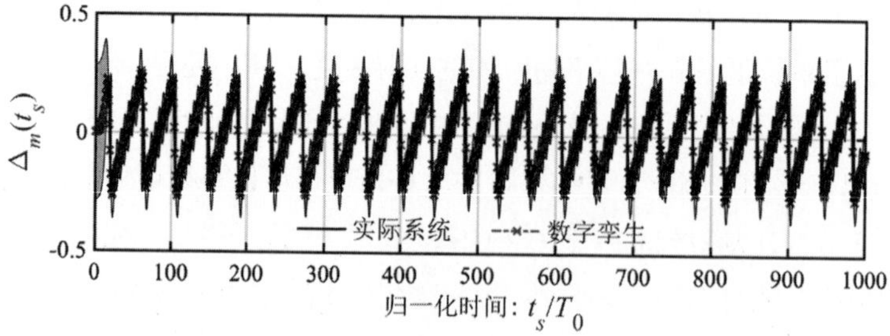

(b) 基于 GP 的数字孪生

图 7.4 用精确数据绘制的(阻尼)固有频率的变化和基于 GP 的数字孪生模型与归一化慢时间 t_s/T_0 的函数关系。利用贝叶斯信息标准，选择“常数”基函数和“ARD Matern 5/2”协方差函数。贝叶斯优化估计的超参数为 β=0.0 和 θ=[4.1532,0.1429]。阴影图表示 95%的置信区间

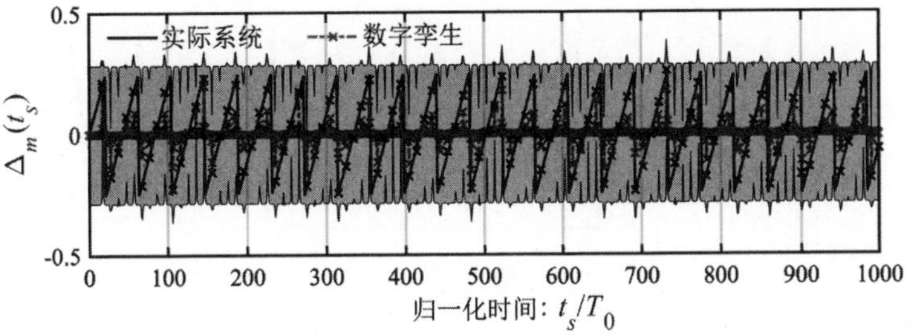

图 7.5　使用 100 个 σ_θ=0.005 的噪声数据得到的基于 GP 的数字孪生，与归一化慢时间 t_s/T_0 的函数关系图。阴影图表示 95%的置信区间

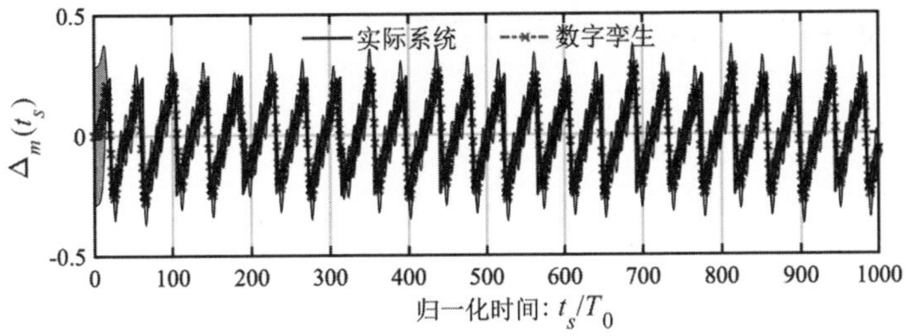

(a) $\sigma_\theta = 0.005$

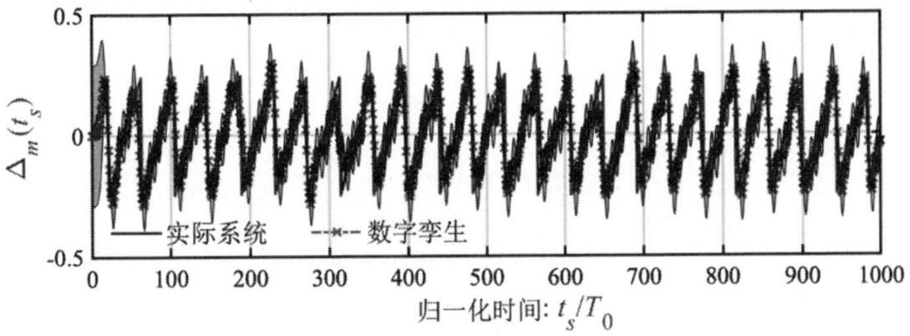

(b) $\sigma_\theta = 0.015$

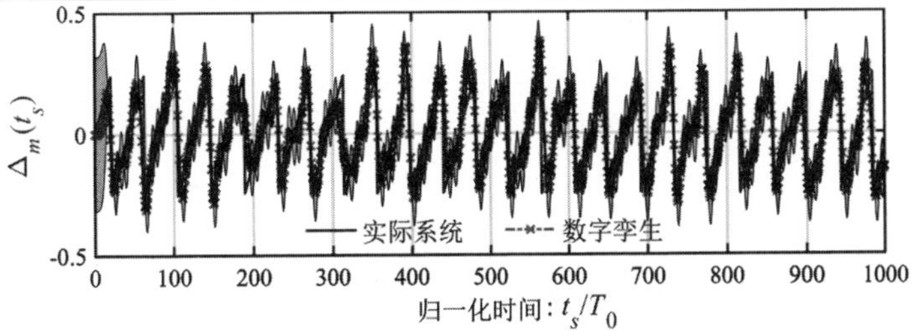

(d) $\sigma_\theta = 0.025$

图 7.6　利用 150 个噪声数据获得的基于 GP 的数字孪生模型与归一化慢时间 t_s/T_0 的函数关系图。对于(a)~(c)，贝叶斯信息标准选择了“常数”基和“ARD Matern 5/2”协方差核。阴影图表示 95%的置信区间

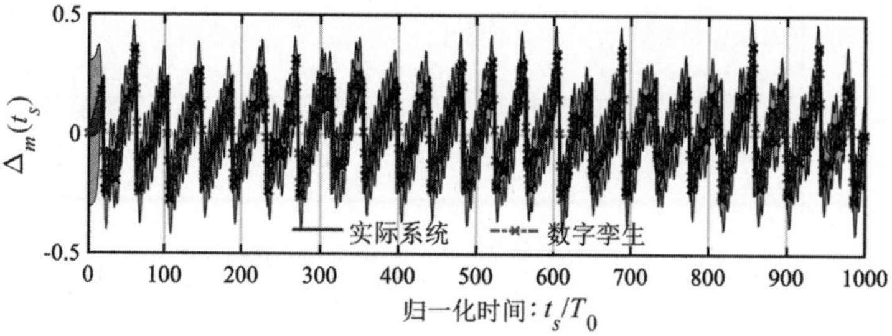

图 7.7 使用 σ_θ=0.025 的 200 个噪声数据绘制的基于 GP 的数字孪生与归一化慢时间 t_s/T_0 的函数关系图。贝叶斯信息标准得出了 β=0.0 的“常数”基和 θ=[4.1242,0.1527]的“ARD Matern 5/2”协方差核

7.3.3 通过质量和刚度演化的数字孪生

1. 计算公式

本章的最后一个实例(实例 3)用于探讨质量和刚度的同步变化。这个实例的微分方程为

$$m_s(t_s)\frac{\mathrm{d}^2u(t)}{\mathrm{d}t^2}+c_0\frac{\mathrm{d}u(t)}{\mathrm{d}t}+k_s(t_s)u(t)=f(t) \tag{7.27}$$

其中 $k_s(t_s)$和 $m_s(t_s)$分别由式(7.12)和式(7.22)给出。这里可用多输出 GP[5,19]来表示 $\Delta_m(t_s)$和$\Delta_k(t_s)$：

$$\left[\Delta_m(t_s),\Delta_k(t_s)\right]\approx\left[\Delta_{\hat{m}}(t_s),\Delta_{\hat{k}}(t_s)\right]\sim\mathcal{GP}(\mu_{t_s},\kappa(t_s,t_s';\theta)) \tag{7.28}$$

将式(7.28)、式(7.12)和式(7.22)代入式(7.27)并求解，可得

$$\lambda_{s_{1,2}}=-\omega_s(t_s)\zeta_s(t_s)\pm\mathrm{i}\omega_{d_s}(t_s) \tag{7.29}$$

其中，

$$\omega_s(t_s)=\omega_0\frac{\sqrt{1+\Delta_{\hat{k}}(t_s)}}{\sqrt{1+\Delta_{\hat{m}}(t_s)}} \tag{7.30a}$$

$$\zeta_s(t_s)=\frac{\zeta_0}{\sqrt{1+\Delta_{\hat{m}}(t_s)}\sqrt{1+\Delta_{\hat{k}}(t_s)}} \tag{7.30b}$$

$$\omega_{d_s}(t_s)=\omega_s(t_s)\sqrt{1-\zeta_s^2} \tag{7.30c}$$

需要注意，与前两个实例不同，无法仅根据阻尼固有频率的测量结果来计算 GP 的超参数。因此，需要另辟蹊径，分别讨论式(7.29)中的实部和虚部。根据第 5 章得出的结果，可以证明如下的式子。

$$\Delta_{\hat{m}}(t_s) = -\frac{\tilde{d}_{\mathcal{R}}(t_s)}{\zeta_0 + \tilde{d}_{\mathcal{R}}(t_s)} \tag{7.31a}$$

$$\Delta_{\hat{k}}(t_s) = \frac{\zeta_o \tilde{d}_{\mathcal{R}}^2(t_s) - (1-2\zeta_0^2)\tilde{d}_{\mathcal{I}}(t_s) + \zeta_0^2 \tilde{d}_{\mathcal{I}}^2(t_s)}{\zeta_0 + \tilde{d}_{\mathcal{R}}(t_s)} \tag{7.31b}$$

其中，$\tilde{d}_{\mathcal{R}}(t_s)$ 和 $\tilde{d}_{\mathcal{I}}(t_s)$ 与之前一样，都是距离测量值：

$$\begin{aligned} \tilde{d}_{\mathcal{R}}(t_s) &= \frac{d_{\mathcal{R}}(t_s)}{1+\Delta_{\hat{m}}(t_s)} \\ \tilde{d}_{\mathcal{I}}(t_s) &= \sqrt{1-\zeta_0^2} - \frac{\sqrt{(1+\Delta_{\hat{k}}(t_s))(1+\Delta_{\hat{m}}(t_s)) - \zeta_0^2}}{1+\Delta_{\hat{m}}(t_s)} \end{aligned} \tag{7.32}$$

注意，式(7.31)提供的估计值 $\Delta_{\hat{m}}(t_s)$ 和 $\Delta_{\hat{k}}(t_s)$ 是基于有噪声的测量值，因此也是有噪声的。将这些有噪声的估计值作为训练输出，t_s 作为训练输入，就可以估算出式(7.28)中给出的多输出 GP 的超参数 θ。这可以通过最大化式(7.2)所描述的数据似然来实现。考虑的参数设置与前面所述的相同。为了找到最佳均值函数和协方差函数，将采用本章前面提到的贝叶斯信息准则，对超参数 θ 进行估计，然后完全定义式(7.27)所描述的数字孪生。

2. 数值说明

重温之前研究过的 SDOF 系统，以说明基于 GP 的数字孪生对质量和刚度同步演化的适用性。

为模拟固有频率的变化，这里使用了式(7.1)所示的系统质量变化。图 7.8 显示了系统固有频率的实部和虚部随时间的实际变化。与前面的情况类似，假设阻尼比为 0.05。图 7.9 显示了根据干净数据构建的基于 GP 的数字孪生系统。经过训练的基于 GP 的数字孪生可以很好地捕捉质量和刚度的时间演化。然而，没有噪声的数据是不存在的，因为尽管使用了最先进的传感器，但由于环境对系统的影响，收集到的数据还是会有噪声[223]。

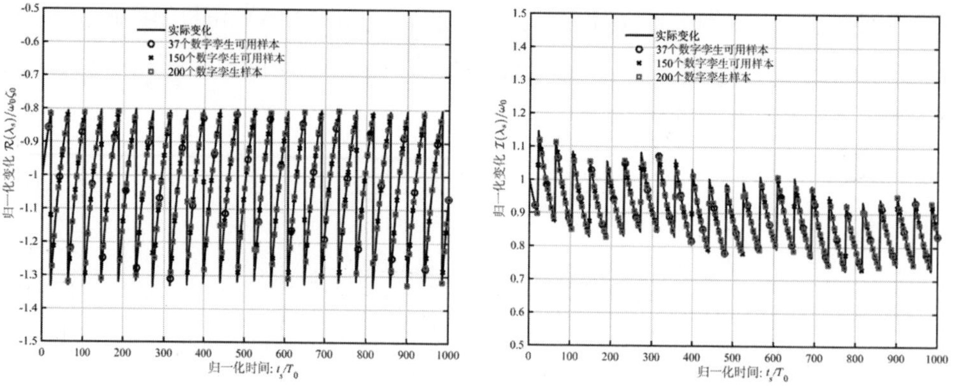

(a) 固有频率实部的变化　　(b) 固有频率虚部的变化

图 7.8　固有频率实部和虚部的归一化变化与归一化慢时间 t_s/T_0 的函数关系。阴影图表示 95%的置信区间

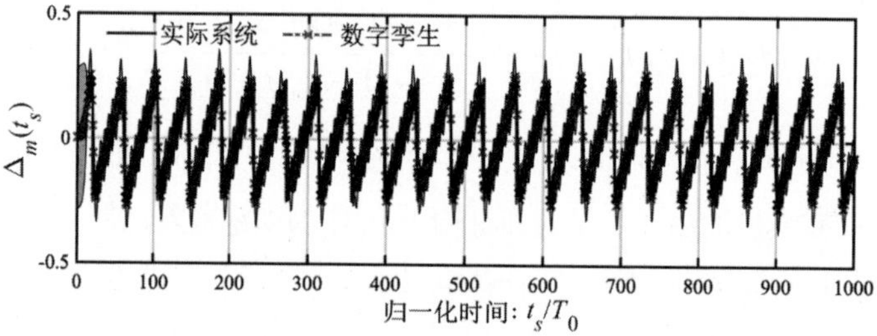

(a) 质量函数

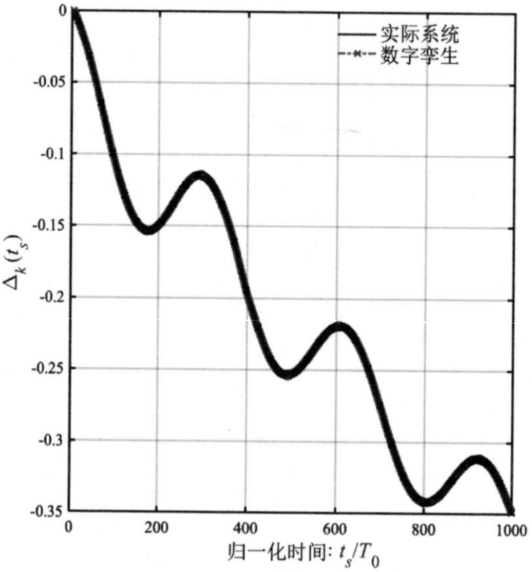

(b) 刚度函数

图 7.9　由精确数据获得的基于 GP 的数字孪生模型，通过质量和刚度的同步演化成归一化慢时间 t_s/T_0 的函数。贝叶斯信息标准得出“线性”基和“平方指数”协方差核

现在，探讨一种更现实的情况，即传感器数据带有噪声。与前两个实例类似，假设有 3 种噪声水平。图 7.10 显示了使用 37 个噪声观察数据训练的基于 GP 的数字孪生的质量和刚度变化。这些观察数据都带有 σ_θ=0.005 的高斯白噪声。结果发现，基于 GP 的数字孪生可以高精度地捕捉刚度的时间演化。然而，基于 GP 的数字孪生无法以适当的方式捕捉质量演化。这在意料之中，因为本章中使用的质量演化函数相当复杂，认为 GP 能够利用如此少量的数据跟踪质量演化是不合理的。需要注意的是，由于数据有限且噪声较大，导致的不确定性被完美地捕捉到了，因此，真正的解位于阴影部分。

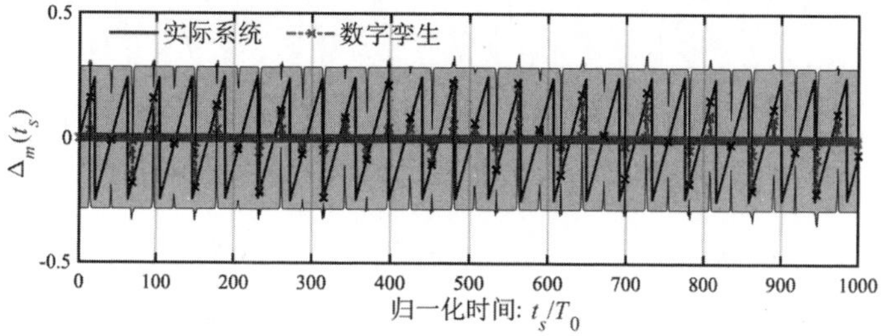

(a) 质量函数

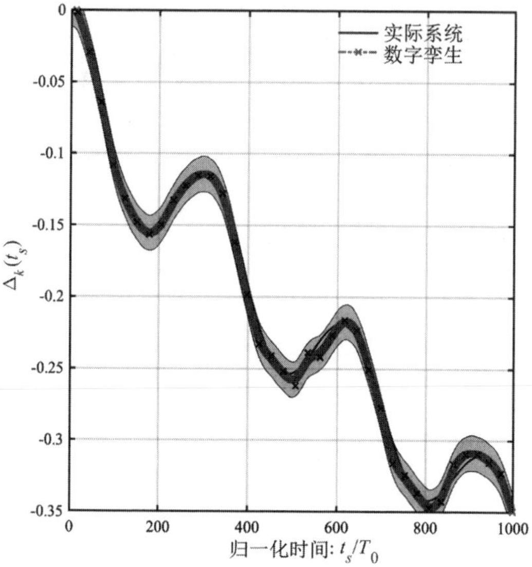

(b) 刚度函数

图 7.10　从 37 个 σ_θ=0.005 的噪声数据中得到的基于 GP 的数字孪生，通过质量和刚度的同步演化成归一化慢时间 t_s/T_0 的函数。贝叶斯信息标准得出“线性”基和“平方指数”协方差核。阴影图表示 95%的置信区间

图 7.11 和图 7.12 显示了使用 150 个噪声样本训练的基于 GP 的数字孪生体的质量和刚度的变化。在质量变化方面，图中显示了与所有 3 种噪声水平对应的结果。随着样本数量的增加，GP 辅助的数字孪生有了显著改善。图 7.12 仅显示了 σ_θ=0.025 时的刚度演化，结果非常准确。最后，图 7.13 显示了 200 次噪声观察和 σ_θ=0.025 时的质量变化。不出所料，这种情况下的结果最好。

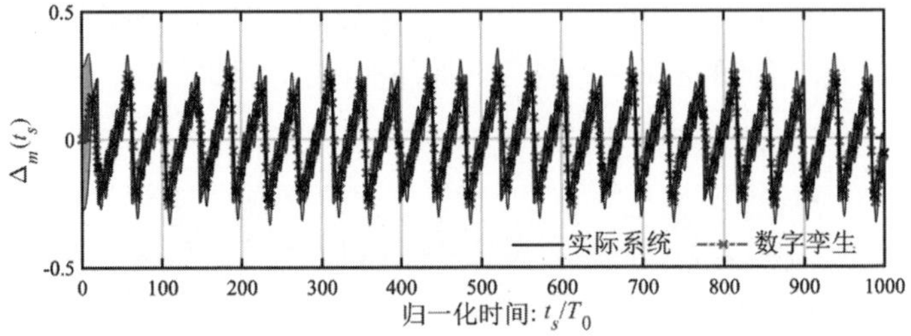

(a) $\sigma_\theta = 0.005$

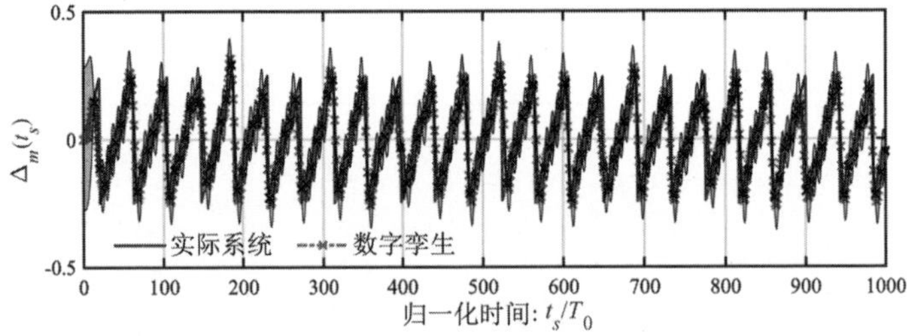

(b) $\sigma_\theta = 0.015$

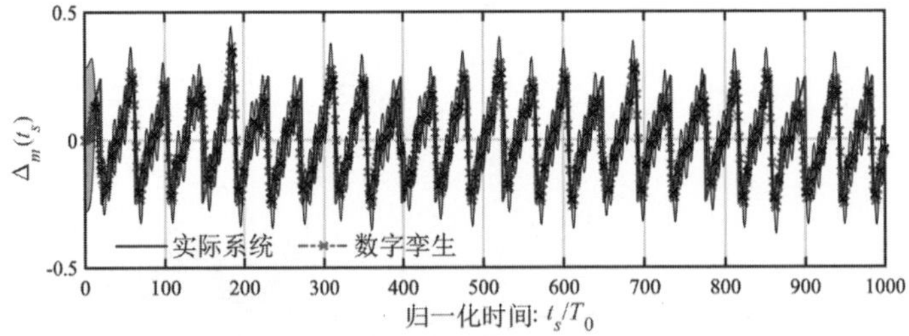

(c) $\sigma_\theta = 0.025$

图 7.11 基于 GP 的数字孪生(质量和刚度同步变化)质量变化与归一化慢时间 t_s/T_0 的函数关系，从 150 个噪声数据获得。贝叶斯信息标准得出“线性”基和“ARD Matern 5/2”协方差核。阴影图表示 95%的置信区间

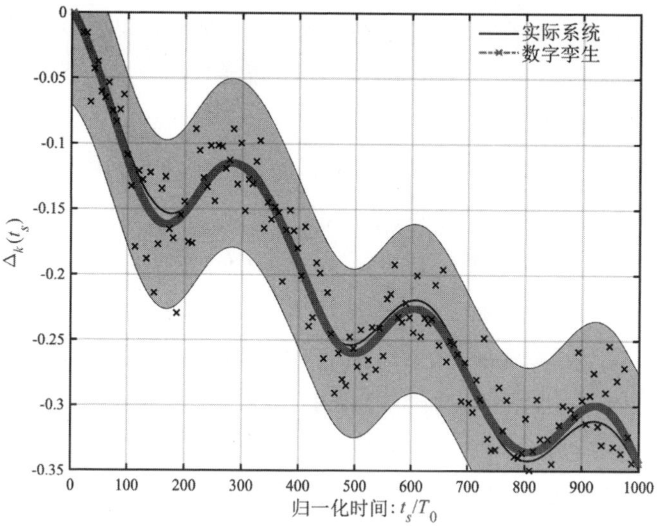

图 7.12　基于 GP 的数字孪生(质量和刚度同步变化)的刚度变化与归一化慢时间 t_s/T_0 的函数关系，训练时使用了 150 个 σ_θ=0.025 的噪声数据。贝叶斯信息标准得出“线性”基和“ARD Matern 5/2”协方差核。阴影图表示 95%的置信区间

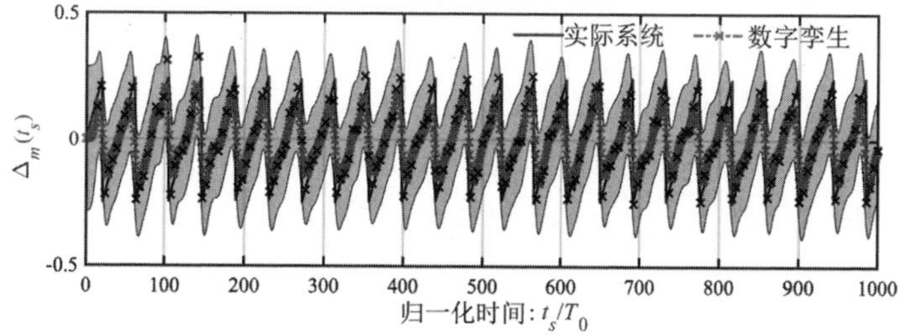

图 7.13　基于 GP 的数字孪生(质量和刚度同时发生变化)的质量变化与归一化慢时间 t_s/T_0 的函数关系，训练时使用了 200 个 σ_θ=0.025 的噪声数据。贝叶斯信息标准得出“线性”基和“ARD Matern 5/2”协方差核。阴影图表示 95%的置信区间

7.4　讨论

尽管从理论上讲，物理系统的数字孪生可通过多种方式实现，但现有的大多数有关数字孪生的著作都侧重于广泛的概念方面。本章将另辟蹊径，重点研究结构动力系统的具体情况。更具体地说，即是将 GP 等代理模型应用于 SDOF 系统。本章提出的主要观点包括以下几点。

(1) 介绍数字孪生技术中的代理模型概念。提倡在数字孪生技术中使用 GP。根据慢时间尺度 t_s 的观察结果训练 GP，然后用于预测快时间尺度 t 的模型参数。

(2) 本章通过几个数字实例说明了在系统生命周期内收集更多数据的重要性。随着收集数据数量的增加，数字孪生的性能也得到显著提高。换句话说，在相同的时间窗口内，采样率越高越好。

(3) 本章说明了在数字孪生中更干净数据的重要性。数据中的噪声越少，数字孪生就能越快地跟踪模型参数的时间演化。数字信号处理算法可用于数据清洗[74，162]。

(4) 由于 GP 是一种贝叶斯代理模型，可以量化有限数据和噪声造成的系统不确定性。这些不确定性可用于判断是否需要增加数据收集频率，即提高测量采样率。

总体而言，GP 能够从有限噪声数据中捕捉质量和刚度变化；不过，与刚度变化情况相比，捕捉质量的时间演化需要更多的观察数据。

本章研究的系统是一个由二阶常微分方程控制的简单 SDOF 动力系统。同样的框架也适用于受此类公式支配的其他物理系统(如涉及电阻器、电容器和电感器的简单电气系统)。原则上，可将提出的框架扩展到离散 MDOF 系统或具有比例阻尼的离散连续系统。这需要对数字孪生框架的物理信息部分进行新的推导。这一点在第 9 章中有所涉及。本章介绍的框架可以扩展到更广泛的实际问题中，进行更严格的研究。下面将重点介绍未来的一些可能性：

(1) 大数据的代理辅助数字孪生：在本章中，固有频率测量用于建立基于 GP 的数字孪生。然而，如果基于 GP 的数字孪生可以直接从测量响应的时间历史记录中进行训练，则会更有用。这本质上是一个大数据问题，而 vanilla GP 无法解决此类问题。这种情况下，可探索更先进的 GP 版本，如稀疏 GP[177]和卷积 GP[6]。

(2) 连续系统的基于代理的数字孪生：对于许多工程问题，偏微分方程表示的连续模型是首选的物理建模方法。为这样的系统开发基于代理的数字孪生系统将非常有用。这主要是一种稀疏数据情况，因为传感器响应只能在少数空间位置获得。卷积神经网络[151]等方法可用于此类系统。

(3) 未知/不完美物理系统的数字孪生：在文献中，有大量问题的物理规律并没有得到很好的定义。纯粹基于数据来学习/开发数字孪生系统既有趣又非常有用。利用机器学习从数据中发现物理规律的工作可在文献中找到[216]。遗传编程也可用于根据数据拟合数学函数[175]。

(4) 基于机器学习的代理数字孪生模型：在过去几年中，机器学习领域取得了突飞猛进的发展，开发出了深度神经网络[27，28，85]、卷积神经网络[151]等技术。在数字孪生框架内使用这些技术可将这项技术提升到新高度。使用机器学习方法可以降低所需的采样率和数据质量。

(5) 使用代理模型的多自由度(MDOF)数字孪生：本章重点讨论了 SDOF 模型，它可以被视为复杂 MDOF 系统的理想简化版。然而，为了使数字孪生更有效，并具有现实的预测能力，则应考虑使用 MDOF 数字孪生。为此，有必要开发基于代理的 MDOF 数字孪生。

(6) 非线性数字孪生的代理模型：本章讨论的模型是线性常微分方程。然而，许多物理系统都表现出非线性行为。非线性系统的一个典型例子是 Duffing 振荡器[136]。对于这种非线性系统，不太可能存在闭式解，因此，开发基于代理的数字孪生模型将非常有用。

(7) 利用数字孪生代理模型进行预测：数字孪生的主要任务之一是提供未来预测。之前提出的基于物理的数字孪生模型(第 5 章)无法预测未来的反应。相反，基于 GP 的数字孪生模型可以预测未来的短期反应。有必要开发能够预测系统长期响应的代理数字孪生模型。

(8) 利用代理模型预测数字孪生的极低概率灾难事件：迄今为止，数字孪生技术的应用主要局限于维护、预测和健康监测。数字孪生的其他可能应用包括计算失效概率、罕见事件概率和极端事件。

(9) 多时间尺度数字孪生的高维代理模型：本章假设数字孪生的演化只有一个时间尺度。然而，并没有任何物理或数学上的理由来解释为什么必须仅限于一个时间尺度。参数可能在不同的时间尺度上演化。这种系统被称为多尺度动态系统[42]。为这种多尺度动态系统开发基于代理的数字孪生需要进一步研究，这个问题将在下一章讨论。

(10) 数字孪生的混合代理模型：本章只使用了一种代理模型，即高斯过程模拟器。人们已经着手使用多种类型的代理模型来解决变量数量不同的各种复杂问题[40，175]。众所周知，在特定情况下，某些代理模型比其他代理模型表现更好。因此，可以同时采用多种代理模型，利用它们的相对优势。与单一代用数字孪生相比，这种混合代用数字孪生可以表现出更优越的性能。

7.5　小结

过去几十年来，代理模型的计算效率、复杂程度、种类、深度和广度都在不断提高。它们是一类机器学习方法，得益于数据的可用性和卓越的计算能力。由于数字孪生也有望利用数据和计算方法，因此在这种情况下使用代理模型是有说服力的。在这种协同作用的推动下，本章探讨了将一个特定的代理模型(即 GP 仿真器)用于阻尼 SDOF 动态系统的数字孪生的可能性。所提出的数字孪生系统的演化时间尺度比系统的动态演化时间尺度要慢得多。这使得从连续测量数据中识别关键系统参数的“慢时间”函数成为可能。考虑到系统在快时间尺度上的动态变化，我们使用了闭式表达式。高斯过程仿真器用于慢时间尺度，研究了缺乏数据(稀疏数据)和数据中噪声的影响。

应用 GP 仿真器得出的结果表明，数据稀疏可能导致 GP 无法准确捕捉质量和刚度的演化。在质量演化的情况下，这一点非常明显，因为需要更高的采样率才能准确捕捉质量的时间演化。基于 GP 的数字孪生模型的不确定性来自数据的稀疏性和测量的噪声。因此，仅增加观察数据的数量可能无法改善系统的不确定性。另一方面，收集干净的数据(即噪声水平较低的数据)可以让 GP 更准确地跟踪质量和刚度的演化。尽管如此，即使对于噪声较大的情况，GP 也能得出准确结果。此外，GP 还能捕捉到因数据有限和稀疏而产生的不确定性。

尽管本章只探讨了带有 SDOF 动态系统的 GP 仿真器，但这项工作直接导致了几个概念性的扩展。这里提出的方法利用了基于系统物理特征和测量数据代理模型的闭式表达式。然而，当物理问题使用更先进的计算模型时(例如，当考虑 MDOF 系统时)，所提出的基于代理模型的方法也非常适用。因此，基本公式并不局限于 SDOF 示例。整体框架为基于物理和数据驱动的混合数字孪生方法提供了范例。基于物理的方法与“快时间”概念关联，而数据驱动的方法则在“慢时间”领域运行。基于固有的不同时间尺度的科学方法的分离，允许在数字孪生技术的未来发展中整合多学科方法。

第8章

多时间尺度的数字孪生

使用高保真计算模拟对复杂工程系统进行设计和分析是现代工程实践的一个重要方面。在航空航天和机械工程领域，计算机模型和模拟通常用于支持概念设计、原型设计、制造、生产、测试数据关联和安全评估。在过去10年中，计算机仿真的应用已转向为整个产品生命周期提供服务[154，183]，远远超出了生产阶段。在民用基础设施方面，数字信息与现实结构融合的概念也在迅速发展[7]。通过计算和数字手段模拟复杂真实系统演变的方法、算法、技术、软件和计算机应用被广泛命名为“数字孪生”。支持数字孪生的主要技术包括人工智能(AI)/机器学习(ML)和物联网(IoT)等。此外，企业中联网设备的使用日益增多、云平台的应用日益广泛以及高速网络技术的出现等因素也进一步推动了数字孪生技术的发展。

根据数字孪生的定义，数字孪生具有极大的多样性，因此不同的应用会采用不同的方法。本章关注的是结构动态系统的数字孪生。数字孪生是真实物理动态系统的虚拟化代理。物理系统的数字模型力求与动态系统的行为密切吻合，而数字孪生还能跟踪动态系统的时间演化。一旦对数字孪生进行了训练和开发，就可以利用数字孪生在距离工程动态系统制造时间很远的未来时间点上作出关键决策。文献[210]提出了数字孪生的一般数学框架。开发数字孪生的更具体方法包括预测和健康监测[21，88，124，182，191]、制造[58，89，91，123，143]、汽车和航空航天工程[92，100，187，218]等。这些参考文献很好地说明了数字孪生方法的应用范围。

从哲学角度看，数字孪生的开发既可以从基于物理的建模角度考虑，也可以从基于数据的建模角度考虑。虽然基于物理的方法通常更稳健，但某些情况下，特定系统的物理特性是未知的，或者只有部分已知。在其他情况下，问题的物理学可能涉及解决繁重的数学问题。这种情况下，不可能使用纯粹基于物理的建模方法。自然而然，基于数据的建模方法就成了唯一可行的选择。基于数据的建模方法的确切应用是一个关于底层问题的函数。如果问题的物理原理完全未知，则可从纯数据驱动的角度解决问题。另一方面，如果问题的物理原理部分已知，则可使用数据驱动建模来弥补缺失的物理原理。一直以来，基于物理学的方法在复杂结构的动态分析中无处不在。然而，随着传感器技术和无线数据传输的发展，有用数据的可用性正在不断提高。鉴于此，本章将在第 8 章理论的基础上，探讨一种基于物理和基于数据的数字孪生混合方法。

动态系统不同于其他系统，是因为它们对外部激励的响应会随时间发生变化。响应的变化率取决于其特性的时间周期。这是动态系统的基本特性，取决于系统的刚度与质量比。通常情况下，较小的结构具有较短的时间周期，而较大的结构(如大型风力涡轮机)则具有较长的时间周期。然而，无论其时间段特征如何，其运行寿命的时间尺度都是相当大的。例如，大型风力涡轮机的时间周期为数十秒[3]，而其运行寿命则为数十年。为解释这种时间尺度上的根本不匹配，第 5 章中提出的数字孪生系统明确考虑了两种不同的时间尺度。固有时间尺度是快时间尺度，而运行时间尺度是慢时间尺度。基于物理的方法(如有限元法)用于内在时间尺度的动态演化。基于数据的方法(如代理模型)用于运行时间尺度的动态演化。复杂动态系统的数字孪生由物理方法和基于数据的方法融合而成，也称为灰箱建模技术。第 7 章利用了基于两种不同时间尺度的计算方法的分离，在慢时间尺度中使用了高斯过程仿真器(Gaussian Process Emulators，GPE)。

数字孪生技术的一个重要特点是利用从物理系统收集的传感器数据更新数字孪生，并预测未来状态。在这方面，ML 算法发挥了巨大作用。数字孪生技术近来取得进展的原因之一是先进的 ML 算法(如深度神经网络[27，28，85，168]、高斯过程[18，19，135])的发展，这些算法可用于更新模型和进行预测。例如，文献[21]在数字孪生框架内应用了两种深度学习算法，用于系统的预测和诊断。同样，在[30]中，GPE 被用于学习系统参数的演化。自回归移动平均[167]和自回归综合移动平均[23]等预测模型也很有用。Kaur 等人[103]详细回顾了 ML 算法对数字孪生技术的影响。

两个时间尺度的分离为开发构建数字孪生的计算和数学方法提供了一个逻辑框架。然而，如何定义和应用慢时间尺度仍是个问题。快时间尺度 t 是动态系统的基本属性，因此对于给定系统来说是明确的。而慢速运行时间尺度 t_s 并非如此。在第 5 章和第 7 章中，数字孪生体的整个运行周期都采用了单一时间尺度的概念。然而，没有任何物理或数学理由可以解释为什么数字孪生的演化必须局限于一个时间尺度。复杂数字孪生中的各种参数在不同的时间尺度上演化是有道理的。例如，系统的质量会因腐蚀而改变，而系统的刚度则会因疲劳而降低。这两个过程的演化时间尺度不同。因此，数字孪生除了其固有的时间尺度外，还可以在不同的时间尺度上演化。从计算角度看，这类系统的问题难以解决，因为需要最快时间尺度的时间步长。因此，健康监测、损坏预报和剩余使用寿命预测等任务几乎变得难以完成。如果时间演化的基本物理原理未知，可用数据嘈杂，难度就会大大增加。本章提出并研究的主要观点是，动态系统的数字孪生以两种不同的运行时间尺度演化。原则上，可以有两个以上的运行时间尺度。本文提出的方法可作为考虑此类问题的基础。

本章其余部分安排如下。8.1 节讨论了本章要解决的问题。8.2 节详细介绍了针对多时间尺度动态系统提出的数字孪生框架。8.3 节介绍了数字孪生在捕捉系统参数(多尺度)时间演化方面的性能。最后，8.4 节对整章进行了总结。本章改编自参考文献[29]。

8.1　问题陈述

再次以一个可以用单自由度(SDOF)弹簧质量和阻尼器系统表示的物理系统为例讲解。

$$m_0\frac{\mathrm{d}^2u_0(t)}{\mathrm{d}t^2}+c_0\frac{\mathrm{d}u_0(t)}{\mathrm{d}t}+k_0u_0(t)=f_0(t) \tag{8.1}$$

这里 t 是系统的固有时间。式(8.1)通常被称为“标称系统”，m_0、c_0 和 k_0 分别为标称质量、标称阻尼和标称刚度。$f_0(t)$和 $u_0(t)$分别为标称系统的作用力函数和动态响应。需要注意的是，通过使用标准数值技术(如 Galerkin 方法)，可以将使用偏微分方程表示的更现实的无穷维系统离散化为有限维系统。这些离散化系统通常通过正交变换浓缩为 SDOF 系统(如式(8.1))。

式(8.1)中讨论的标称系统具有固定的系统参数 m_0、c_0 和 k_0。然而，对于数字孪生系统，系统参数(即质量、阻尼和刚度)以及作用力函数会随着服务时间 t_s 的变化而变化。该系统的广义运动方程可表示为

$$m(t_s)\frac{\partial^2u(t,t_s)}{\partial t^2}+c(t_s)\frac{\partial u(t,t_s)}{\partial t}+k(t_s)u(t,t_s)=f(t,t_s) \tag{8.2}$$

通常情况下，参数随服务时间 t_s 的变化是缓慢的。式(8.1)中讨论的标称系统可视为 t_s=0 时的初始模型。基于式(8.2)可知，质量 $m(t_s)$、阻尼 $c(t_s)$、刚度 $k(t_s)$和 $f(t,t_s)$会随着“服务时间” t_s 的变化而变化，例如随着系统服务时间的推移逐渐退化。式(8.2)表示数字孪生体的运动方程。注意，当 t_s=0 时，式(8.2)将变为式(8.1)所表示的标称系统。

显然，数字孪生完全可以用函数 $m(t_s)$、$c(t_s)$和 $k(t_s)$来描述。因此，为了在该领域应用数字孪生系统，就必须获得 $m(t_s)$、$c(t_s)$和 $k(t_s)$函数。

前面的章节已经提出了用基于物理和基于数据的方法来估算 $m(t_s)$、$c(t_s)$和 $k(t_s)$。然而，这些研究显示出一些局限性。

(1) 第 5 章提出的基于物理的数字孪生在传感器数据有噪声时不够准确。

(2) 第 7 章提出的基于数据的数字孪生仅适用于单一运行时间尺度的系统。这种方法不适用于多时间尺度的动态系统[42，106]。

(3) 数字孪生的目标之一是预测未来的响应，从而了解物理孪生未来的行为。遗憾的是，之前提出的基于物理和基于数据的数字孪生都无法预测未来的响应。

本章的目标是开发一个有效的框架，以消除上述的一些局限性。更具体地说，是希望开发多时间尺度动态系统的数字孪生。与第 5 章和第 7 章开发的数字孪生不同，本章开发的数字孪生能够预测未来的响应。

要开发数字孪生系统，就必须在物理系统上部署传感器。物联网领域的最新发展为我们提供了许多新的数据收集技术。这为物理孪生系统和数字孪生系统之间提供了必要的连接。利用传感器，可在 t_s 处进行间歇性测量。假设函数 $m(t_s)$、$c(t_s)$和 $k(t_s)$的速度非常慢，以至于式(8.2)中的系统动态是解耦的。换句话说，系统的 m_s、c_s 和 k_s 相对于系统的瞬时动态是恒定的。在不失一般性的前提下，可以假设

$$k_s(t_s) = k_s\left(t^{(s)}, t^{(f)}\right) = k_0\left(1 + \Delta_{\tilde{k}}\left(t^{(s)}, t^{(f)}\right)\right) \tag{8.3}$$

其中

$$1 + \Delta_{\tilde{k}}\left(t^{(s)}, t^{(f)}\right) = \Delta_k^{(s)}\left(t^{(s)}\right) + \Delta_k^{(f)}\left(t^{(f)}\right) = \Delta_k\left(t^{(s)}, t^{(f)}\right) \tag{8.4}$$

这里的 $t^{(s)}$ 和 $t^{(f)}$ 分别代表各自过程演化的较慢和较快的时间尺度。问题的“多尺度”性质源于 $t^{(s)}$ 和 $t^{(f)}$ 可能相差很大。这里隐含地假定复合函数 $\Delta_k\left(t^{(s)}, t^{(f)}\right)$ 实际上是两个不同函数的线性和，两个不同的时间变量。这样做是为了进行数学上的简化。虽然函数 $\Delta_k\left(t^{(s)}, t^{(f)}\right)$ 是以线性和的形式表示的，但这两个函数本身与其参数是高度非线性的。在不失一般性的前提下，可将这两个不同的时间尺度表示为一个具有不同系数的单一服务时间尺度 t_s 的函数。使用这种方法，可以得到：

$$\begin{aligned} \Delta_k(t_s) &= \Delta_k^{(s)}(t_s) + \Delta_k^{(f)}(t_s) \\ &= \underbrace{0.5\mathrm{e}^{-\alpha_k^{(s)} t_s} \frac{(1+\epsilon_k^{(s)} \cos(\beta_k^{(s)} t_s))}{(1+\epsilon_k^{(s)})}}_{\Delta_k^{(s)}(t^{(s)})} + \underbrace{0.5\mathrm{e}^{-\alpha_k^{(f)} t_s} \frac{(1+\epsilon_k^{(f)} \cos(\beta_k^{(f)} t_s))}{(1+\epsilon_k^{(f)})}}_{\Delta_k^{(f)}(t^{(f)})} \end{aligned} \tag{8.5}$$

在式(8.5)中，假定刚度退化来自两个不同的过程——一个较慢，一个较快。就飞机而言，较快的刚度衰减可表现在反复加载/卸载的部位，如机身的起落架和舱壁。另一方面，缓慢的刚度退化通常源于环境影响和/或维护问题，如腐蚀和表面分层。刚度退化的数值为 $\alpha_k^{(s)}=0.4\times10^{-3}$，$\epsilon_k^{(s)}=0.005$，$\beta_k^{(s)}=7\times10^{-2}$，$\alpha_k^{(f)}=0.8\times10^{-3}$，$\epsilon_k^{(f)}=0.01$，$\beta_k^{(f)}=2\times10^{-1}$。同样，假设

$$m(t_s)=m_0(1+\Delta_m(t_s)) \tag{8.6}$$

其中

$$\Delta_m(t_s)=\Delta_m^{(s)}(t_s)+\Delta_m^{(f)}(t_s) \tag{8.7}$$

与刚度退化情况类似，质量退化也是两个时间尺度的函数——较慢的时间尺度 $\Delta_m^{(s)}(t_s)$ 和较快的时间尺度 $\Delta_m^{(f)}(t_s)$。假设

$$\Delta_m^{(f)}(t_s)=\epsilon_m\ \mathrm{SawTooth}(\beta_m(t_s-\pi/\beta_m)) \tag{8.8}$$

其中，$\beta_m=0.15$ 和 $\epsilon_m=0.25$。较慢的时间尺度表示为

$$\Delta_m^{(s)}(t_s)=\begin{cases} m_1 & t_1\leqslant t_s<t_2 \\ m_2 & t_2\leqslant t_s<t_3 \\ m_3 & t_3\leqslant t_s<t_4 \\ 0 & \text{其他情形} \end{cases} \tag{8.9}$$

从物理角度看，式(8.8)可与飞机的燃料装卸联系起来。另一方面，式(8.9)可与飞机在飞行过程中投掷炸弹的情况联系起来。质量和刚度退化的示意图如图 8.1 所示。对于质量退化函数来说，尺度的差异来自于函数形式和离散化过程所需的时间离散化。对于刚度退化函数，尺度差异是由于函数的周期性造成的。阻尼被认为是常数。关键的考虑因素是，动态系统的数字孪生体应利用系统上测量到的传感器数据，跟踪在多个尺度上发生的变化。此外，数字孪生系统还应预测未来的退化。

8.2　多时间尺度动态系统的数字孪生

本节将介绍前面提出的多时间尺度动态系统数字孪生框架。图 8.2 是该框架的示意图。提出的框架有以下两个主要组成部分：

(1) 利用问题的物理学原理进行数据处理(基于物理学的标称模型)；

(2) 利用 ML 学习系统参数的时间演变。

一旦知道了材料降解情况，就可通过将 ML 预测的材料属性与由控制微分方程定义的问题物理相结合来预测未来的响应。为了跟踪降解函数的多时间尺度性质，我们计划使用专家混合(MoE)的概念，其中每个专家跟踪一个时间尺度。基于第 7 章中高斯过程(GP)在解决单一时间尺度问题上的成功经验，我们建议在 MoE 框架内使用 GP 作为专家。整个框架被命名为使用高斯过程的专家混合(ME-GP)。接下来将首先概述数据处理的细节，然后继续发展所提出的 ME-GP 概念。

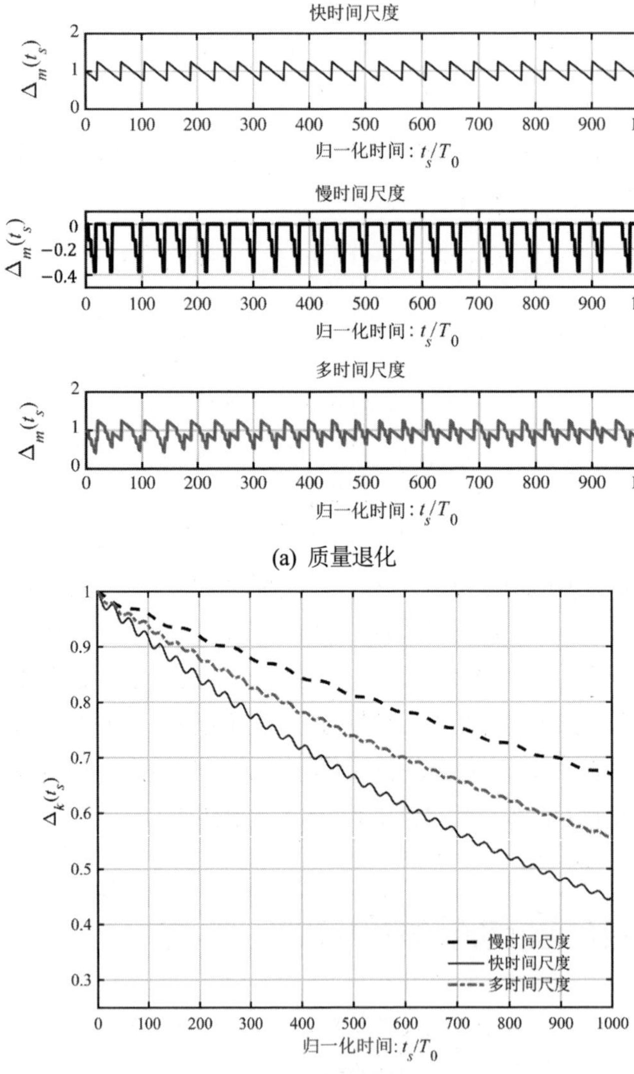

(a) 质量退化

(b) 刚度退化

图 8.1 多时间尺度质量和刚度退化函数。多时间尺度退化函数是将各图所示的快时间尺度和慢时间尺度结合起来得到的。T_0 是基本无阻尼系统的固定时间周期

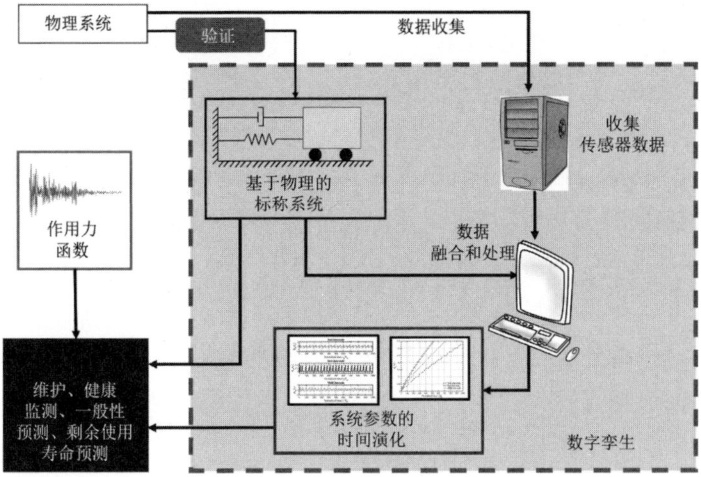

图 8.2　数字孪生系统示意图。数字孪生有 3 个主要组成部分，即数据融合和处理、确定系统参数的时间演化以及使用数字孪生进行预测。数字孪生可用于多项任务，包括一般性预测、健康监测、维护和剩余使用寿命预测

8.2.1　数据收集与处理

物联网是数字孪生技术发展的一个主要推动因素。物联网的进步为人们提供了多种新的数据收集技术，反过来又加速了数字孪生技术的发展，并实现了物理孪生与数字孪生之间的连接。数字孪生技术的整体理念就是通过这种连接性来实现的。通过在物理孪生体上安装传感器来收集数据，然后利用云计算技术将数据传输到数字孪生体，从而建立连接。随着传感器技术的进步，有不同的传感器可收集不同类型的响应。本章将继续使用系统的固有频率。使用固有频率的优势在于它是一个标量，因此可以避免使用大数据集。在此假设系统的频率可以在线测量。第 5 章提及的现有文献表明，在线频率测量是可行的。

本章将考虑三个不同的实例。

(1) 第 1 个实例假设只有刚度退化。

(2) 第 2 个实例假定刚度不变；观察值的变化是由于质量的变化造成的。

(3) 第 3 个实例假设质量和刚度都发生变化。在这三个实例中，需要对收集到的数据进行不同的处理。

接下来将详细介绍这三个实例的数据处理方法。

1. 刚度退化

假设式(8.2)中的标称模型的质量和阻尼不变，只有刚度退化。因此，该实例的运

动方程表示为

$$m_0 \frac{\mathrm{d}^2 u(t)}{\mathrm{d}t^2} + c_0 \frac{\mathrm{d}u(t)}{\mathrm{d}t} + k_0 (1 + \Delta_k (t_s)) u(t) = f(t) \tag{8.10}$$

其中所有术语的符号与前面定义的类似。注意，式(8.10)是式(8.2)的特例，其中 t_s 是固定的。求解特征公式后，系统的阻尼固有频率可表示为

$$\lambda_{s_{1,2}}(t_s) = -\zeta_0 \omega_0 \pm \mathrm{i}\omega_0 \sqrt{1 + \Delta_k (t_s) - \zeta_0^2} \tag{8.11}$$

其中，ω_0 和 ζ_0 分别为 t_s=0 时系统的固有频率和阻尼比。式(8.11)可以改写为

$$\begin{aligned} \lambda_{s_{1,2}}(t_s) = & -\underbrace{\frac{\zeta_0}{\sqrt{1+\Delta_{\hat{k}}(t_s)}}}_{\zeta_s(t_s)} \underbrace{\omega_0 \sqrt{1+\Delta_{\hat{k}}(t_s)}}_{\omega_s(t_s)} \\ & \underbrace{\pm \mathrm{i}\omega_0 \sqrt{1+\Delta_{\hat{k}}(t_s)} \sqrt{1 - \left(\frac{\zeta_0}{\sqrt{1+\Delta_{\hat{k}}(t_s)}} \right)^2}}_{\omega_{d_s}(t_s)} \end{aligned} \tag{8.12}$$

其中，$\omega_s(t_s) = \omega_0 \sqrt{1+\Delta_{\hat{k}}(t_s)}\mathrm{i}$，$\zeta_s(t_s) = \zeta_0 \sqrt{1+\Delta_{\hat{k}}(t_s)}$ 和 $\omega_{d_s}(t_s) = \omega_s(t_s)\sqrt{1-\zeta_s^2(t_s)}$ 分别表示固有频率、阻尼比和阻尼固有频率随 t_s 变化的情况。由于文献中的固有频率提取技术一般提取的是阻尼固有频率，因此可将其视为物理孪生的可用数据。可以看出[77]：

$$\Delta_{\hat{k}}(t_s) = -\tilde{d}_1(t_s)\left(2\sqrt{1-\zeta_0^2} - \tilde{d}_1(t_s)\right) \tag{8.13}$$

其中：

$$\tilde{d}_1(t_s) = \frac{d_1(\omega_{d_0}, \omega_{d_s}(t_s))}{\omega_0} \tag{8.14}$$

式(8.14)中的函数 $d_1(\omega_{d_0}, \omega_{d_s}(t_s))$ 是 ω_{d_0} 和 $\omega_{d_s}(t_s)$ 之间的距离：

$$d_1(\omega_{d_0}, \omega_{d_s}(t_s)) = \left\| \omega_{d_0} - \omega_{d_s}(t_s) \right\|_2 \tag{8.15}$$

由于系统的初始阻尼频率 ω_{d_0} 已知，且传感器对 $\omega_{d_s}(t_s)$ 的测量值可用，因此可以通过式(8.14)以及将其代入式(8.13)轻松计算出 $\tilde{d}_1(t_s)$ 和 $\Delta_{\hat{k}}(t_s)$。需要注意的是，传感器测量值 $\tilde{d}_1(t_s)$ 可能受到噪声污染，因此对 $\Delta_{\hat{k}}$ 的估计值也是有噪声的。在本章中，这些

噪声估计值，即离散时间 t_s 的 $\Delta_{\hat{k}}$ 将用于开发多时间尺度动力学系统的数字孪生。

2. 质量演化

在第 2 个实例中，设式(8.2)中标称模型的刚度和阻尼是恒定的。此外，观察到的固有频率变化是由使用寿命期间质量变化引起的。因此，物理系统的运动方程变为

$$m_0(1+\Delta_m(t_s))\frac{\mathrm{d}^2u(t)}{\mathrm{d}t^2}+c_0\frac{\mathrm{d}u(t)}{\mathrm{d}t}+k_0u(t)=f(t) \tag{8.16}$$

同样，式(8.16)是式(8.2)的一个特例，其中只有 m 变化，而刚度不变。按照前面的方法求解阻尼固有特征频率：

$$\lambda_{s_{1,2}}(t_s)=-\omega_s(t_s)\zeta_s(t_s)\pm\mathrm{i}\omega_{d_s}(t_s) \tag{8.17}$$

其中，

$$\omega_s(t_s)=\frac{\omega_0}{\sqrt{1+\Delta_{\hat{m}}(t_s)}} \tag{8.18a}$$

$$\zeta_s(t_s)=\frac{\zeta_0}{\sqrt{1+\Delta_{\hat{m}}(t_s)}} \tag{8.18b}$$

$$\omega_{d_s}(t_s)=\omega_s(t_s)\sqrt{1-\zeta_s^2(t_s)} \tag{8.18c}$$

分别是数字孪生的固有频率、阻尼比和阻尼固有频率的变化。与刚度退化实例类似，有

$$\begin{aligned}\Delta_{\hat{m}}(t_s)=&\frac{-2\tilde{d}_2(t_s)^2+4\tilde{d}_2(t_s)\sqrt{1-\zeta_0^2}-1+2\zeta_0^2}{2\left(-\tilde{d}_2(t_s)+\sqrt{1-\zeta_0^2}\right)^2}\\&+\frac{\sqrt{1-4\tilde{d}_2(t_s)^2\zeta_0^2+8\tilde{d}_2(t_s)\sqrt{1-\zeta_0^2}\zeta_0^2-4\zeta_0^2+4\zeta_0^4}}{2\left(-\tilde{d}_2(t_s)+\sqrt{1-\zeta_0^2}\right)}\end{aligned} \tag{8.19}$$

其中，$\tilde{d}_2(t_s)$ 相当于刚度演变情况下的 $\tilde{d}_1$。注意，基于传感器的阻尼固有频率估计值是有噪声的。因此，估计的 $\Delta_{\hat{m}}(t_s)$ 也是有噪声的。这种情况下，可利用离散时间 t_s 的噪声 $\Delta_{\hat{m}}(t_s)$ 来构建多时间尺度系统的数字孪生。

3. 质量和刚度演化

在本实例中，应同时考虑质量的演变和刚度的退化。这种情况下的运动方程表示

如下。

$$m_0(1+\Delta_m(t_s))\frac{\mathrm{d}^2u(t)}{\mathrm{d}t^2}+c_0\frac{\mathrm{d}u(t)}{\mathrm{d}t}+k_0(1+\Delta_k(t_s))u(t)=f(t) \tag{8.20}$$

式(8.20)中的所有符号含义与之前的相同。该系统的阻尼固有特征频率为

$$\lambda_{s_{1,2}}=-\omega_s(t_s)\zeta_s(t_s)\pm \mathrm{i}\omega_{d_s}(t_s) \tag{8.21}$$

其中

$$\omega_s(t_s)=\omega_0\frac{\sqrt{1+\Delta_{\hat{k}}(t_s)}}{\sqrt{1+\Delta_{\hat{m}}(t_s)}} \tag{8.22a}$$

$$\zeta_s(t_s)=\frac{\zeta_0}{\sqrt{1+\Delta_{\hat{m}}(t_s)}\sqrt{1+\Delta_{\hat{k}}(t_s)}} \tag{8.22b}$$

$$\omega_{d_s}(t_s)=\omega_s(t_s)\sqrt{1-\zeta_s^2} \tag{8.22c}$$

这里的 ω_s、ζ_s 和 ω_{d_s} 分别表示固有频率、阻尼比和阻尼固有频率的变化。与前两个实例不同，本实例中 $\Delta_m(t_s)$ 和 $\Delta_k(t_s)$ 都是未知数。因此，需要两个公式来求解这些未知数。为此，分别就式(8.21)的实部和虚部得出估计 $\Delta_m(t_s)$ 和 $\Delta_k(t_s)$ 所需的两个公式。通过这种设置，可得到以下表达式[77]：

$$\Delta_{\hat{m}}(t_s)=-\frac{\tilde{d}_{\mathcal{R}}(t_s)}{\zeta_0+\tilde{d}_{\mathcal{R}}(t_s)} \tag{8.23a}$$

$$\Delta_{\hat{k}}(t_s)=\frac{\zeta_0\tilde{d}_{\mathcal{R}}^2(t_s)-(1-2\zeta_0^2)\tilde{d}_{\mathcal{I}}(t_s)+\zeta_0^2\tilde{d}_{\mathcal{I}}^2(t_s)}{\zeta_0+\tilde{d}_{\mathcal{R}}(t_s)} \tag{8.23b}$$

其中，$\tilde{d}_{\mathcal{R}}(t_s)$ 和 $\tilde{d}_{\mathcal{I}}(t_s)$ 与之前一样，都是距离测量值：

$$\begin{aligned}\tilde{d}_{\mathcal{R}}(t_s)&=\frac{d_{\mathcal{R}}(t_s)}{1+\Delta_{\hat{m}}(t_s)}\\ \tilde{d}_{\mathcal{I}}(t_s)&=\sqrt{1-\zeta_0^2}-\frac{\sqrt{\left(1+\Delta_{\hat{k}}(t_s)\right)(1+\Delta_{\hat{m}}(t_s))-\zeta_0^2}}{1+\Delta_{\hat{m}}(t_s)}\end{aligned} \tag{8.24}$$

需要注意的是，$\Delta_{\hat{m}}(t_s)$ 和 $\Delta_{\hat{k}}(t_s)$ 是根据对 λ 的噪声观察结果估算的，因此是有噪声的。这种情况下，还可在数字孪生框架内，利用在离散时间 t_s 得到的 $\Delta_{\hat{m}}(t_s)$ 和 $\Delta_{\hat{k}}(t_s)$ 来处理多时间尺度动态系统。

8.2.2 高斯过程专家混合

数字孪生框架的下一部分就是利用处理过的数据来学习系统参数的演化。需要注意的是，系统参数的演化具有多时间尺度的性质，因此学习难度很大。本章建议在数字孪生框架内使用专家混合(MoE)。MoE 用于学习系统参数的演化。我们认为 MoE 中的每个专家都能学习单一尺度的演变，因此，MoE 可以预测系统参数的演变。我们建议使用 GP。GP 在预测单一尺度参数演变方面的有效性已在第 7 章中得到证实。

假设在离散时间 t_s，s=1,2,...,τ，存在一系列观察值 $y_{t_s} \in \mathbb{R}^d$。对于本研究中的数字孪生问题，y_{t_s} 可以是离散时间 t_s 时的 $\Delta_k(t_s)$ 和/或 $\Delta_m(t_s)$。这些观察值由具有多个时间尺度的未知过程产生。假定观察值由 M 个隐藏状态 $x_t^{(m)}$ 生成，m=1,2,...,M；隐藏状态也称为专家。这些隐藏状态通常被假定为独立的，可相互独立地演化。假设独立的隐藏状态按照 GP 演化：

$$x_m \mid t \sim \mathcal{GP}(\mu_m(t;h), \kappa_m(t_1,t_2;\boldsymbol{l})),\quad m=1,2,\ldots,M \tag{8.25}$$

其中

$$\mu_m(t) = h^{\mathrm{T}}\phi(t) \tag{8.26}$$

代表 GP 的平均值，式(8.25)中的 h 代表未知系数，$\phi(t)$ 代表基函数向量。式(8.25)中的 κ_m 代表长度尺度参数 $\boldsymbol{l}$ 的相关函数。h 和 $\boldsymbol{l}$ 都被称为 GP 的超参数。式(8.25)可视为先验，由隐藏状态空间中的超参数 h 和 $\boldsymbol{l}$ 参数化。这些隐藏状态可以通过生成方式进行耦合，从而得到基础数据

$$y_{t_s} = y(t=t_s) = \sum_{m=1}^{M} z_m(t;\theta^g)x_m(t;\theta^e) \tag{8.27}$$

$z_m(t)$是第 m 个门控函数，定义如下：

$$z_i(t) = \frac{\pi_i \mathcal{N}(t \mid \mu_i, \lambda_i^{-1})}{\sum_{j=1}^{M}\pi_j \mathcal{N}(t \mid \mu_j, \lambda_j^{-1})},\quad \sum_{j=1}^{M}\pi_j = 1 \tag{8.28}$$

$\theta^g = \left[\mu_j, \lambda_j\right]_{j=1}^{M}$ 是门控函数的超参数。式(8.28)中的 π_j(j=1,2,...,M)表示混合系数。式(8.27)中的 x_m 是第 m 个 GP 专家。$\theta^e = \left[h_m, l_m\right]_{m=1}^{M}$ 是与专家函数相关的超参数。

要使用式(8.25)~式(8.28)中定义的模型，必须根据训练数据 $D=[y_{t_s}, t_s]$ 估算所有超参数。其中一种方法是最大化模型的数据似然。

$$p(y_{t_s} | t_s, \theta, \pi) = \sum_{i=1}^{M} p(i | t_s, \theta^g, \pi) p(y_{t_s} | t_s, \theta^e) \tag{8.29}$$

式(8.29)中的 $p(i|t_s,\theta^g,\pi)$ 是后验条件概率，其中 t_s 被分配到与第 i 位专家对应的分区，即

$$p(i | t_s, \theta^g, \pi) = z_i(t) \tag{8.30}$$

$p(y_{t_s} | t_s, \theta^e)$ 则是第 i 位专家的概率分布，因此是一个 GP：

$$p(y_{t_s} | t_s, \theta^e,) = \mathcal{N}(\mu_i(t_s; h),_{\mathcal{K}i}(t_{s,1}, t_{s,2}; l)) \tag{8.31}$$

将式(8.28)和式(8.31)代入式(8.29)，可得

$$p(y_{t_s} | t_s, \theta, \pi) = \sum_{i=1}^{M} \frac{\pi_i \mathcal{N}(t | \mu_i, \lambda_j^{-1})}{\sum_{j=1}^{M} \pi_j \mathcal{N}(t | \mu_j, \lambda_j^{-1})} \mathcal{N}(y_{t_s} | \mu_i(t_s; h),_{\mathcal{K}i}(t_{s,1} t_{s,2}; l)) \tag{8.32}$$

注意，式(8.32)在分析上是难以实现的。使用训练样本 y_{t_s} 和 t_s，s=1,2,...,τ，似然值可表示为

$$p(y_{t_s} | t_s, \theta, \pi) = \prod_{s=1}^{\tau} \sum_{i=1}^{M} \frac{\pi_i \mathcal{N}(t_s | \mu_i, \lambda_i^{-1})}{\sum_{j=1}^{M} \pi_j \mathcal{N}(t_s | \mu_j, \lambda_j^{-1})} \mathcal{N}(y_{t,s} | \mu_i(t_s; h),_{\mathcal{K}i}(t_{s,1} t_{s,2}; l)) \tag{8.33}$$

计算式(8.33)中参数的一种方法是使用最大似然估计法，即最大化式(8.33)中的似然。然而，这种方法可能导致过拟合。最大似然估计法的另一种方法是使用贝叶斯方法，计算超参数的后验分布。然而，由于似然估计对于所考虑的问题来说是难以处理的，因此这种方法的计算成本很高。本章采用了一种混合方法，即以贝叶斯方法处理部分参数，同时计算其他参数的点估计。更具体地说，是在提出的框架内计算混合系数 π 的点估计，以贝叶斯方法处理与选择分布和专家对应的超参数。

要使用提出的混合方法估计超参数，首先可引用贝叶斯法则计算超参数 θ 和 π 的后验分布。

$$p(\theta, \pi | y_s, t_s) = \frac{p(\pi, \theta) p(y_s | t_s, \pi, \pi)}{p(y_s | t_s)} \tag{8.34}$$

其中 $p(\pi,\theta)$ 表示超参数的先验分布，$p(y_s|t_s,\pi,\pi)$ 由式(8.33)得出。回顾一下，这里的目标是计算混合参数 π 的点估计值。这可以通过最大化混合系数的对数后验来实现：

$$\mathcal{L}(\pi)=\log p(\pi \mid y_{t_s},t_s)=\log\int p(\pi,\theta \mid y_{t_s},t_s)\mathrm{d}\theta \tag{8.35}$$

遗憾的是，这并不简单，因为式(8.35)涉及对未知数 θ 的积分。本章建议使用期望最大化方法，通过最大化式(8.35)中的对数后验来计算混合系数。在期望最大化中，利用 Jensen 不等式对 $L(\pi)$的一系列递增下限进行迭代：

$$\begin{aligned}\mathcal{L}(\pi)&=\log p(\pi \mid y_{t_s},t_s)=\log\int p(\pi,\theta \mid y_{t_s},t_s)\mathrm{d}\theta\\&=\log\int q(\theta)\frac{p(\pi,\theta \mid y_{t_s},t_s)}{q(\theta)}\mathrm{d}\theta\\&\geqslant\int q(\theta)\log\frac{p(\pi,\theta \mid y_{t_s},t_s)}{q(\theta)}\mathrm{d}\theta\\&=F(q,\pi)\end{aligned} \tag{8.36}$$

其中 $q(\theta)$是辅助分布。显然，当 $q(\theta)=p(\theta|\pi, y_{t_s}, t_s)$时，式(8.36)中的等式成立。利用期望最大化，通过 E 步骤(期望步骤)和 M 步骤(最大化步骤)迭代计算 π。

E 步骤： 给定步骤 s 中 $\pi=\pi^{(s)}$的估计值，得到下限

$$\begin{aligned}F\left(q^{(s)},\pi\right)&=\int q^{(s)}(\theta)\log p(\pi.\theta \mid y_{t_s},t_s)\mathrm{d}\theta\\-&\int q^{(s)}(\theta)\log\int q^{(s)}(\theta)\mathrm{d}\theta\mathrm{d}\theta\end{aligned} \tag{8.37}$$

M 步骤： 最大化 $F(q^{(s)},\pi)$ 以更新 π。

$$\begin{aligned}\theta^{(s+1)}&=\arg\max_{\theta}F\left(q^{(s)},\pi\right)\\&=\arg\max_{\theta}[\mathbb{E}_{q^{(s)}(\theta)}(\log p(\pi,\theta \mid y_{t_s},t_s))]\end{aligned} \tag{8.38}$$

因为 $F(q^{(s)},\pi)$ 的第 2 项与 π 无关，所以式(8.38)中的第 2 个等式成立。重要的是要认识到最优分布 $q^{(s)}(\theta)=p(\theta \mid \pi^{(s)}, y_{t_s}, t_s)$ 是难以处理的。提出使用顺序蒙特卡罗(sequential Monte Carlo，SMC)采样器[132]从 $p(\theta \mid \pi^{(s)}, y_{t_s}, t_s)$ 生成样本，以便 E 步骤中的期望可以表示为

$$\begin{aligned}&\mathbb{E}_{q^{(s)}(\theta)}\left(\log p(\pi,\theta \mid y_{t_s},t_s)\right)\approx\\&\sum_{i=1}^{N_s}W^{(s,i)}\log p\left(\pi^{(s)},\theta^{(s,i)} \mid y_{t_s},t_s\right)\end{aligned} \tag{8.39}$$

其中，$\theta^{(s,i)}$ 是由 $p(\theta \mid \pi^{(s)}, y_{t_s}, t_s)$ 生成的第 i 个样本，$W^{(s,i)}$是相应的权重。

后验分布通常是多模式的，传统的马尔可夫链蒙特卡罗(Markov Chain Monte

Carlo，MCMC)[134]可能陷入局部模式。这会导致混合时间过长，从而使过程效率低下。解决这一问题的算法之一是 SMC 采样器[63，132]。SMC 提供了一个可并行化的框架，能从多模态后验分布中高效提取样本。退火概念被引入用来创建辅助分布。我们通过这些辅助分布从先验分布向后验分布游走；这确保了从可处理的先验分布到难以处理的后验分布的平稳过渡。可以证明，使用 SMC 提取的样本会渐近收敛到目标分布[132]。

为了应用 SMC 近似期望最大化算法的 E 步骤，可首先将 $p(\theta|\pi^{(s)},y_{t_s},t_s)$ 表示为

$$p\left(\theta|\pi^{(s)},y_{t_s},t_s\right)\propto p(\theta)p\left(y_{t_s}|t_s.\pi^{(s)},\theta\right) \tag{8.40}$$

其中 $p(\theta)$是先验值，$p(y_{t_s}|t_s.\pi^{(s)},y_{t_s})$ 是式(8.33)中定义的模型似然值。本章将先验值设为具有零均值和同方差矩阵的多元高斯分布。因此，参数 θ 在先验中是独立的。为便于表示，将似然压缩为 $p(\mathcal{D}|\theta)$，θ 的后验为 $p_n(\theta)$。根据该命名法，式(8.40)可以写成

$$p_n(\theta)\propto p(\theta)p(\mathcal{D}|\theta) \tag{8.41}$$

根据式(8.41)，可以得出以下 SMC 中的辅助分布公式：

$$p_t(\theta)\propto p(\theta)p^{\gamma_t}(\mathcal{D}|\theta) \tag{8.42}$$

其中 t=0,1,…,n 和 $0=\gamma_0<\gamma_1<\ldots<\gamma_n=1$ 是退火参数。利用 SMC 采样器，可以通过重要性采样和再采样从这样的概率分布序列中提取样本。在第 t 步，我们的想法是生成一个足够多的$\left\{\theta_r^{(i)},\omega_r^{(i)}\right\}$，$i$=1,...,$N_s$，从而使经验分布渐近收敛于目标分布 $p_r(\theta)$。t=0 时的采样是微不足道的(因为已对先验进行了采样)。从 t=1 开始，依次对辅助分布进行重要性采样。使用预定义的马尔可夫转换核。假设在步骤 t-1，N_s 样本$\left\{\theta_{t-1}^{(i)}\right\}$，$i$=1,...,$N_s$ 是根据提出分布 ϕ_{t-1} 创建的，因此提出使用具有不变分布 p_t 的核 K_t，这样新样本的边际分布为[190]。

$$\phi_t=\int\phi_{t-1}K_t(\theta,\theta')\mathrm{d}\theta \tag{8.43}$$

参照文献[132]，利用具有不变分布 p_t 的 Metropolis-Hasting 内核，根据随机漫步提出移动样本：

$$\phi_t=\mathcal{N}\left(\theta_{r-1}^{(i)},\boldsymbol{v}^{(i)}\right) \tag{8.44}$$

其中 $\boldsymbol{v}^{(i)}$是协方差矩阵。在 $0<t\leqslant n$ 的第 t 步，为了表示提出分布 ϕ_t 与目标分布 p_t

之间的差异，创建了非归一化重要性权重 $w_t^{(i)}$ 。

$$\omega_t^{(i)} = \omega_t^{(i-1)} \frac{p_t(\theta_{t-1}^i)}{p_{t-1}(\theta_{t-1}^i)} \tag{8.45}$$

计算出的权重归一化为

$$W_t^{(i)} = \frac{\omega_t^{(i)}}{\sum_{j=1}^{N_s} \omega_t^{(j)}} \tag{8.46}$$

如文献[121，132]所述，SMC 采样器会退化，重要性权重的方差会增大。本章将根据有效样本量(ESS)[190]来衡量退化程度。

$$\mathrm{ESS}_t = \left(\sum_{t=1}^{N_s} \left(W_t^{(i)} \right)^2 \right)^{-1} \tag{8.47}$$

如果出现以下情况，则认为退化已经发生：

$$\mathrm{ESS}_t < \mathrm{ESS}_{\min} \tag{8.48}$$

其中，$\mathrm{ESS}_{\min}$ 代表阈值。本章定义了 $\mathrm{ESS}_{\min}=c\times N_s(c<1)$。如果 $\mathrm{ESS}_t<\mathrm{ESS}_{\min}$，则需要重新采样，以改善采样器的退化问题。获得与目标分布对应的样本后，便可利用这些样本计算期望最大化算法 E 步骤中的期望值。SMC 采样器的具体步骤见算法 3。使用 GP 算法训练之前提出的 MoE 的步骤参见算法 4。

算法 3　顺序蒙特卡罗采样器

输入：生成 N_s 的样本数、先验分布 $p(\theta)$、步数 n 和阈值参数 c。

初始化 N_s 粒子 $\theta_0^{(i)}, i = 1, \ldots N_s$。方法是直接采样先验分布 $p(\theta)$，将相应权重设置为 1， $w_0^{(i)} = 1$ 。

for $t = 1, \ldots, n$ **do**

　for $i = 1, \ldots, N_s$ **do**

　　从均匀分布 $\mathcal{U}(0, 1)$中抽取样本 u_i。

　　从提出分布 $\mathcal{N}\left(\theta_{t-1}^{(i)}, v_i\right)$ 抽取样本 $\tilde{\theta}$

$$u_i < \min\left\{ \frac{p_t(\tilde{\theta})}{p_t(\theta_{t-1}^{(i)})} \right\} \theta_t^{(i)} \leftarrow \tilde{\theta} \quad \theta_t^{(i)} \leftarrow \theta_{t-1}^{(i)}$$

　end for

根据式(8.45)和式(8.46)设置每个粒子的权重。

使用式(8.47)计算 ESS_t。

如果 $\mathrm{ESS}_t < \mathrm{ESS}_{\min}$，则重新取样。

end for

使用 $\theta_n^{(i)}$ 和 $W_n^{(i)}$, $i=1,\ldots,N_s$ 来计算期望最大化算法 E 步骤中的期望值。

一旦利用提出的方法确定了提出模型的超参数，就可以利用提出的方法进行预测。由于此处想采用部分贝叶斯方法来获取超参数 $\boldsymbol{\theta}$，因此可以使用相同的方法进行概率预测。假设想获得时间步 t^*时的 y_{t^*}。这可以通过计算后验预测分布来获得。

$$p(y_{t*} \mid t^*, \mathcal{D}, \pi^*) = \int_\theta \sum_{i=1}^{M} p(i \mid t^*, \pi_i^*, \theta_i^g) p(y^* \mid t^*, \theta_i^e) p(\theta_i^e, \theta_i^g \mid \mathcal{D}) \mathrm{d}\theta \tag{8.49}$$

算法 4 利用高斯过程对专家进行混合

输入： 专家数量 M，训练数据 $\mathcal{D} = \left[y_{t_s}, t_s\right]$，$s = 1, \ldots, \tau$，混合系数 $\pi^{(i)}$和阈值$\in$ 的初始值。

$\pi \leftarrow \pi^{(i)}$

$\lambda = 10\in$

重复 $\lambda \leqslant \in$

$\pi_s \leftarrow \pi$

使用 SMC 采样器计算 $F\left(q^{(s)}, \pi\right)$ (算法 3)。

通过求解式(8.38)中的优化问题来更新 $\boldsymbol{\pi}$。

计算误差阈值

$$\gamma = \|\pi - \pi_s\|_2$$

输出： 从 θ $\theta_n^{(i)}, W_n^{(i)} (i=1,\ldots,N_s)$ 的后验中优化 π、N_s 样本和相应权重。

上述积分可通过蒙特卡罗积分近似得到。具体来说，即利用从后验中提取的样本以及相应权重和 EM 对 π^*的估计值，从式(8.49)中的后验预测分布中提取样本。

8.2.3 算法

现在来探讨式(8.2.1)和式(8.2.2)中讨论的各部分如何在图 8.2 所示的数字孪生框架内相互影响，以及用 ME-GP 增强的数字孪生如何用于多时间尺度动态系统。给定一个物理系统，构建数字孪生的第一步是为该系统开发一个物理驱动的标称模型。在本章中，标称模型用式(8.2)表示。在第二步，收集到的响应(系统的阻尼固有频率)将通过 8.2.1 节中概述的程序进行处理。更具体地说，我们通过处理收集到的阻尼固有频率来获得系统质量($\Delta_m(t_s)$)和刚度($\Delta_k(t_s)$)的变化。第三步，使用 ME-GP 学习质量和刚度的时间变化 $\eta: t \rightarrow \Delta_k, \Delta_m$。最后，利用训练有素的 ME-GP 计算未来的质量和刚度，将其代入标称模型并求解，从而得到未来感兴趣的相关响应。这些未来感兴趣的响应对于健康监测、计算剩余使用寿命、制定维护策略以及识别系统中的缺陷和/或裂缝非常有用。提出算法的详情见算法 5。

算法 5　提出的数字孪生

输入：不同时间常数下物理系统的标称模型和阻尼固有频率 $\mathcal{D}=[\lambda_s,\ t_s], s=1,\dots,\tau$。

处理收集到的数据，以获得 t_s 时的$\Delta_k(t_s)$和/或$\Delta_m(t_s)$(见第 8.2.1 节)。

使用 ME-GP 学习Δ_m 和/或Δ_k 的时间变化(见第 8.2.2 节)。

获取 $t^*, t^*>\tau$ 时的 $\Delta_k(t^*)$和/或 $\Delta_m(t^*)$(见第 8.2.2 节)。

将 $k^*=(1+\Delta_k(t^*))$和/或 $m^*=(1+\Delta_m(t^*))$代入名义模型并求解，以获得未来的预期响应。

作出工程决策。

获得更多数据后，重复步骤(2)～(6)。

本章提出的数字孪生框架具有诸多优势。

(1) 本框架同时使用物理驱动模型(常微分方程和偏微分方程)和数据驱动模型(ME-GP)。物理驱动模型确保了提出数字孪生系统的外推兼容性。另一方面，数据驱动模型可确保所提出的数字孪生不受可能缺失的物理学事实的限制。

(2) 基于物理学的模型还能支持预测其他相关反应。例如，虽然只有关于系统阻尼固有频率的传感器信息，但所提出的数字孪生可以轻松预测其他响应，如应变、位移和速度。

(3) 利用 ME-GP 这一事实，使数字孪生系统甚至可以跟踪本章所探讨的多时间尺度动力系统。

8.3　提出框架说明

本节将介绍针对多时间尺度动态系统提出的数字孪生框架的性能、实用性和适用性。更具体地说，将展示 8.1 节中定义的问题的结果。先来探讨 8.2 节中定义的 3 个实例。如前所述，假设可以在不同(慢)时间步长下获得系统的阻尼固有频率。我们的目标是了解质量和/或刚度的时间变化。一旦确定了质量和/或刚度的时间演化，就可通过求解物理驱动的标称模型，在给定的时间-瞬间确定相关响应。我们将说明如何应用所提出的数字孪生技术来学习过去(内插)和未来(外推)的参数(质量和刚度)。最后，为说明多时间尺度动态系统的复杂性和 ME-GP 的必要性，将所提出的数字孪生的结果与基于 GP 的数字孪生[30]的结果进行了比较。

8.3.1　通过刚度演化实现数字孪生

首先来看一个实例，该实例的固有频率测量值的变化由系统刚度退化引起。如图 8.1(b)(多时间尺度)所示，假定刚度的演化具有多时间尺度特性。不过，数据中的时间演化模式和尺度数量都无法事先获得。假定传感器数据是以一定的固定时间间隔间歇传输的。为了模拟实际情况，阻尼固有频率数据被标准差为 σ_0 的高斯白噪声干扰。数据的可用频率取决于多个因素，包括传输系统的带宽和数据收集成本。因此，数字孪生的用户不仅对系统在未来某个时间的行为感兴趣，也对中间某个时间的行为感兴趣。

接下来，不妨来看一个实例，该实例的阻尼固有频率 $\lambda_s(t_s)$在时间 $t_s\in[0,\tau]$中存有间隔相等的 N_s 个观察值。在提出的数字孪生框架内，$\lambda_s(t_s)$将根据 8.2.1 节“1. 刚度退化”所述的程序进行处理，以提取刚度 $\Delta_{\tilde{k}}(t_s)$ 的变化。然后，以 t_s 为输入数据，以 $\Delta_{\tilde{k}}(t_s)$ 为输出数据，使用算法 3 和算法 4，通过 SMC 和期望最大化训练 ME-GP 模型。在现实问题中，数据中存在的尺度数量通常是未知的。ME-GP 框架中使用了 4 个专家(与实际存在的两个尺度不同)。所有专家都考虑使用基于 Matern 协方差函数和二次均值函数的自动相关性判定。阈值参数 C 设为 0.85[42，106]，并使用 SMC 采样器创建 1000 个样本。训练好的 ME-GP 模型被用作未知降解过程的替代物。使用式(8.3)可以确定给定时间 t^*时的刚度，其中 $\Delta_k(t_s)\approx\Delta_{\tilde{k}}(t*)$ 是通过训练有素的 ME-GP 模型计算得出的。将估计的刚度代入式(8.1)中的标称模型，就可以预测 t^*时的任何相关响应。此外，随着数据的增加，ME-GP 模型也会随之更新。

图 8.3 显示了Δ_k随归一化时间的变化。我们在系统的整个使用寿命期间进行了 200 次等间距的测量。测量数据是干净的(即无噪声)。我们发现，在这种情况下，提出的数字孪生和基于 GP 的数字孪生得出的结果完全相同。换句话说，在系统的整个使用寿命期间，如果有足够多干净的数据，所提出的基于 ME-GP 的数字孪生就会转变为简单的基于 GP 的数字孪生。然而，在现实生活中，几乎不可能获取整个生命周期的数据。此外，可用数据通常会受到某种形式的噪声干扰。

接下来，来看一个更现实的实例。更具体地说，这个实例只有在某个观察时间窗口$[0,\tau]$内的测量数据，而想要预测的是 t^*时刻的刚度变化，其中 $t^*>\tau$。此外，从物理系统收集的数据被认为是有噪声的。图 8.4 显示了在 τ=[150,250,550]的情况下数字孪生的性能。τ=150 时有 35 个测量数据，而另外两种情况分别有 50 个传感器测量数据。在所有这 3 种情况下，传感器测量数据都受到标准差为 σ_0=0.005 的高斯白噪声的干扰。图中还用垂直线标出了观察系统和非观察系统。与图 8.3 类似，结果也是通过提出的数字孪生和基于 GP 的数字孪生得出的。对于 τ=150(图 8.4(a))，提出的基于 ME-GP 的数字孪生在 t_s/T_0≈600(几乎是观察时间窗口的 4 倍)之前都能获得极佳结果。即使超过 t_s/T_0=600，提出的数字孪生也能获得令人满意的结果。为清楚起见，没有报告这种情况下的预测不确定性。另一方面，基于 GP 的数字孪生几乎会在观察时间窗口之后立即产生错误结果。

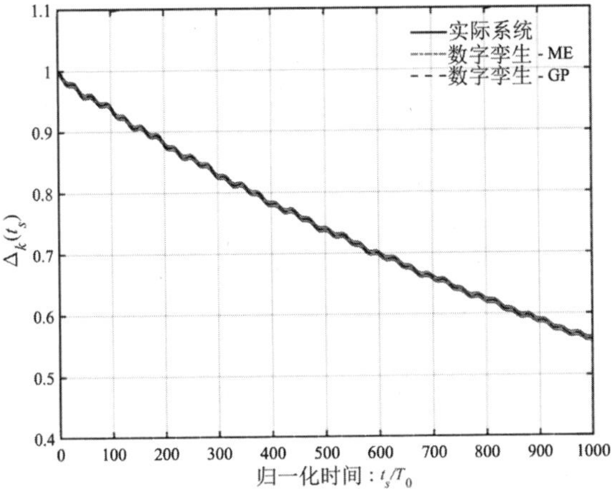

图 8.3　在只有刚度变化的情况下，使用基于 GP 和基于 ME-GP 的数字孪生得出的结果。理想情况是在整个使用寿命期间都能获得干净的数据

数字孪生的一个必要特征是，当有更多数据可用时，数字孪生能够自我更新。图 8.4(b)和图 8.4(c)显示了当有更多数据可用时，数字孪生进行相应更新的结果。在图 8.4(b)中，假设可以获得 50 个数据点，这些数据点在时间窗口[0,250]中间隔相等。同样，在图 8.4(c)中，可以在时间窗口[0,550]中获取 50 个间隔相等的数据点。我们发现，使用更长的观察窗口，数字孪生甚至可以捕捉到直至 t_s/T_0=1000(假定为系统的使用寿命)的刚度变化。我们还注意到，这两种情况下的预测不确定性都涵盖了所有观察数据点。因此可以推测，由有限和带噪声的测量引起的系统不确定性已被充分捕捉。基于 GP 的数字孪生也针对这两种情况进行了更新。虽然基于 GP 的数字孪生在 τ=250 时产生了错误的结果，但在 τ=550 时却给出了令人满意的结果。然而，基于 ME-GP 的数字孪生的预测结果更优。

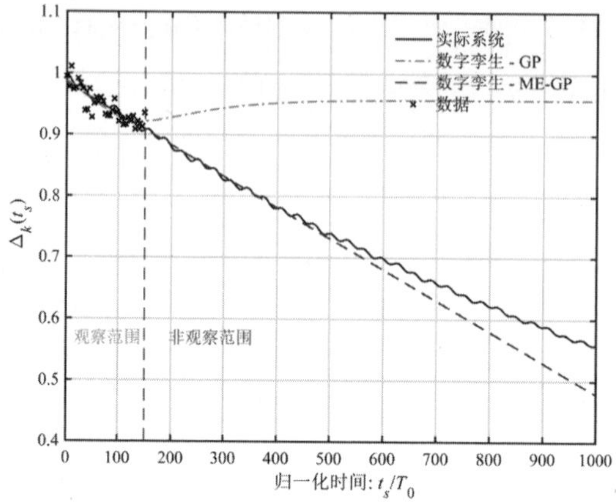

(a) $\tau=150$

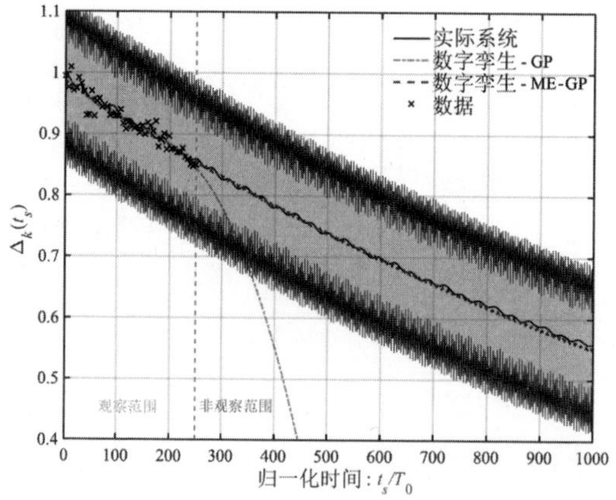

(b) $\tau=250$

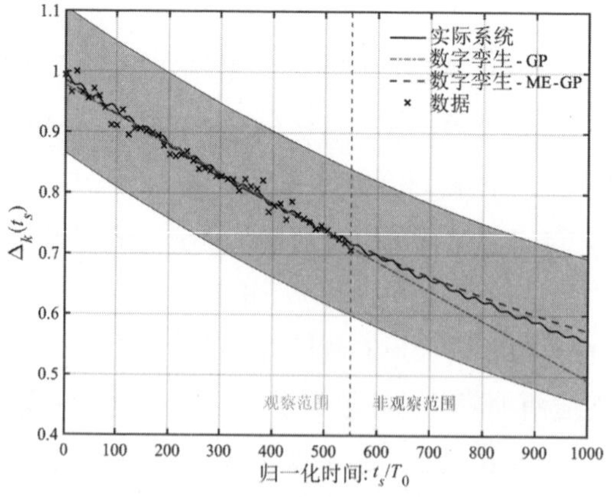

(c) $\tau=550$

图 8.4　利用基于 GP 和 ME-GP 的数字孪生得出的结果，观察值最大为 τ=[150,250,550]，噪声方差 σ_0=0.005。τ=150 时有 35 个传感器数据，而 τ=[250,550]时有 50 个传感器数据(用叉表示)。观察和非观察范围用垂直线区分

最后，我们研究噪声方差较大的情况。图 8.5 显示了 σ_0=0.015 时的结果。假设有与图 8.4 相同的 3 种情况。可以看到，当 τ=150 时，基于 ME-GP 的数字孪生预测结果会在实际解附近摆动(图 8.5(a))。出现这种振荡的原因可能是 ME-GP 过拟合观察数据中的噪声。基于 GP 的数字孪生模型给出了错误结果。然后通过收集高达 τ=250 和 τ=550 的数据来更新数字孪生模型。这两种情况下，基于 ME-GP 的数字孪生模型都能得出相当好的预测结果。然而，由于噪声方差的增加，与图 8.4 相比，预测结果较差。这清楚地表明，需要从物理系统中收集干净的数据。图中还显示了 τ=250 和 τ=550 时的预测不确定性。我们发现，随着观察时间窗口的增加，t/T_0=1000 时的预测不确定性几乎相同。这是因为两种情况下的观察噪声是相同的，而且图 8.5(c)中的最后一次观察仍明显偏离 t/T_0=1000。此外，注意图 8.5 的预测不确定性要小于图 8.4。造成这种反直觉结果的原因是，噪声越大，包括 ME-GP 在内的所有 ML 模型就越难正确捕捉趋势。图 8.5 中的几个观察点位于预测不确定性之外；这表明 ME-GP 模型在这种情况下过于自信。针对图 8.5 中的 3 种情况，基于 GP 的数字孪生都会在观察窗口之外提供错误的结果。这证明了所提出的 ME-GP 优于 GP，尤其是在预测未来时。

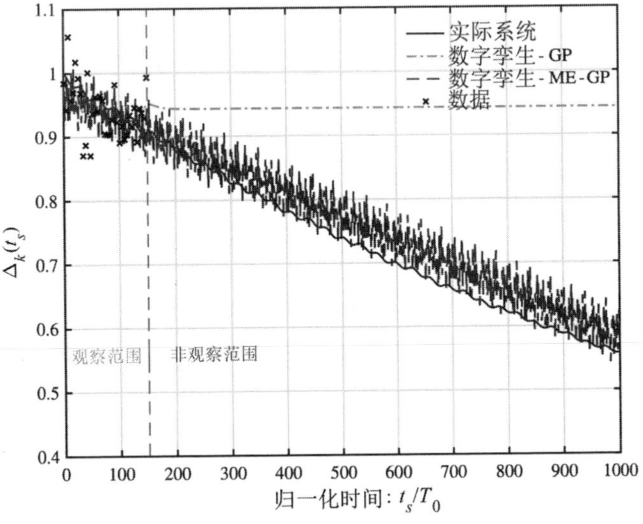

(a) $\tau=150$

图 8.5　使用基于 GP 和 ME-GP 的数字孪生得出的结果，观察值达 τ=[150,250,550]，噪声方差 σ_0=0.015。150 以下的观察值对应 35 个传感器数据，而 250 和 550 以下的观察值则对应 50 个传感器数据(用叉表示)。观察和非观察系统用垂直线区分

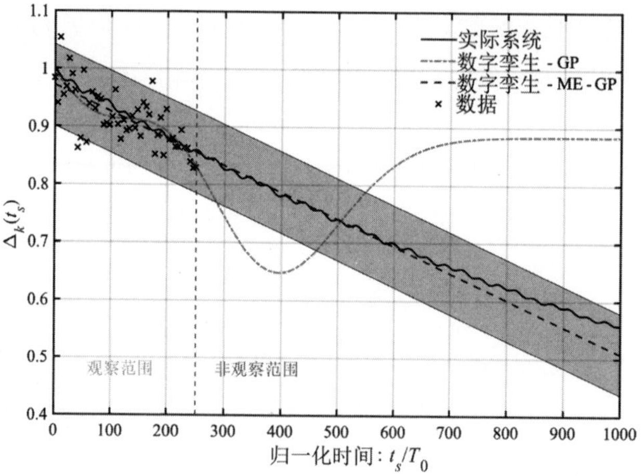

(b) $\tau = 250$

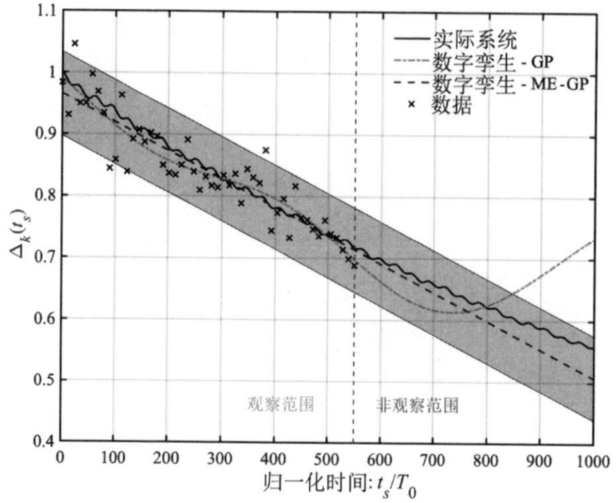

(c) $\tau = 550$

图 8.5(续)

8.3.2　通过质量演化的数字孪生

接下来，探讨与 8.2.1 节中的"2.质量演化"对应的情况。其中的情况，即系统阻尼固有频率的变化是由于其质量的变化造成的。如图 8.1(a)所示，质量的演化具有多时间尺度的性质。然而，与刚度退化的情况类似，无法事先获得数据中的时间演化模式或尺度数量。可以再次假设传感器数据是以固定的时间间隔间歇性传输的。为模拟现实场景，阻尼固有频率数据被标准差为 σ_0 的高斯白噪声污染。目的是应用所提出的数字孪生预测质量的多时间尺度演化。

假设存在 N_s 个阻尼固有频率观察值，其测量时间间隔为 $t_s\in[0,\tau]$。利用 8.2.1 节“质量深化”讨论的程序，首先处理 $\lambda_s(t_s)$，以确定质量 $\Delta_{\tilde{m}}(t_s)$ 的变化。然后，以 t_s 为输入，以 $\Delta_{\tilde{m}}(t_s)$ 为输出，使用算法 3 和 4 训练 ME-GP 模型。算法的设置与 8.3.1 节中描述的算法相似，训练出的 ME-GP 模型被视为未知 Δ_m 的替代物。为获得系统在 t^* 时的响应，可以使用训练有素的 ME-GP 模型来确定 t^* 时的更新 m，将其代入标称模型，然后求解得到所需的响应。随着数据的增加，数字孪生模型也会随之更新。

图 8.6 显示了 Δ_m 随归一化时间 t_s/T_0 的变化。这些结果符合理想情况，即在系统的整个使用寿命期间平均间隔测量 300 次。这些数据也没有任何噪声。可以看到，提出的数字孪生和基于 GP 的数字孪生得出了完全相同的结果。换句话说，在这种情况下，所提出的基于 ME-GP 的数字孪生可以简化为第 7 章中提出的基于 GP 的数字孪生。但请注意，这只是一种理想情况。在更现实的环境中，收集到的数据是有噪声的。此外，整个服务生命周期的数据很少可用。

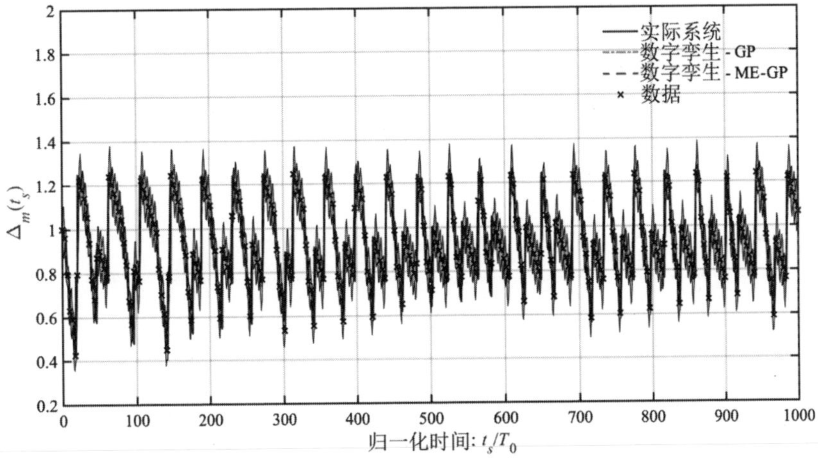

图 8.6 在只有质量变化的情况下，使用基于 GP 和基于 ME-GP 的数字孪生得出的结果。理想情况下，在整个使用寿命期间都能获得等间距的干净数据

接下来，将讨论一个更现实的设置，即拥有某个时间窗口[0,τ]的数据，目标是预测 t^* 时刻的 Δ_m，其中 $t^*>\tau$。收集到的数据受到高斯白噪声的干扰。图 8.7(a)显示了 τ=150 时的数字孪生预测结果。收集到的数据受到 σ_0=0.005 的白噪声干扰。观察到的和未观察到的状态用垂直线标出。为便于比较，还创建了基于 GP 的数字孪生结果。对于 τ=150，仅从 75 个数据点训练出的 ME-GP 模型可合理预测系统使用寿命内的质量变化。更具体地说，在整个使用寿命期间，都能准确捕捉到响应的主要波峰。然而，随着时间的推移，数字孪生高估了波谷。如阴影图所示，所提出的贝叶斯方法也会产生

预测的不确定性。在整个使用寿命期间，真正的解决方案都在阴影图范围内，这表明由于数据有限和噪声产生的不确定性被正确捕捉到了。基于 GP 的数字孪生在 t_s/T_0=[0,150]时提供了出色的预测。然而，在观察时间窗口后，则几乎立即产生错误预测。

图 8.7(b)显示了使用数字孪生预测 τ=550 时的结果。请注意，在时间窗口内收集了 175 个等间距的观察数据。收集到的数据被 σ_0=0.005 的高斯白噪声污染。与提出的 ME-GP 相比，在观察时间窗口内，GP 的结果更好。然而，在观察窗口之外，GP 无法得出合理的预测结果。而 ME-GP 甚至在观察窗口之外也能提供合理的预测。

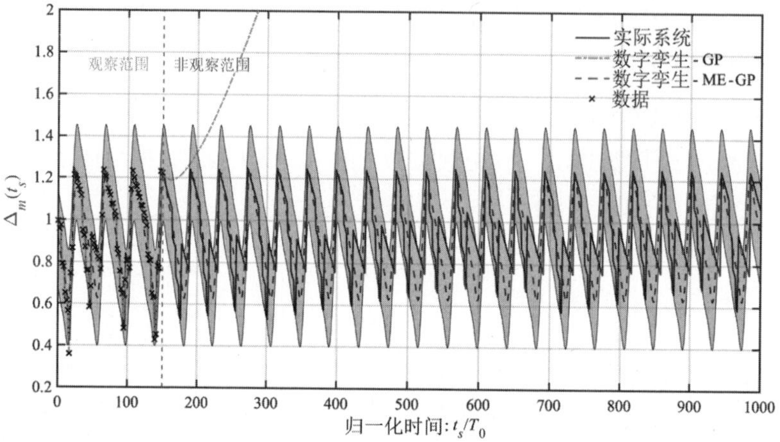

(a) $\tau=150$

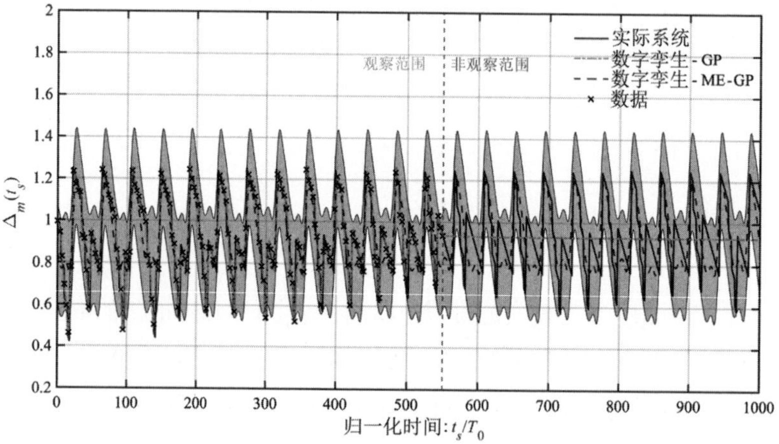

(b) $\tau=550$

图 8.7　在观察窗口为[0,150]和[0,550]以及 σ_0=0.005 的情况下，使用基于 GP 和 ME-GP 的数字孪生得出的结果。观察窗口为[0,150]时有 75 个传感器数据，而观察窗口为[0,550]时有 175 个传感器数据(用叉表示)。观察到的和未观察到的范围用垂直线区分

最后，来探讨一个噪声方差较大的情况。图 8.8 展示了 σ_0=0.015 时的结果。观察到质量的预测时间演变与图 8.7 中的预测相似。这种情况下，预测的不确定性增加了。这可以归因于数据中噪声的增加。基于 GP 的数字孪生无法正确预测观察窗口以外的时间演变。

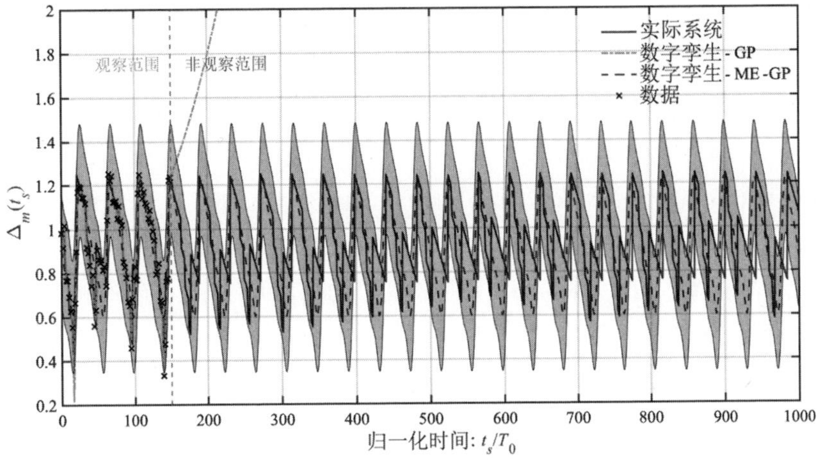

(a) $\tau=150$

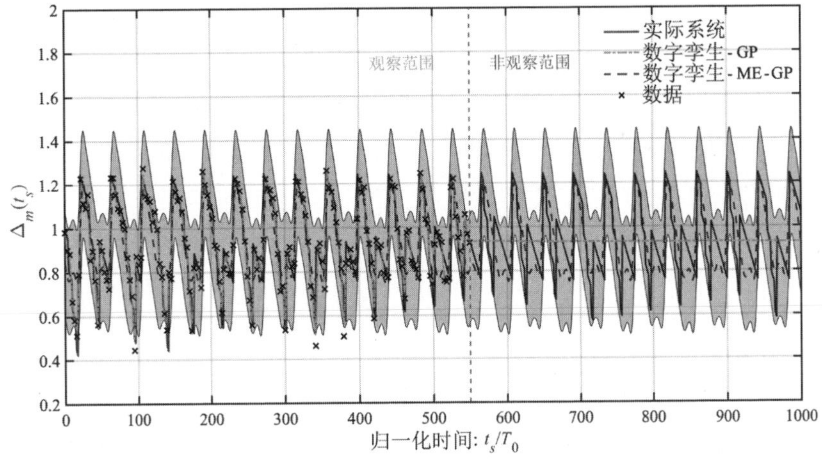

(b) $\tau=550$

图 8.8　在观察窗口为[0,150]和[0,550]以及 σ_0=0.015 的情况下，使用基于 GP 和 ME-GP 的数字孪生得出的结果。观察窗口为[0,150]时有 75 个传感器数据，而观察窗口为[0,550]时有 175 个传感器数据(用叉表示)。观察和非观察系统用垂直线区分

8.3.3　通过质量和刚度演化的数字孪生系统

最后，将展示所提出的数字孪生系统在质量和刚度随时间变化时的性能。如图 8.1

所示，质量和刚度的演化具有多时间尺度的性质。与前面的情况类似，假设传感器数据以固定的时间间隔间歇性地传输。考虑到有 N_s 个阻尼固有频率观察值，数字孪生首先处理这些数据以获得Δ_m和Δ_k。数据处理步骤详见 8.2.1 节的“3.质量和刚度演化”。之后，应用 ME-GP 学习质量和刚度的时间演化。ME-GP 算法的参数与 8.3.3 节所述的参数保持一致。为了确定给定时间-瞬时 t^*下的响应，可首先使用训练有素的 ME-GP 模型作为代理参数来获取质量和刚度。然后，将 ME-GP 预测的质量和刚度代入标称模型并求解，从而确定相关响应。与前两种情况类似，只需要提供数字模型在预测质量和刚度的时间变化方面的性能。这一论证的逻辑是，如果质量和刚度的时间演化被准确捕捉，那么预测的响应也必然是准确的。

由于所提出的数字孪生系统对前两种情况的理想结果几乎是精确的，因此可以直接开始进行现实案例研究。首先，讨论观察窗口为[0,150]的情况。在这个时间窗口内，假设可以获得 75 个等间距的传感器测量值。收集到的数据受到 σ_0=0.025 的高斯白噪声污染。图 8.9 显示了使用数字孪生估计的Δ_m和Δ_k的变化。就Δ_m而言，数字孪生对整个系统的使用寿命都给出了合理预测。然而，对于Δ_k而言，在 t_s/T_0=350 之后，结果会出现偏差。由于所提出的方法是贝叶斯法，因此也确定了预测的不确定性。对于Δ_m，预测的不确定性涵盖了整个使用寿命期间的真实行为；这表明噪声和有限数据产生的不确定性已被适当捕获。然而，对于Δ_k，正确的解决方案在 t_s/T_0=600 之后就超出了包络范围。这清楚地表明，当 t_s/T_0>600 时，建议的数字孪生模型过于自信。对Δ_m和Δ_k而言，基于 GP 的数字孪生在 t_s/T_0=200 之后给出了错误结果。

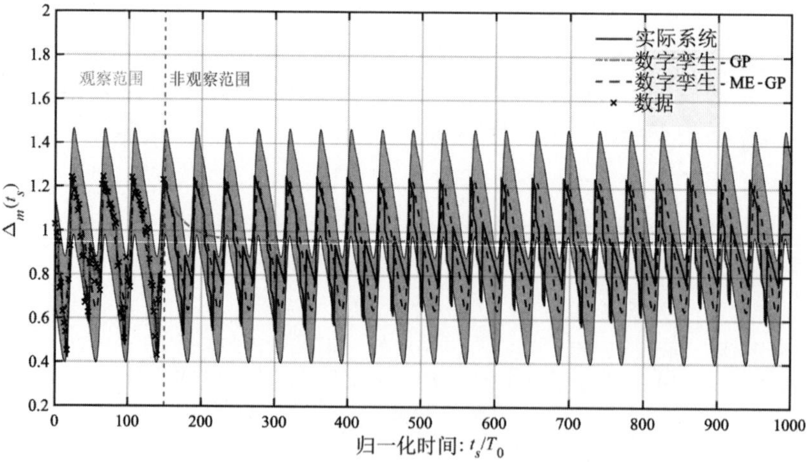

(a) Δ_m

图 8.9 数字孪生利用观察窗口[0,150]中的 75 个等间距传感器测量值进行训练。传感器数据受到 σ_0=0.025 的高斯白噪声污染。观察和非观察系统用垂直线表示

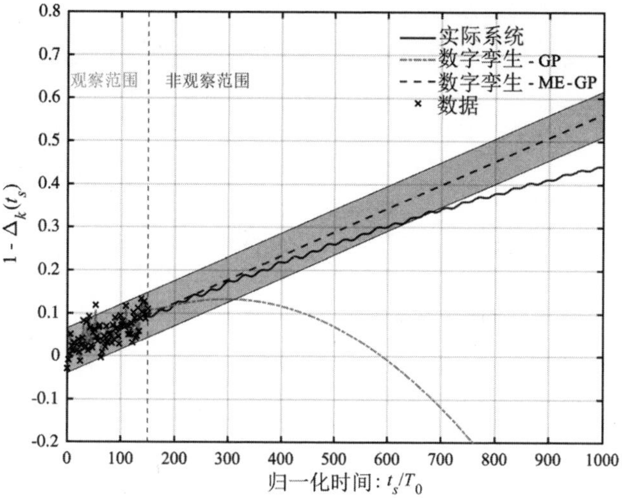

(b) Δ_k

图 8.9　(续)

通过对模型的额外传感器数据进行研究，数字孪生模型的性能得到了改善。更具体地说，在同一观察窗口[0，150]内提供了 120 和 150 个等间距观察数据。结果如图 8.10 所示。由于对Δ_m的预测已经很合理，因此在图 8.11 中只显示了与Δ_k对应的结果。从中可以看到，随着观察数据数量的增加，数字孪生预测结果越来越接近实际解。预测的不确定性也会随着包络的实际解的增加而增加。

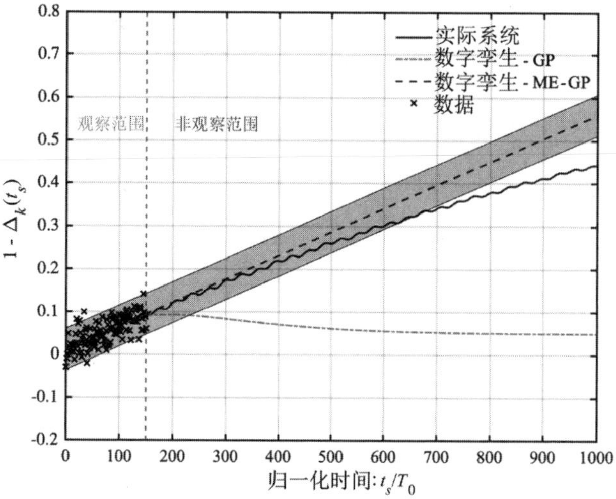

(a) $N_s = 120$

图 8.10　数字孪生的性能随观察窗口[0,150]内传感器测量次数的增加而变化。传感器数据受到 σ_0=0.025 的高斯白噪声污染

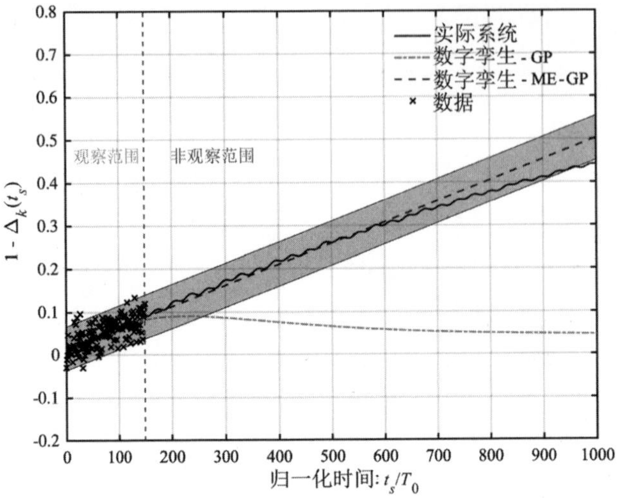

(b) $N_s = 150$

图 8.10 (续)

在最后一个实例研究中，将观察窗口增加到[0,350]。但是，传感器的观察次数仍保持在 75 次。结果如图 8.11 所示。在这种设置下，数字孪生几乎完美地预测了刚度的时间演化。这说明了获取更长时间跨度数据的重要性。在所有情况下，基于 GP 的数字孪生都无法提供超过观察窗口的精确预测。

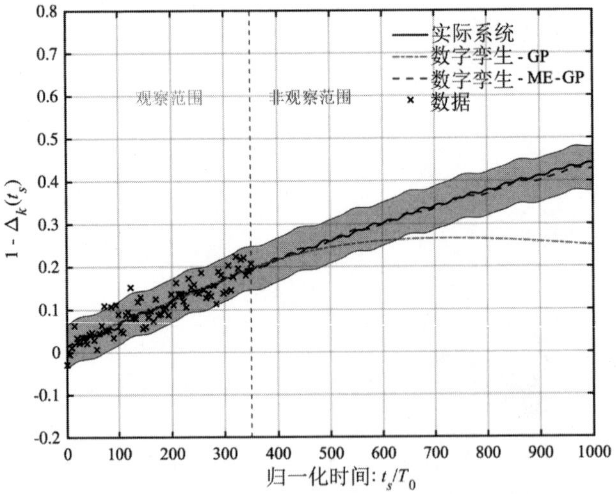

图 8.11 观察时间窗口[0,350]的数字孪生性能。注意，在指定时间窗口内有 75 个传感器数据。数据受 σ_0=0.025 的高斯白噪声污染

8.4　小结

工程和技术中遇到的动态系统数字孪生应适合使用多种时间尺度。从计算角度看，此类系统的求解工作十分繁重，因为需要最快尺度数量级的时间步长。因此，健康监测、损坏预报和剩余使用寿命预测等任务可能变得难以完成。为解决这个问题，本文提出了一个基于 ML 的多时间尺度动态系统数字孪生框架。提出的数字孪生系统有两个主要组成部分：①物理驱动的标称模型(通常由常微分方程或偏微分方程表示)；②数据驱动的机器学习模型。我们使用物理驱动的标称模型进行数据处理和预测，使用 ML 模型学习系统参数的时间演化；使用专家混合模型(MoE)作为 ML 模型，GP 是 MoE 框架专家之一。其基本思想是，专家将在单一尺度上监测系统参数的时间演化。为了学习所提出模型的超参数，我们提出了一种基于期望最大化和连续蒙特卡罗采样器的算法。所提出的训练算法属于混合类型，其中一些参数是在贝叶斯意义上处理的，而其他参数则提供点估计值。

使用所提出方法获得的结果表明，该方法能够预测系统参数的时间演化，即使该时间演化位于观察时间窗口之外也是如此。然而，极度稀疏和高噪声的数据会对所提出框架的性能产生有害影响。此外，在更长的观察窗口内收集数据可以显著提高所提出框架的性能。所提出的框架具有部分贝叶斯特性，可以量化有限数据和高噪声带来的不确定性。大多数情况下，预测的不确定性包络了真实的解决方案，这表明不确定性被很好地捕捉到了。然而，在某些情况下，我们发现解决方案位于包络线之外。这可能是由于过拟合造成的，采用全贝叶斯框架可改善这一问题。

尽管本章提出了一些发现，但仍有 3 个可能的扩展问题需要在未来加以解决。

(1) 首先，使用单个 SDOF 系统进行了说明。虽然这有助于理解提出框架的功能，但仍有必要对 MDOF 系统进行进一步研究。对于 MDOF 系统，一个主要挑战在于数据处理步骤。这是因为要推导出频率测量值与系统参数之间的闭式关系非常困难，甚至是不可能的。

(2) 其次，将阻尼固有频率视为观察值。然而，这是一个基于应变测量的推导量。有必要对框架进行扩展，以便直接从时间历程测量中了解质量和刚度的演化。

(3) 最后，本章提出的框架并不同时利用系统物理和数据；相反，物理和数据是以一种解耦的方式利用的。有一些方法植根于物理信息 ML 框架，可以将物理和数据方法融合在一起。这些方法在数字孪生框架内的潜力有待研究。

第9章

非线性多自由度系统的数字孪生

大多数真实系统都有多个自由度。此外，真实物理系统可能是非线性的。本章将讨论这两个问题，以将数字孪生开发过程提升到高保真水平。本章改编自参考文献[79]。

9.1 基于物理的标称模型

本节将介绍标称动态系统以及与该模型对应的数字孪生模型。标称模型是 DT 的“初始模型”，在本书中也称为基线模型。在工程系统中，可将标称模型视为系统制造时的数字模型。DT 记录了从标称模型到根据从系统中收集到的数据对其进行更新的过程。本节将简要介绍开发非线性 MDOF 系统 DT 的主要思路。

9.1.1 随机非线性 MDOF 系统：标称模型

设有一个 N-DOF 随机非线性系统，其控制公式为

$$\boldsymbol{M}_0\ddot{\boldsymbol{X}} + \boldsymbol{C}_0\dot{\boldsymbol{X}} + \boldsymbol{K}_0\boldsymbol{X} + \boldsymbol{G}(\boldsymbol{X},\boldsymbol{\alpha})=\boldsymbol{F} + \boldsymbol{\Sigma}\dot{\boldsymbol{W}} \tag{9.1}$$

其中，$\boldsymbol{M}_0\in\mathbb{R}^{N\times N}$、$\boldsymbol{C}_0\in\mathbb{R}^{N\times N}$ 和 $\boldsymbol{K}_0\in\mathbb{R}^{N\times N}$ 分别代表系统的质量、阻尼和(线性)刚度矩阵。$\boldsymbol{G}(\cdot,\cdot)\in\mathbb{R}^{N}$ 则代表系统中存在的非线性。式(9.1)中的 $\boldsymbol{F}$ 代表确定的作用力，$\dot{\boldsymbol{W}}$ (Wiener 导数)是随机载荷向量，带有噪声强度矩阵 $\boldsymbol{\Sigma}$。注意，$\boldsymbol{M}_0$、$\boldsymbol{C}_0$ 和 $\boldsymbol{K}_0$ 是标称参数，代表原始系统。

9.1.2 数字孪生

上文讨论的 N-DOF 非线性系统的 DT 可以表示为

$$
\begin{aligned}
&\boldsymbol{M}(t_s)\frac{\partial^2 \boldsymbol{X}(t,t_s)}{\partial t^2}+\boldsymbol{C}(t_s)\frac{\partial \boldsymbol{X}(t,t_s)}{\partial t}+\boldsymbol{K}(t_s)\boldsymbol{X}(t,t_s)+\boldsymbol{G}((t,t_s),\boldsymbol{\alpha}) \\
&=\boldsymbol{F}(t,t_s)+\boldsymbol{\Sigma}\dot{\boldsymbol{W}}
\end{aligned}
\tag{9.2}
$$

其中，t 代表系统时间，t_s 为服务时间(运行时间尺度)。响应向量 $\boldsymbol{X}$ 是两个时间尺度的函数，因此在式(9.2)中使用了偏导数。式(9.2)被视为 9.1.1 节中标称系统的 DT，其有两个时间尺度 t 和 t_s。在实际应用中，服务时间尺度 t_s 与系统动态的时间尺度相比要慢得多。

9.1.3 问题陈述

虽然式(9.2)中定义了 MDOF 非线性系统的基于物理的 DT，但在实际应用中，需要估算系统参数 $\boldsymbol{M}(t_s)$、$\boldsymbol{C}(t_s)$和 $\boldsymbol{K}(t_s)$。要估算这些参数，物理孪生体与 DT 之间的连接至关重要。物联网的最新发展提供了多项新技术，可确保两个孪生体之间的连接。具体来说，DT 与其对应物之间的双向连接是通过使用传感器和执行器来创建的。鉴于式(9.2)中两个时间尺度的巨大差异，可以合理地假设 $\boldsymbol{M}(t_s)$、$\boldsymbol{C}(t_s)$和 $\boldsymbol{K}(t_s)$的时间变化非常缓慢，以至于动态变化实际上是与这些参数变化脱钩的。传感器在离散时刻 t_s 间歇性地收集数据。在每个时间点 t_s，均可获得 $t_s \pm \Delta t$ 的加速度响应时间的历史测量值。本研究假设质量矩阵没有实际变化，因此有 $\boldsymbol{M}(t_s)=\boldsymbol{M}_0$，也不考虑阻尼矩阵的变化。通过这种设置，目的是为非线性 MDOF 系统开发 DT。根据设想，DT 将跟踪当前时间 t 的系统参数 $\boldsymbol{K}(t_s)$的变化，并能预测系统参数未来的退化/变化。最后但并非最不重要的一点是，DT 应在收到数据时不断更新。

9.2 贝叶斯滤波算法

开发 DT 的一个要素是根据时间 t_s 之前的观察数据估算 $\boldsymbol{K}(t_s)$。这是一个经典的参数估计问题，本章提出使用贝叶斯滤波来实现这一目标。然而，我们必须认识到，DT 的开发与参数估计并不相同；相反，参数估计只是整个 DT 的一个子集。

贝叶斯滤波器利用贝叶斯推理建立一个框架，然后将其应用于状态参数估计。贝叶斯推理不同于传统的统计推理的频率论方法，因为它将事件的概率视为单次试验中事件的不确定性，而非事件在概率空间中的比例。在过滤公式中，未知向量为 $\boldsymbol{Y}_{0:T}=\{\boldsymbol{Y}_0,\boldsymbol{Y}_1,\ldots,\boldsymbol{Y}_T\}$，通过一组噪声测量值 $\boldsymbol{Z}_{1:T}=\{\boldsymbol{Z}_1,\boldsymbol{Z}_2,\ldots,\boldsymbol{Z}_T\}$。

应用贝叶斯法则，可以得出

$$p(\boldsymbol{Y}_{0:T} \mid \boldsymbol{Z}_{1:T}) = \frac{p(\boldsymbol{Z}_{1:T} \mid \boldsymbol{Y}_{0:T})p(\boldsymbol{Y}_{0:T})}{p(\boldsymbol{Z}_{1:T})} \tag{9.3}$$

这种完全后验公式虽然精确，但计算量繁重，往往难以实现。通过使用一阶马尔可夫假设，计算的复杂性得到了改善。一阶马尔可夫模型假设：①时间步长 k 时的系统状态(即 $\boldsymbol{Y}_k$)与时间步长 k-1 时的状态(即 $\boldsymbol{Y}_{k-1}$)无关；②时间步长 k 时的测量值(即 $\boldsymbol{Z}_k$)与时间步长 k 时的状态(即 $\boldsymbol{Y}_k$)无关。数学上可以表示为

$$p(\boldsymbol{Y}_k \mid \boldsymbol{Y}_{1:k-1}, \boldsymbol{Z}_{1:k-1}) = p(\boldsymbol{Y}_k \mid \boldsymbol{Y}_{k-1}) \tag{9.4}$$

和

$$p(\boldsymbol{Z}_k \mid \boldsymbol{Y}_{1:k}, \boldsymbol{Z}_{1:k-1}) = p(\boldsymbol{Z}_k \mid \boldsymbol{Y}_k) \tag{9.5}$$

代表一阶马尔可夫假设的概率图模型如图 9.1 所示。在文献中，这也被称为状态空间模型(如果状态是连续的)或隐马尔可夫模型(如果状态是离散的)。利用马尔可夫模型的假设，可以建立递归贝叶斯滤波器，并产生 Kalman 滤波器[170，205]，它是用于线性模型的递归贝叶斯滤波器的一个特例。扩展 Kalman 滤波器[170]和无迹 Kalman 滤波器(UKF)[170,189]是对 Kalman 滤波器的改进，用于非线性模型。在本章中，UKF 被用作贝叶斯滤波算法的首选。与 EKF 算法相比，UKF 的计算成本较高；但是，UKF 在处理高阶非线性的系统时性能更优[189]。

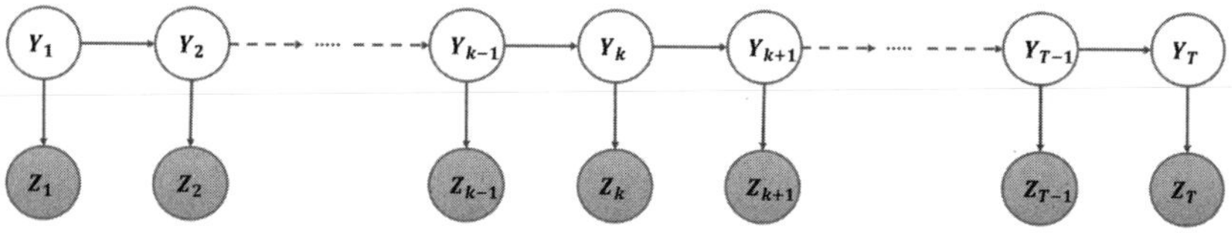

图 9.1　状态空间模型的概率图模型。此处考虑了隐变量 $\boldsymbol{Y}$ 的一阶马尔可夫假设；这确保了 $\boldsymbol{Y}_t$ 只依赖于 $\boldsymbol{Y}_{t-1}$

无迹 Kalman 滤波器

UKF 使用无迹变换的概念来分析非线性模型，并逼近目标分布的均值和协方差函数，而不是逼近非线性函数。为此，使用了加权 sigma 点。这里的想法是考虑源高斯分布上的一些点，通过非线性函数后将这些点映射到目标高斯分布上。这些点被称为 sigma 点，被认为是转换后高斯分布的代表。考虑到 L 是状态向量的长度，可选择 $2L$+1

个 sigma 点[189]：

$$
\begin{aligned}
&\mathcal{Y}^{(0)} = \boldsymbol{\mu} \\
&\mathcal{Y}^{(i)} = \boldsymbol{\mu} + \sqrt{(L+\lambda)}\left[\sqrt{\boldsymbol{\Sigma}}\right],\ \ i=1,\ldots\ldots,L \\
&\mathcal{Y}^{(i)} = \boldsymbol{\mu} - \sqrt{(L+\lambda)}\left[\sqrt{\boldsymbol{\Sigma}}\right]\ \ \ i=L+1,\ldots\ldots,2L
\end{aligned}
\tag{9.6}
$$

其中，$\mathcal{Y}$ 是所需的 sigma 点，$\boldsymbol{\mu}$和$\boldsymbol{\Sigma}$分别是均值向量和协方差矩阵。式(9.6)中的 λ 和 L 分别表示缩放参数和状态向量长度。关于如何计算 λ 的详细信息，将在讨论 UKF 算法时提供。使用 UKF 计算出均值 m_k 和协方差 p_k 后，滤波分布近似为

$$
p(y_k \mid z_{1:k}) \approx N(y_k \mid m_k, p_k) \tag{9.7}
$$

其中，m_k 和 p_k 是接下来讨论的算法计算出的均值和协方差。图 9.2 解释了 UKF 算法中如何使用 sigma 点。

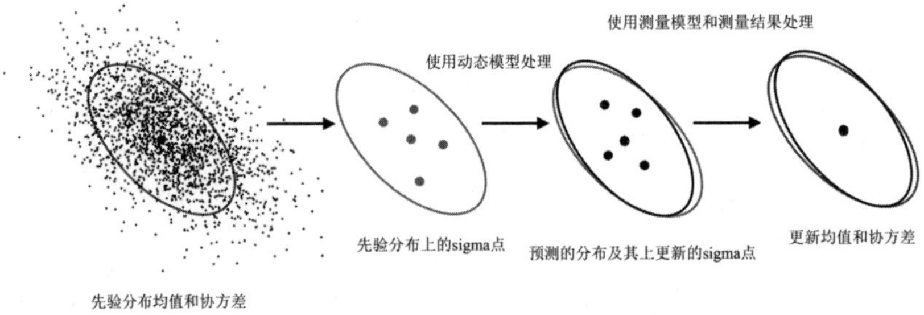

图 9.2　UKF 框架内 sigma 点的功能示意图

算法

步骤 1　sigma 点权重计算

选择 UKF 参数：α_f=0.001，β=2，κ=0

$$
\begin{aligned}
&W_m^{(i=0)} = \frac{\lambda}{L+\lambda} \\
&W_c^{(i=0)} = \frac{\lambda}{L+\lambda} + (1-\alpha_f^2+\beta) \\
&W_m^{(i)} = \frac{1}{2(L+\lambda)},\ \ i=1,\ldots\ldots,2L \\
&W_c^{(i)} = W_m^{(i)},\qquad\ \ i=1,\ldots\ldots,2L
\end{aligned}
\tag{9.8}
$$

其中，L 是状态向量的长度，缩放参数 $\lambda = a_f^2(L+\kappa) - L$ 。

步骤 2　对于 k=0

初始化均值和协方差，即 $m_k=m_0$，$p_k=p_0$。

步骤 3　对于 k=1,2,...,t_n

步骤 3.1　预测

获取 sigma 点 $\mathcal{Y}^{(i)}$，i=0,...,2L

$$\begin{aligned}
&\mathcal{Y}_{k-1}^{(0)} = m_{k-1} \\
&\mathcal{Y}_{k-1}^{(i)} = m_{k-1} + \sqrt{L+\lambda}\left[\sqrt{P_{k-1}}\right] \\
&\mathcal{Y}_{k-1}^{(i+L)} = m_{k-1} - \sqrt{L+\lambda}\left[\sqrt{P_{k-1}}\right],\ i=1,\dots,L
\end{aligned} \tag{9.9}$$

通过动态模型传播 sigma 点

$$\mathcal{Y}_k^{(i)} = f(\mathcal{Y}_{k-1}^{(i)}), i=0,\dots,2L \tag{9.10}$$

预测均值 m_k^- 和协方差 P_k^- 的计算公式为

$$\begin{aligned}
&m_k^- = \sum_{i=0}^{2L} W_m^{(i)} \mathcal{Y}_k^{(i)} \\
&P_k^- = \sum_{i=0}^{2L} W_c^{(i)} (\mathcal{Y}_k^{(i)} - m_k^-)(\mathcal{Y}_k^{(i)} - m_k^-)^T + Q_{k-1}
\end{aligned} \tag{9.11}$$

步骤 3.2　更新

获取 sigma 点

$$\begin{aligned}
&\mathcal{Y}_k^{-(0)} = m_k^- \\
&\mathcal{Y}_k^{-(i)} = m_k^- + \sqrt{L+\lambda}\left[\sqrt{P_k^-}\right] \\
&\mathcal{Y}_k^{-(i+L)} = m_k^- - \sqrt{L+\lambda}\left[\sqrt{P_k^-}\right],\ i=1,\dots,L
\end{aligned} \tag{9.12}$$

通过测量模型传播 sigma 点

$$\mathcal{Z}_k^{(i)} = h(\mathcal{Y}_k^{-(i)}),\ i=0,\dots,2L \tag{9.13}$$

获得均值μ_k、预测协方差 S_k 和交叉协方差 C_k

$$\mu_k^- = \sum_{i=0}^{2L} W_m^{(i)} \mathcal{Z}_k^{(i)}$$

$$S_k^- = \sum_{i=0}^{2L} W_c^{(i)} (\mathcal{Z}_k^{(i)} - \mu_k)^{\mathrm{T}} + R_k \tag{9.14}$$

$$C_k^- = \sum_{i=0}^{2L} W_c^{(i)} (\mathcal{Y}_k^{-(i)} - m_k^-)(\mathcal{Z}_k^{(i)} - \mu_k)^{\mathrm{T}}$$

步骤 3.3 获取滤波增益 K_k、滤波后的状态均值 m_k 和协方差 P_k 以测量 y_k 为条件。

$$K_k = C_k S_k^{-1}$$

$$m_k = m_k^- + K_k [y_k - \mu_k] \tag{9.15}$$

$$P_k = P_k^- - K_k S_k K_k^T$$

在 DT 框架内，UKF 算法用于在给定的时间步长 t_k 上进行参数估计。

9.3 监督机器学习算法

本节将重点介绍所提出的 DT 框架的另一个组成部分，即高斯过程回归(Gaussian Process Regression，GPR)。GPR[18，135]与神经网络[27，108]可能是当今最流行的机器学习技术。与传统的频率论机器学习技术不同，GPR 并不假定用函数形式来表示输入-输出映射，而是假定函数的分布。因此，GPR 能捕捉因为数据有限而产生的认识不确定性[96]。GPR 的这一特点在决策制定时尤为有用。在提出的 DT 框架内，使用 GPR 跟踪系统参数的时间演化。

假设 $\boldsymbol{v}_k$ 为系统参数，时间为 τ_k。GPR 将 $\boldsymbol{v}_k$ 表示为

$$\boldsymbol{v}_k \sim \mathcal{GP}\left(\boldsymbol{\mu}(\tau_k;\boldsymbol{\beta}), \kappa(\tau_k, \tau_k'; \sigma^2, \boldsymbol{l})\right) \tag{9.16}$$

其中，$\boldsymbol{\mu}(\cdot;\boldsymbol{\beta})$ 和 $\boldsymbol{\kappa}(\cdot,\cdot;\sigma^2,\boldsymbol{l})$ 分别表示 GPR 的均值函数和协方差函数。均值函数的参数是未知系数向量 $\boldsymbol{\beta}$，协方差函数的参数是过程方差 σ^2 和长度尺度参数 $\boldsymbol{l}$。所有参数的组合 $\boldsymbol{\theta}=[\boldsymbol{\beta},\boldsymbol{l},\sigma^2]$ 被称为 GPR 的超参数。值得注意的是，$\boldsymbol{\mu}(\cdot;\boldsymbol{\beta})$ 和 $\boldsymbol{\kappa}(\cdot,\cdot;\sigma^2,\boldsymbol{l})$ 的选择对 GP 的性能有重大影响；这自然允许用户将先验知识编码到 GPR 模型中，并对复杂函数进行建模[135]。如果没有关于均值函数的先验知识，通常的做法是使用零均值高斯过程：

$$\boldsymbol{v}_k \sim \mathcal{GP}\left(0, \kappa(\tau_k, \tau_k'; \sigma^2, \boldsymbol{l})\right) \tag{9.17}$$

另一方面，协方差函数 $\mathcal{K}(.,.;\sigma^2,\boldsymbol{l})$ 应该是一个正的半有限矩阵。在实际使用 GPR 时，需要根据训练样本 $\mathcal{D}=[\tau_k,v_k]_{k=1}^{N_s}$ 计算超参数 $\boldsymbol{\theta}$，其中 N_s 是训练样本的数量。这方面使用最广泛的方法是基于最大似然估计，其中 GPR 的负对数似然最小化。关于 GPR 的 MLE 详情，感兴趣的读者可以参考[155]。另一种方法是计算超参数向量 $\boldsymbol{\theta}$ 的后验分布[18，19]。虽然这是一种更优越的替代方法，但它会使计算过程变得非常昂贵。本章使用了基于 MLE 的方法，因为这种方法比较简单。为方便读者理解，算法 6 中将展示训练 GPR 模型的步骤。

获得超参数 $\boldsymbol{\theta}$ 后，与新输入 τ^*对应的预测均值和预测方差可采用以下公式计算：

$$\boldsymbol{\mu}^* = \boldsymbol{\Phi\beta}^* + \boldsymbol{\kappa}^*(\tau^*;(\sigma^*)2,\boldsymbol{l}^*)\boldsymbol{K}^{-1}(\boldsymbol{\upsilon}-\boldsymbol{\Phi\beta}^*) \tag{9.18}$$

$$\begin{aligned} s^2(\tau^*) = (\sigma^*)^2 \Bigg\{ & 1-\boldsymbol{\kappa}^*(\tau^*;(\sigma*)2,\boldsymbol{\theta}^*)\boldsymbol{K}^{-1}{}_{\mathcal{K}}*(\tau^*;(\sigma^*)2,\boldsymbol{l}^*)^{\mathrm{T}} \\ & + \frac{\left[1-\boldsymbol{\Phi}^{\mathrm{T}}\boldsymbol{K}^{-1}{}_{\mathcal{K}^*}(\tau^*;(\sigma^*)2,\boldsymbol{l}^*)^{\mathrm{T}}\right]}{\boldsymbol{\Phi}^{\mathrm{T}}\boldsymbol{K}^{-1}\boldsymbol{\Phi}} \Bigg\} \end{aligned} \tag{9.19}$$

其中，$\boldsymbol{\beta}^*$、$\boldsymbol{l}^*$和 σ^*表示优化后的超参数。式(9.18)和式(9.19)中的 $\boldsymbol{\Phi}$ 代表设计矩阵。式(9.18)和式(9.19)中的 $\boldsymbol{\kappa}^*(\tau^*;(\sigma^*)2,\boldsymbol{l}^*)^{\mathrm{T}}$ 是输入训练样本与 τ^*之间的协方差向量，计算公式为

$$\boldsymbol{\kappa}^*(\tau^*;(\sigma^*)2,\boldsymbol{l}^*)^{\mathrm{T}} = \left[\boldsymbol{\kappa}(\tau^*,\tau_1;;(\sigma^*)2,\boldsymbol{\theta}^*),\ldots,\boldsymbol{\kappa}(\tau^*,\tau_{N_s};;(\sigma^*)2,\boldsymbol{\theta}^*)\right] \tag{9.20}$$

9.4 高保真预测模型

本章讨论了 UKF 和 GP，它们是提出方法的两个组成部分。接下来，将讨论针对非线性动力系统提出的 DT 框架。提出 DT 的示意图如图 9.3 所示。它有 4 个主要组成部分：①标称模型的选择；②数据收集；③给定时间-瞬间的参数估计；④参数的时间变化估计。前面已详细介绍了标称模型的选择，因此这里的讨论仅限于数据收集、参数估计和参数的时变估计。

算法 6 训练 GPR

前提条件：均值函数 $\boldsymbol{\mu}(\cdot;\boldsymbol{\beta})$ 和协方差函数 $\boldsymbol{\kappa}(.,.;\sigma^2,\boldsymbol{l})$ 的形式。提供训练数据 $\mathcal{D}=[\tau_k,\boldsymbol{v}_k]_{k=1}^{N_s}$，参数初始值 $\boldsymbol{\theta}_0$，最大允许迭代次数 $n_{\max}$ 和误差阈值 ϵ_t；$\boldsymbol{\theta}\leftarrow\boldsymbol{\theta}_0$; iter $\leftarrow 0$; $\epsilon\leftarrow 10\epsilon_t$

重复 iter≥$n_{\max}$ 和$\epsilon > \epsilon_t$

$\text{iter} \leftarrow \text{iter}+1$

$\boldsymbol{\theta}_{\text{iter}-1} \leftarrow \boldsymbol{\theta}$

利用训练数据$\mathcal{D}$和$\boldsymbol{\theta}$计算负对数概率：

$$f_{\text{ML}} \propto \frac{1}{N}\left|\boldsymbol{K}(\boldsymbol{\theta})+\log\left(\boldsymbol{v}^{\text{T}}\boldsymbol{R}(\boldsymbol{\theta})^{-1}\boldsymbol{v}\right)\right|$$

其中$\boldsymbol{K}(\boldsymbol{\theta})$是利用训练数据和协方差函数$\boldsymbol{\kappa}(.,.;\sigma^2,\boldsymbol{l})$计算出的协方差矩阵。根据梯度信息更新超参数$\boldsymbol{\theta}$。

$\boldsymbol{\theta}_{\text{iter}} \leftarrow \boldsymbol{\theta}$

$\epsilon \leftarrow \left\|\boldsymbol{\theta}_{\text{iter}}-\theta_{\text{iter}-1}\right\|_2^2$

输出： 最佳超参数$\boldsymbol{\theta}^*$

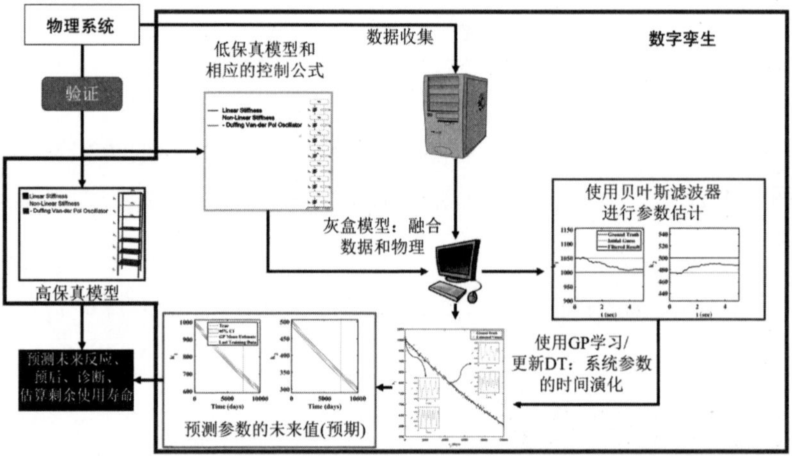

图 9.3 提出的数字孪生框架示意图。它包括作为标称模型的低保真模型、用于参数估计的 UKF、用于学习参数的时间演化和预测系统参数未来值的 GP，以及用于估计未来响应的高保真模型

DT 的一个主要问题是它与物理孪生系统的连接性；如果没有这种连接性，DT 就没有实际用途。为了确保连接性，需要在物理系统(物理孪生体)上安装传感器来收集数据。数据通过云技术传送到 DT。随着物联网技术的长足进步，访问不同类型的传感器即可直接用于收集不同类型的数据。本章将加速度计安装在物理系统上，DT 接收加速度测量值。具体来说，是考虑在离散时间-瞬间t_s间歇性地向 DT 提供加速度时间历史记录。需要注意，如果用位移或速度测量来代替加速度测量，所提出的方法同样适用(只需要稍加修改)。该框架还可扩展到与基于视觉的传感器协同工作。不过，从实用和经济的角度看，收集加速度测量数据最简单，因此本研究也考虑了这一点。

一旦收集到数据，下一个目标就是估算系统参数(具体来说是刚度矩阵)。假设在时间-瞬时 t_s，加速度测量值可在$[t_s\text{-}\Delta t,t_s]$内获得，其中$\Delta_t$是在 t_s 时可获得加速度测量值的时间间隔。这里，t_s 是慢时间尺度上的一个时间步长，而Δ_t 是快时间尺度上的时间间隔。在这种设置下，参数估计的目标是估计 $\boldsymbol{K}(t_s)$。本章将使用 UKF 估算 $\boldsymbol{K}(t_s)$。

所提出 DT 框架的最后一步是估计参数的时间演化。这一步至关重要，因为它能让 DT 预测物理系统的未来行为。本章建议结合使用 GPR 和 UKF 来学习系统参数的时间演化。具体来说，将 $\boldsymbol{t}=[t_1,t_2,\ldots,t^N]$视为慢尺度的时间常数。此外，假设使用 UKF，在不同的时间-瞬时可以得到估计的系统参数 $\boldsymbol{v}=[v_1,v_2,\ldots,v_N]$，其中 $\boldsymbol{v}_i$ 包括刚度矩阵的元素。提出的工作会在 $\boldsymbol{t}$ 和 $\boldsymbol{v}$ 之间训练一个 GPR 模型：

$$\boldsymbol{v}\sim\mathcal{GP}(\boldsymbol{\mu},\mathcal{K}) \tag{9.21}$$

为简洁起见，省略了式(9.21)中的超参数。按照算法 6 中讨论的程序对 GPR 进行训练。训练完成后，GPR 可以预测未来时间步长的系统参数。由于 GPR 是贝叶斯机器学习模型，它还提供了预测的不确定性，可用于判断模型的准确性。为便于读者理解，算法 7 显示了所提出的整个 DT 框架。

算法 7　提出 DT

选择标称模型

▹ 第 9.1 节

使用在时间 t_s 收集的数据(加速度测量值) $\mathcal{D}_s$ 计算参数 $\boldsymbol{K}(t_s)$

▹ 第 9.2 节

使用 $\mathcal{D}=[t_n,v_n]_{n=1}^{t_s}$ 作为训练数据训练 GP，其中 v_n 代表系统参数

▹ 算法 6。预测未来时间 $\tilde{t}$ 的 $\boldsymbol{K}(\tilde{t})$

▹ 使用训练好的高斯混合过程。

将 $\boldsymbol{K}(\tilde{t})$ 代入控制方程(高保真模型)并求解，以获得 $\tilde{t}$ 时刻的响应。

做出与系统维护、剩余使用寿命和健康状况相关的决策。

获得更多数据后，重复步骤 2~6。

9.5　示例

本节将列举两个例子来说明所提出的 DT 框架的性能。

(1) 第一个示例是一个 2-DOF 系统，其第一层附带有消振振荡器。

(2) 第二个例子是一个 7-DOF 系统。在这个例子中，系统中的非线性是由于在第三和第四 DOF 之间连接了一个 Duffing Van der Pol 振荡器而产生的。

如前所述，考虑到不同时间步长的加速度测量值是可用的。这里的目标是使用所提出的 DT 计算系统参数的时间演化。一旦知道了参数的时间演化，就可以使用提出的 DT 预测系统在未来时间步长(t_s)的响应(详见算法 7)。本节将说明如何使用所提出的方法预测系统参数在过去和未来的时间演化。

9.5.1 带 Duffing 振荡器的 2-DOF 系统

第一个例子是图 9.4 所示的 2-DOF 系统：非线性 Duffing 振荡器与第一自由度相连。该系统的耦合控制公式表示为

$$
\begin{aligned}
&m_1\ddot{x}_1 + c_1\dot{x}_1 + k_1x_1 + \alpha_{\mathrm{DO}}x_1^3 + c_2(\dot{x}_1 - \dot{x}_2) + k_2(x_1 - x_2) = \sigma_1\dot{W}_1 + f_1 \\
&m_2\ddot{x}_2 + c_2(\dot{x}_2 - \dot{x}_1) + k_2(x_2 - x_1) = \sigma_2\dot{W}_2 + f_2
\end{aligned}
\tag{9.22}
$$

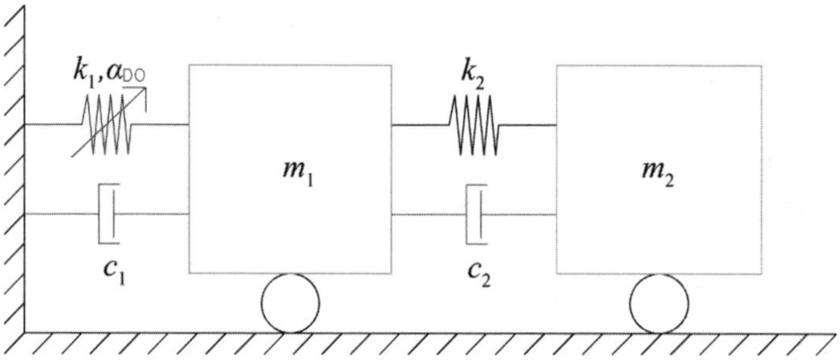

图 9.4 第一个例子中带有缓冲振荡器的 2-DOF 系统示意图。非线性 Duffing 振荡器与第一个自由度相连

其中 m_i、c_i 和 k_i 分别代表第 i 个自由度的质量、阻尼和刚度。虽然没有明确显示，但需要注意的是，k_i 会随着慢时间尺度 t_s 的变化而变化。α_{DO} 控制系统的非线性。本例中要考虑的参数值如表 9.1 所示。

系统状态定义为

$$
\begin{aligned}
&x_1 = y_1,\ x_2 = y_2 \\
&\dot{x}_1 = y_3,\ \dot{x}_2 = y_4
\end{aligned}
\tag{9.23}
$$

而式(9.22)中的控制公式则以 Ito-扩散公式的形式表示，以获得漂移系数和分散系数：

$$
\mathrm{d}\boldsymbol{y} = \boldsymbol{a}\,\mathrm{d}t + \boldsymbol{b}\,\mathrm{d}\boldsymbol{W}
\tag{9.24}
$$

表 9.1　2-DOF 系统的系统参数

质量/kg	刚度常数/(N/m)	阻尼常数 /(Ns/m)	作用力/N $F_i=\lambda_i\sin(\omega_i t)$	随机噪声参数
$m_1=20$	$k_1=1000$	$c_1=10$	$\lambda_1=10, \omega_1=10$	$s_1=0.1$
$m_2=10$	$k_2=500$	$c_2=5$	$\lambda_2=10, \omega_2=10$	$s_2=0.1$
DO 振荡器常数 $\alpha_{DO}=100$				

其中

$$\boldsymbol{a}=\begin{bmatrix} y_3 \\ y_4 \\ \dfrac{f_1}{m_1}-\dfrac{1}{m_1}\left(c_1y_3+c_2y_3-c_2y_4+k_1y_1-k_2y_2+\alpha_{do}y_1^3\right) \\ \dfrac{1}{m_2}\left(c_2y_3-c_2y_4+k_2y_1-k_2y_2m_2\right)+\dfrac{f_2}{m_2} \end{bmatrix} \tag{9.25a}$$

$$\boldsymbol{b}=\begin{bmatrix} 0 & 0 \\ 0 & 0 \\ \dfrac{\sigma_1}{m_1} & 0 \\ 0 & \dfrac{\sigma_2}{m_2} \end{bmatrix} \tag{9.25b}$$

为说明提出数字孪生的性能，我们通过模拟式(9.24)生成了合成数据。数据模拟采用泰勒 1.5 强方案[161,185]进行。

$$\begin{aligned}\boldsymbol{y}_{k+1}=&(\boldsymbol{y}+\boldsymbol{a}\Delta t+\boldsymbol{b}\Delta\omega+0.5L^j(\boldsymbol{b})(\Delta\omega^2-\Delta t)+L^j(\boldsymbol{a})\Delta z\\&+L^0(\boldsymbol{b})(\Delta\omega\Delta t-\Delta z)+0.5L^0(\boldsymbol{a})\Delta t^2)_k\end{aligned} \tag{9.26}$$

其中，L^0 和 L^j 是对漂移和扩散系数(即 $\boldsymbol{a}$ 和 $\boldsymbol{b}$ 的元素)进行评估的 Kolmogorov 算子[161]；$\Delta\omega$ 和Δz 是在每个时间步Δt 评估的 Brownian 增量[161]。在继续讨论所提出的 DT 性能之前，先研究一下 UKF 在联合参数状态估计中的性能。为了避免所谓的 inverse crime[209]，在滤波过程中使用了 Euler Maruyama(EM)积分方案。

$$\boldsymbol{y}_{k+1}=(\boldsymbol{y}+\boldsymbol{a}\Delta t+\boldsymbol{b}\Delta\omega)_k \tag{9.27}$$

与泰勒 1.5 强积分方案相比，电磁积分方案提供了低阶近似值。换句话说，与滤波相比，数据是用更精确的方案生成的。这有助于模拟现实场景。对于组合状态参数估计，状态空间向量被修改为 $\boldsymbol{y}=[y_1 y_2 y_3 y_4 k_1 k_2]^{\mathrm{T}}$。因此，$\boldsymbol{a}$ 和 $\boldsymbol{b}$ 也修改为

$$\boldsymbol{a}=\begin{bmatrix} y_3 \\ y_4 \\ \dfrac{f_1}{m_1}-\dfrac{1}{m_1}(c_1 y_3+c_2 y_3-c_2 y_4+k_1 y_1+k_2 y_1-k_2 y_2+\alpha_{\mathrm{do}} y_1{}^3) \\ \dfrac{1}{m_2}(c_2 y_3-c_2 y_4+k_2 y_1-k_2 y_2)+\dfrac{f_2}{m_2} \\ 0 \\ 0 \end{bmatrix} \tag{9.28a}$$

$$\boldsymbol{b}=\begin{bmatrix} 0 & 0 \\ 0 & 0 \\ \dfrac{\sigma_1}{m_1} & 0 \\ 0 & \dfrac{\sigma_2}{m_2} \\ 0 & 0 \\ 0 & 0 \end{bmatrix} \tag{9.28b}$$

为获得 UKF 模型的动态模型函数，使用了 EM 算法的前两项。

$$\boldsymbol{f}(\boldsymbol{y})=\boldsymbol{y}+\boldsymbol{a}\Delta t \tag{9.29}$$

为估计噪声协方差 $\boldsymbol{Q}$，$\boldsymbol{q}$ 表示为

$$\boldsymbol{q}=\boldsymbol{q}_c \boldsymbol{RV} \tag{9.30}$$

其中 $\boldsymbol{q}_c$ 是一个常量对角矩阵，与随机变量 $\boldsymbol{RV}$ 向量相乘计算出 $\boldsymbol{q}$。$\boldsymbol{q}_c$ 的基本形式是从 EM 算法的其余项(即 $\boldsymbol{b}\Delta\omega$)中提取出来的。

$$\begin{aligned} \boldsymbol{q}_{\mathrm{c}} &= \mathrm{diag}\begin{bmatrix} 0 & 0 & \dfrac{\sigma_1\sqrt{dt}}{m_1} & \dfrac{\sigma_2\sqrt{dt}}{m_2} & 0 & 0 \end{bmatrix} \\ \boldsymbol{Q} &= \boldsymbol{q}_c \boldsymbol{q}_c^{\mathrm{T}} \end{aligned} \tag{9.31}$$

然后，可以用任何合适的系数对 $\boldsymbol{Q}$ 的各个项进行修改，以提高滤波器的精度。由于 DT 可获得加速度测量值，因此模拟加速度测量值的获得方法如下：

$$\boldsymbol{A}=-\boldsymbol{M}^{-1}(\boldsymbol{G}+\boldsymbol{K}X+\boldsymbol{C}\dot{X}) \tag{9.32}$$

其中 $\boldsymbol{M}$、$\boldsymbol{C}$ 和 $\boldsymbol{K}$ 分别为质量矩阵、阻尼矩阵和刚度矩阵。式(9.1)中已讨论过的 $\boldsymbol{G}$ 是系统非线性的贡献。式(9.32)可以用状态空间形式表示为

$$\boldsymbol{A}=\begin{bmatrix}-\dfrac{1}{m_1}(c_1y_3+c_2y_3-c_2y_4+k_1y_1+k_2y_1-k_2y_2+\alpha_{\text{do}}y_1^{\ 3})\\ \dfrac{1}{m_2}(c_2y_3-c_2y_4+k_2y_1-k_2y_2)\end{bmatrix} \tag{9.33}$$

利用式(9.33)，UKF 的观察/测量模型可写成

$$h(\boldsymbol{y})=\begin{bmatrix}-\dfrac{1}{m_1}(c_1y_3+c_2y_3-c_2y_4+k_1y_1+k_2y_1-k_2y_2+\alpha_{\text{do}}y_1^{\ 3})\\ \dfrac{1}{m_2}(c_2y_3-c_2y_4+k_2y_1-k_2y_2)\end{bmatrix} \tag{9.34}$$

模拟加速度测量值受到信噪比(SNR)为 50 的高斯白噪声的污染，其中 SNR 的定义如下：$\text{SNR}=\sigma_{\text{signal}}^2/\sigma_{\text{noise}}^2$，$\sigma$ 是标准差。确定的作用力向量也受到 SNR 为 20 的高斯白噪声的干扰。图 9.5 显示了该问题中加速度和确定的作用力的代表性示例。我们使用 UKF 以及加速度和确定的作用力的测量值 $f(\boldsymbol{y})$和 $h(\boldsymbol{y})$进行组合参数状态估计。此处列举的案例相对简单，两个自由度的测量值都可用(见图 9.6)。图 9.7 显示了 2-DOF 系统第一个数据点的组合状态参数估计结果，即 $t_{s(i)}=t_{s(1)}$。可以看出，UKF 对状态向量的估计非常准确。至于参数估计(见图 9.7(b))，我们发现 UKF 对 k_1 的估计非常准确。至于 k_2，与实际情况(k_2=500N/m)相比，所提出方法(k_2=487.5N/m)的准确率约为 98%。

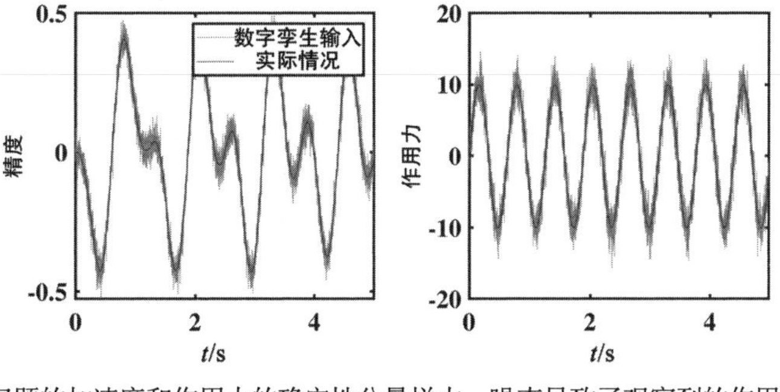

图 9.5　2-DOF 问题的加速度和作用力的确定性分量样本。噪声导致了观察到的作用力存在随机性。注意，如式(9.27)所示，作用力还有一个额外的随机分量

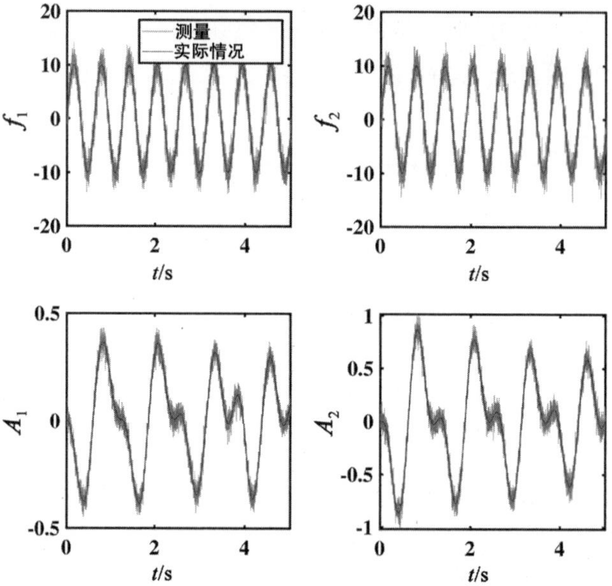

图 9.6 两个 DOF 上作用力和加速度向量的确定性分量。
噪声加速度向量作为测量值提供给 UKF 模型

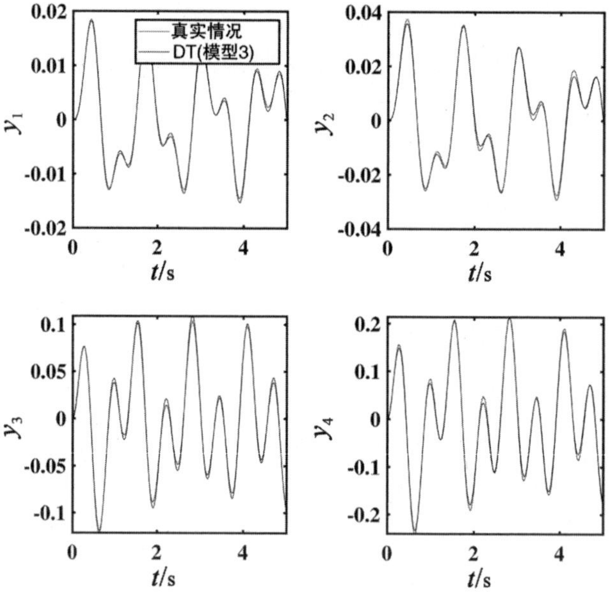

(a) 状态(位移和速度)估算

图 9.7 2-DOF 系统的综合状态和参数估计结果。两个 DOF 处的加速度噪声测量结果作为 UKF 算法的输入。结果与初始测量数据对应

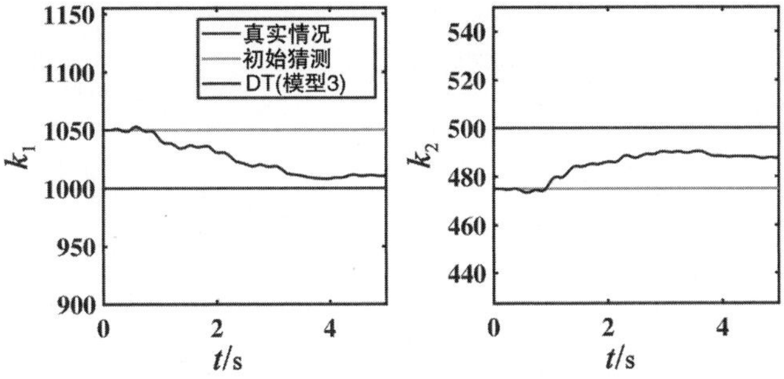

(b) 参数(刚度)估算

图 9.7　(续)

图 9.8 显示了中间时间步的作用力向量和加速度向量。

图 9.9 显示了中间数据点的结果，即时间 $t_{s(i)}=t_{s(91)}$。滤波时的参数初始值取自前一个数据点的参数最终值。与初始数据点的情况类似，图 9.9 显示滤波器能够准确估计状态，并改进了参数估计。接下来看一个更复杂的实例，即只有一个 DOF 的数据可用。具体来说，DOF-1 的加速度测量数据被认为是可用的(见图 9.10)。这就改变了滤波时的测量模型 $h(.)$，将其简化为

$$h(\boldsymbol{y})=-\frac{1}{m_1}(c_1y_3+c_2y_3-c_2y_4+k_1y_1+k_2y_1-k_2y_2+\alpha_{\text{do}}y_1^{\ 3}) \tag{9.35}$$

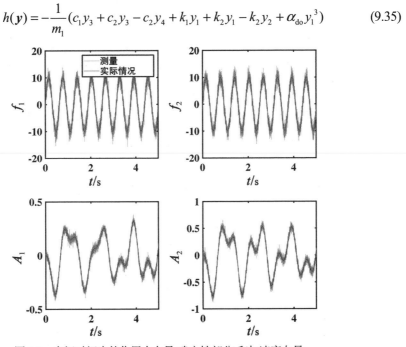

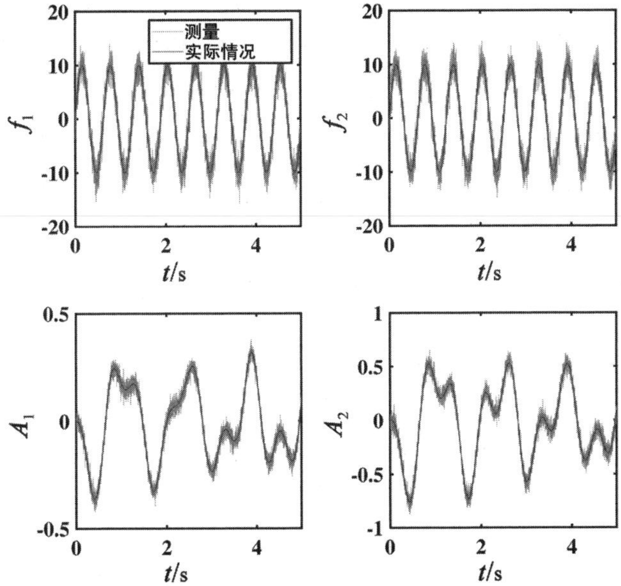

图 9.8　中间时间步的作用力向量(确定性部分)和加速度向量。
2-DOF 上的噪声加速度作为测量值提供给 UKF 算法

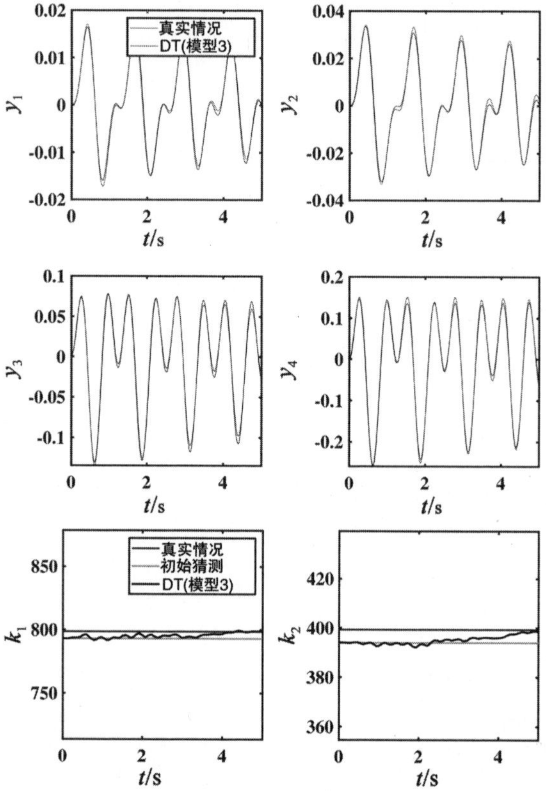

图 9.9 2-DOF 系统的综合状态和参数估计结果。两处 DOF 的加速度的噪声测量结果作为 UKF 算法的输入。结果与中间测量数据对应。前两行表示状态估计，第三行表示参数估计

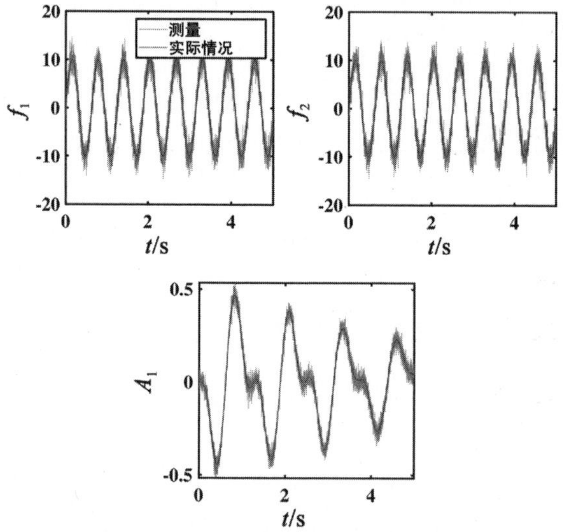

图 9.10 UKF 中使用的作用力和加速度向量的确定性分量。
这种情况下，只能测量第一个自由度的加速度

图 9.11 显示了这种情况下的状态和参数估计结果。与前一个实例类似，可以看到状态估计和 k_1 的估计都获得了很高的精度(见图 9.11)。

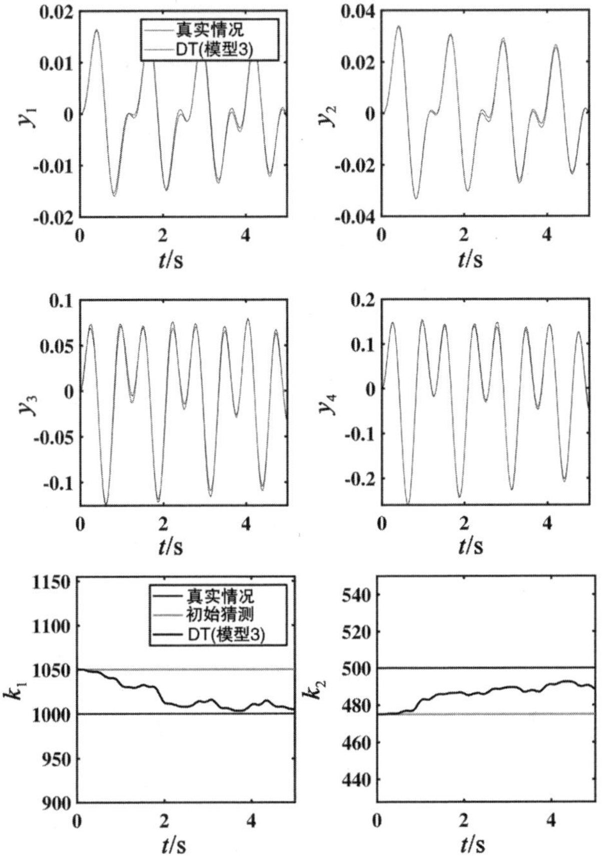

图 9.11　仅通过一个加速度测量值估计的 2DOF 系统的综合状态和参数估计结果。DOF 1 处的噪声加速度测量值作为测量值提供给 UKF。前两行表示状态估计，第三行表示参数估计

k_2 的估计值也接近实际值(k_2=500N/m)，准确率约为 98%。最后，考虑 DT 的另一个目标，即计算参数的时间演化，考虑刚度随时间尺度 t_s 的缓慢变化，如下所示。

$$k(t_s) = k_0\delta \tag{9.36}$$

其中

$$\delta = \mathrm{e}^{-0.5\times10^{-4}\times t_s} \tag{9.37}$$

假设每 50 天可获得 5 秒钟的加速度测量值。如前所述，UKF 用于计算每个时间步长的刚度。由此获得的数据如图 9.12 所示。获得数据点后，使用 GP 评估参数的时间演化。图 9.13 显示了使用 GP 得出的结果。图 9.13 中的垂直线表示向 GP 提供数据

的时间。可以看出，GP 对两个刚度的估计非常准确。有趣的是，使用 GP 得出的结果不仅在时间窗口(垂直线表示)内准确，在时间窗口外同样准确。因此，所提出的 DT 可用于预测未来时间步骤的系统参数，进而用于预测未来响应以及解决剩余使用寿命和预测性维护优化问题。此外，GP 作为一种贝叶斯机器学习算法，可以提供置信区间的估计值。这可用于收集更多数据和决策。

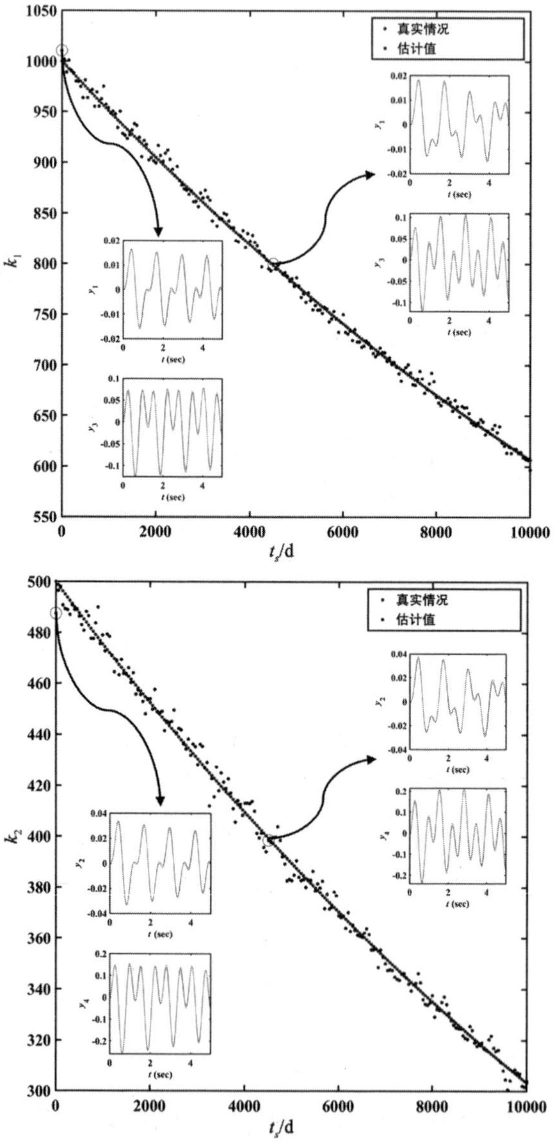

图 9.12 使用 UKF 算法对 2-DOF 示例的慢时间尺度刚度(k_1 和 k_2)进行估计。图中还显示了选定时间步长下的状态估计值。真实情况与滤波结果之间获得了良好匹配。这些数据可作为高斯过程(GP)的输入

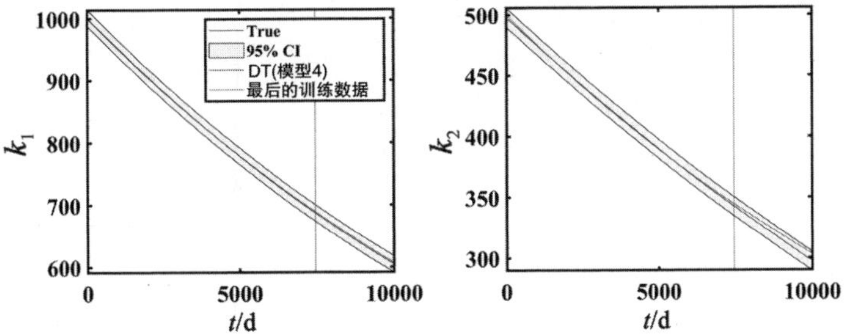

图 9.13　表示所提出的数字孪生 2-DOF 系统性能的结果。GP 使用 UKF 生成的数据进行训练。GP 可使用水平线以上的数据。即使在预测未来时间步长的系统参数时，数字孪生也表现出色

9.5.2　带有 Duffing Van der Pol 振荡器的 7-DOF 系统

第二个例子是图 9.14 所示的 7-DOF 系统。该 7-DOF 系统在第四处 DOF 使用 DVP 振荡器建模。7-DOF 系统的运动控制方程为

$$\boldsymbol{M}\ddot{\boldsymbol{X}} + \boldsymbol{C}\dot{\boldsymbol{X}} + \boldsymbol{K}\boldsymbol{X} + \boldsymbol{G}(\boldsymbol{X}, \boldsymbol{\alpha}) = \boldsymbol{F} + \boldsymbol{\Sigma}\dot{\boldsymbol{W}} \tag{9.38}$$

其中

$\boldsymbol{M} = \text{diag}[m_1, \ldots, m_7] \in \mathbb{R}^{7\times7}$，$\boldsymbol{X} = [x_1, \ldots, x_7]^{\text{T}} \in \mathbb{R}^7$，$\boldsymbol{\Sigma} =$
$\text{diag}[\sigma_1, \ldots, \sigma_7] \in \mathbb{R}^{7\times7}$，$\dot{\boldsymbol{W}} = \left[\dot{W}_1, \ldots, \dot{W}_7\right]^T \in \mathbb{R}^7$，$\boldsymbol{F} = [f_1, \ldots, f_7]^{\text{T}} \in \mathbb{R}^7$

和

$$\boldsymbol{G} = \boldsymbol{\alpha}_{\text{DVP}}\left[\boldsymbol{0}_{1\times3}\,(x_3 - x_4)^3\,(x_4 - x_3)^3\,\boldsymbol{0}_{1\times2}\right]^{\text{T}} \in \mathbb{R}^7$$

式(9.38)中的 $\boldsymbol{C}$ 和 $\boldsymbol{K}$ 是三对角矩阵，代表阻尼和刚度(线性部分)。

$$\boldsymbol{C} = \begin{bmatrix} c_1 + c_2 & -c_2 & & & & & \\ -c_2 & c_2 + c_3 & -c_3 & & & & \\ & -c_3 & c_3 + c_4 & -c_4 & & & \\ & & -c_4 & c_4 + c_5 & -c_5 & & \\ & & & -c_5 & c_5 + c_6 & -c_6 & \\ & & & & -c_6 & c_6 + c_7 & -c_7 \\ & & & & & -c_6 & c_7 \end{bmatrix} \tag{9.39}$$

$$
\boldsymbol{K}=\begin{bmatrix}
k_1+k_2 & -k_2 & & & & & \\
-k_2 & k_2+k_3 & -k_3 & & & & \\
 & -k_3 & k_3-k_4 & k_4 & & & \\
 & & k_4 & -k_4+k_5 & -k_5 & & \\
 & & & -k_5 & k_5+k_6 & -k_6 & \\
 & & & & -k_6 & k_6+k_7 & -k_7 \\
 & & & & & -k_6 & k_7
\end{bmatrix} \tag{9.40}
$$

m_i、c_i 和 k_i 分别代表第 i 个自由度的质量、阻尼和刚度。我们认为，除第四个 DOF 外，所有 DOF 的刚度都会随慢时间尺度 t_s 的变化而变化。不改变与第四个 DOF 对应的刚度的理由是，非线性刚度通常用于振动控制[57]和能量收集[24]，因此保持不变。7-DOF 系统的参数值如表 9.2 所示。

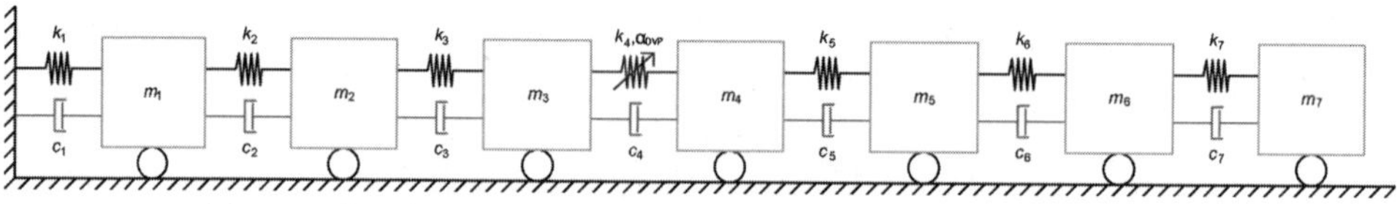

图 9.14　第二个例子中带有 Van der Pol 振荡器的 7-DOF 系统示意图。
非线性 DVP 振荡器与第四自由度相连

表 9.2　系统参数(7-DOF 系统)数据模拟

指数 i	质量/kg	刚度常数 /(N/m)	阻尼常数 /(Ns/m)	作用力/N $F_i=\lambda_i\sin(\omega_i t)$	随机噪声参数
i=1,2	m_i=20	k_i=2000	c_i=20	λ_i=10, ω_i=10	s_i=0.1
i =3,4,5,6	m_i=10	k_i=1000			
i =7	m_i=5	k_i=500			
DVP 振荡器常数 α_{DVP}=100					

为将 7-DOF 系统的控制公式转换为状态空间公式，需要考虑以下转换：

$$
\begin{aligned}
&x_1=y_1,\quad \dot{x}_1=y_2,\quad x_2=y_3,\quad \dot{x}_2=y_4,\quad x_3=y_5,\quad \dot{x}_3=y_6,\quad x_4=y_7\\
&\dot{x}_4=y_8,\quad x_5=y_9,\quad \dot{x}_5=y_{10},\quad x_6=y_{11},\quad \dot{x}_6=y_{12},\quad x_7=y_{13},\quad \dot{x}_7=y_{14}
\end{aligned} \tag{9.41}
$$

利用式(9.24)，可确定 7-DOF 系统的分散和漂移矩阵，如下：

$$\boldsymbol{b}_{ij}=\begin{cases}\dfrac{\sigma_i}{m_i}, & i=2j，且 j=(1,2,3,4,5,6,7)\\ \dfrac{\sigma_i}{m_i}y_{2j-1}, & i=2j，且 j=4\\ 0, & 其他情形\end{cases} \tag{9.42}$$

$$\boldsymbol{a}=\begin{bmatrix} y_2\\ \dfrac{f_1}{m_1}-\dfrac{1}{m_1}(y_1(k_1+k_2)-c_2y_4-k_2y_3+y_2(c_1+c_2))\\ y_4\\ \dfrac{f_2}{m_2}+\dfrac{1}{m_2}(c_2y_2-y_3(k_2+k_3)+c_3y_6+k_2y_1+k_3y_5-y_4(c_2+c_3))\\ y_6\\ \dfrac{f_3}{m_3}-\dfrac{1}{m_3}(k_4y_7-c_4y_8-k_3y_3-c_3y_4+y_5(k_3-k_4)+{}^{\alpha}{}_{\text{DVP}}(y_5-y_7)^3+y_6(c_3+c_4))\\ y_8\\ \dfrac{f_4}{m_4}+\dfrac{1}{m_4}(c_4y_6+c_5y_{10}-k_4y_5+k_5y_9+y_7(k_4-k_5)+\alpha_{\text{DVP}}\{y_5-y_7\}^3-y_8(c_4+c_5))\\ y_{10}\\ \dfrac{f_5}{m_5}+\dfrac{1}{m_5}(c_5y_8-y_9(k_5+k_6)+c_6y_{12}+k_5y_7+k_6y_{11}-y_{10}(c_5+c_6))\\ y_{12}\\ \dfrac{f_6}{m_6}+\dfrac{1}{m_6}(c_6y_{10}-y_{11}(k_6+k_7)+c_7y_{14}+k_6y_9+k_7y_{13}-y_{12}(c_6+c_7))\\ y_{14}\\ \dfrac{f_7}{m_7}+\dfrac{1}{m_7}(c_7y_{12}-c_7y_{14}+k_7y_{11}-k_7y_{13}) \end{bmatrix} \tag{9.43}$$

与前面的例子类似，使用式(9.26)所示的 Taylor-1.5-Strong 算法进行数据模拟，并使用式(9.27)所示的 EM 公式建立滤波模型。为了进行组合状态参数估计，状态向量被修改为

$$\boldsymbol{y}=[\boldsymbol{y}_{1:14},\boldsymbol{k}_{1:7}]^{\mathrm{T}} \tag{9.44}$$

因此，$\boldsymbol{a}$ 和 $\boldsymbol{b}$ 矩阵变为：$\boldsymbol{a}=[\boldsymbol{a}_{\text{state}}^{\mathrm{T}}, \boldsymbol{0}_{1\times 6}]^{\mathrm{T}}$ 和 $\boldsymbol{b}=[\boldsymbol{b}_{\text{state}}^{\mathrm{T}}, \boldsymbol{0}_{7\times 7}]^{\mathrm{T}}$；其中 $\boldsymbol{a}_{\text{state}}$ 和 $\boldsymbol{b}_{\text{state}}$ 分别等于式(9.43)和式(9.42)中的 $\boldsymbol{a}$ 和 $\boldsymbol{b}$。注意，尽管 k_4 的值是先验已知的，但我们仍将其纳入状态向量中考虑。据观察，这种设置有助于正则化 UKF 估计值。动态模型函数 $f(\boldsymbol{y})$ 通过式(9.29)获得，加速度测量值通过式(9.32)获得。由于测量时考虑了所有 DOF 的加速度，UKF 的测量模型与加速度模型相同，可写成

$$h(\boldsymbol{y})=\begin{bmatrix} -\dfrac{1}{m_1}(y_1(k_1+k_2)-c_2y_4-k_2y_3+y_2(c_1+c_2)) \\ \dfrac{1}{m_2}(c_2y_2-y_3(k_2+k_3)+c_3y_6+k_2y_1+k_3y_5-y_4(c_2+c_3)) \\ -\dfrac{1}{m_3}(k_4y_7-c_4y_8-k_3y_3-c_3y_4+y_5(k_3-k_4)+\alpha_{\text{DVP}}(y_5-y_7)^3+y_6(c_3+c_4)) \\ \dfrac{1}{m_4}(c_4y_6+c_5y_{10}-k_4y_5+k_5y_9+y_7(k_4-k_5)+\alpha_{\text{DVP}}(y_5-y_7)^3-y_8(c_4+c_5)) \\ \dfrac{1}{m_5}(c_5y_8-y_9(k_5+k_6)+c_6y_{12}+k_5y_7+k_6y_{11}-y_{10}(c_5+c_6)) \\ \dfrac{1}{m_6}(c_6y_{10}-y_{11}(k_6+k_7)+c_7y_{14}+k_6y_9+k_7y_{13}-y_{12}(c_6+c_7)) \\ \dfrac{1}{m_7}(c_7y_{12}-c_7y_{14}+k_7y_{11}-k_7y_{13}) \end{bmatrix} \tag{9.45}$$

过程噪声协方差矩阵 $\boldsymbol{Q}$ 的计算过程与 2-DOF 系统相同(参见式(9.30))，其计算公式为

$$\boldsymbol{q}_c=\sqrt{dt}\,\text{diag}\left[0\ \frac{\sigma_1}{m_1}\ 0\ \frac{\sigma_2}{m_2}\ 0\ \frac{\sigma_3}{m_3}\ 0\ \frac{m_k^-(7)\sigma_4}{m_4}\ 0\ \frac{\sigma_5}{m_5}\ 0\ \frac{\sigma_6}{m_6}\ 0\ \frac{\sigma_7}{m_7}\ 0\,0\,0\,0\,0\,0\,0\right] \tag{9.46}$$
$$Q=\boldsymbol{q}_c\boldsymbol{q}_c^{\mathrm{T}}$$

其中，$m_k^-(7)$是根据式(9.11)计算出的 UKF 预测平均值的第七元素。加速度测量值和外作用力分别受到信噪比为 50 和 20 的高斯噪声干扰。图 9.15 显示的分别是从数据模拟中获得的加速度响应与滤波中使用的加速度响应。

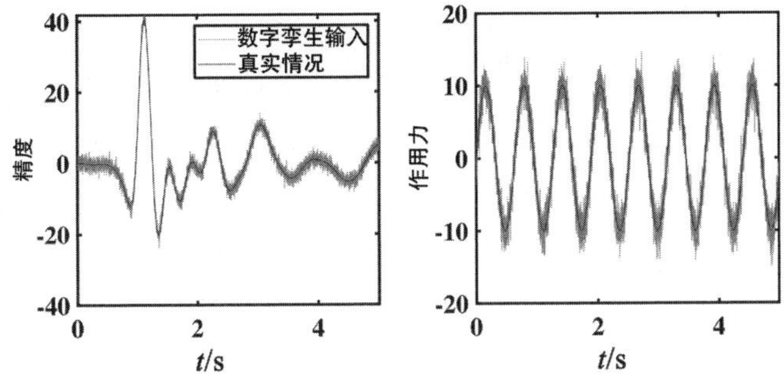

图 9.15　7-DOF 问题的加速度和作用力的确定性分量样本。噪声导致了观察到的作用力存在随机性。注意，如式(9.27)所示，作用力还有一个额外的随机分量

与前面的例子类似，首先应研究 UKF 算法的性能。为此，可将图 9.16 所示的加速度向量(噪声)视为测量值。使用 UKF 算法获得的状态和参数估计结果如图 9.17 所示。可以看出，所提出的方法能对状态向量进行高度精确的估计。在参数估计方面，k_2、k_3 和 k_5 完全收敛于各自的真实值。而对于 k_1、k_6 和 k_7，UKF 的准确率约为 95%。图 9.18 和图 9.19 显示了慢时间尺度的估计参数汇总。从中可以看到，新数据点的估计值会随着对系统参数的初始猜测(在这个实例中，即是从以前的数据点获得的最终参数)的改进而提高。与图 9.17 类似，可以看到对刚度 k_2、k_3 和 k_5 的估计值比对 k_1、k_6 和 k_7 的估计值更准确。这些数据用于训练 GP 模型。

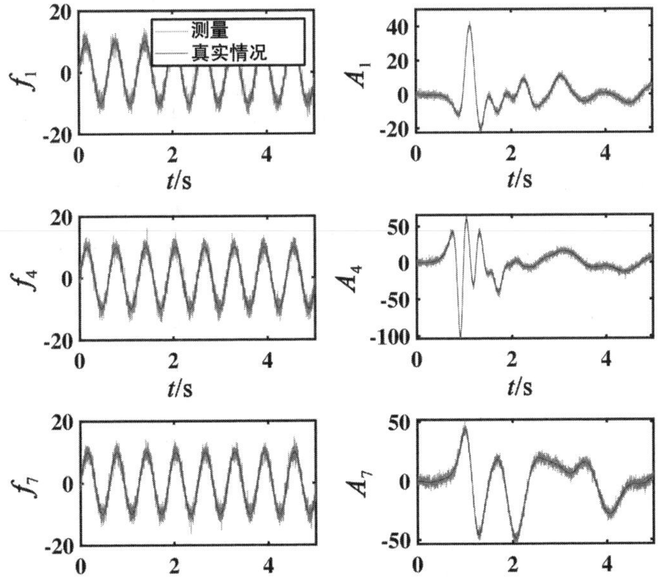

图 9.16　UKF 中使用的与 1-DOF、4-DOF 和 7-DOF 相对应的作用力和加速度向量的确定性分量。噪声加速度向量作为测量值提供给 UKF 算法

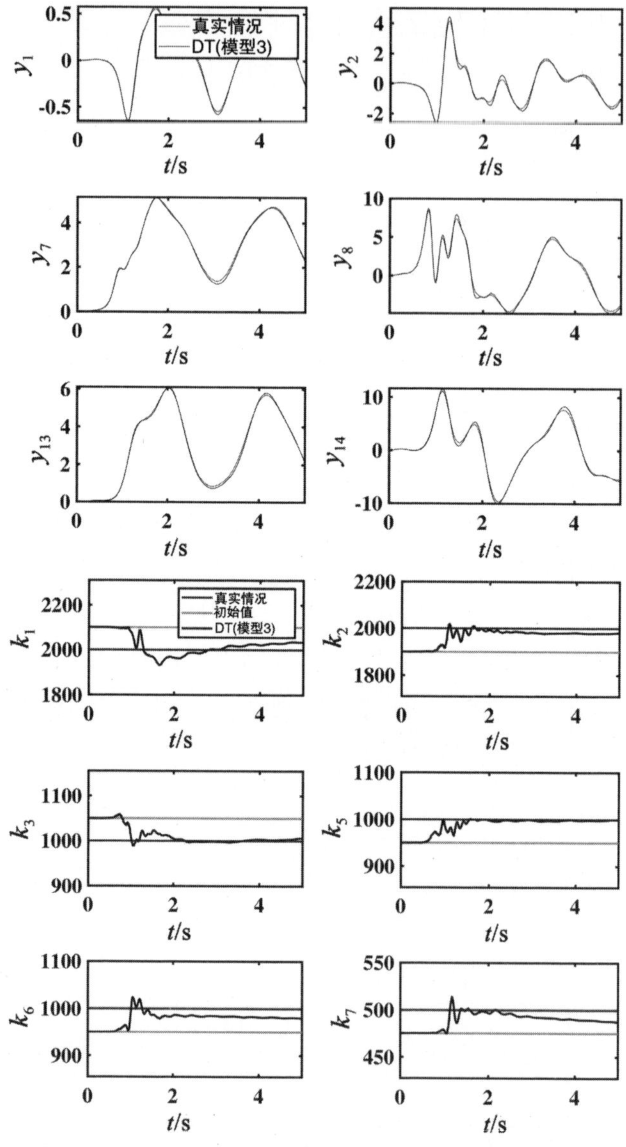

图 9.17 7-DOF Van der Pol 系统的综合状态和参数估计结果

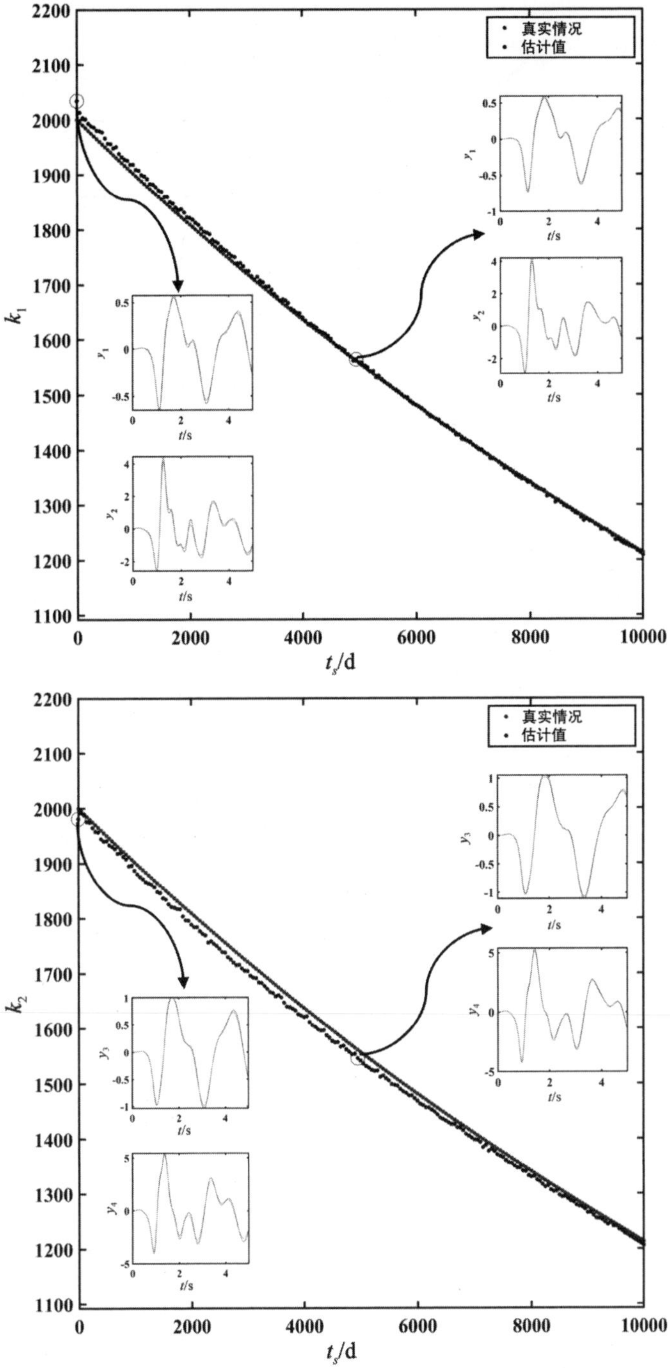

图 9.18　在 7-DOF 例子中使用 UKF 算法在慢时间尺度下估计的刚度(k_1 和 k_2)。图中还显示了选定时间步长下的状态估计值。真实情况与滤波结果之间获得了良好匹配。这些数据将作为高斯过程(GP)的输入

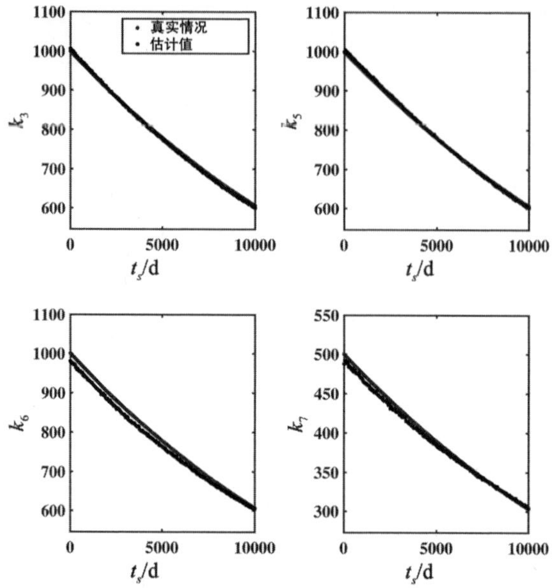

图 9.19　在 7-DOF 示例中使用 UKF 算法以慢时间尺度估算的刚度(k_3、k_5、k_6 和 k_7)。真实情况与滤波结果之间获得了良好匹配。这些数据将作为 GP 的输入

图 9.20 显示了使用 GP 得出的结果。图 9.20 中的垂直线表示 GP 可以获得数据的时间点。对于 k_1、k_2、k_3 和 k_5，使用 GP 得到的结果与真实解完全一致。对于 k_7，GP 预测结果与真实解相差较大。但是，从最后一次观察开始，大约 3.5 年后就可以观察到这种偏离，这对于基于状态的维护来说是足够的。对于刚度 k_6，尽管在较早的时间步骤中滤波器估计的准确度较低，但预测结果仍能很好地估计实际值；这表明如果给数字孪生提供一个有规律的数据流，它就有能力进行自我修正，从而有助于更好地表示物理系统。

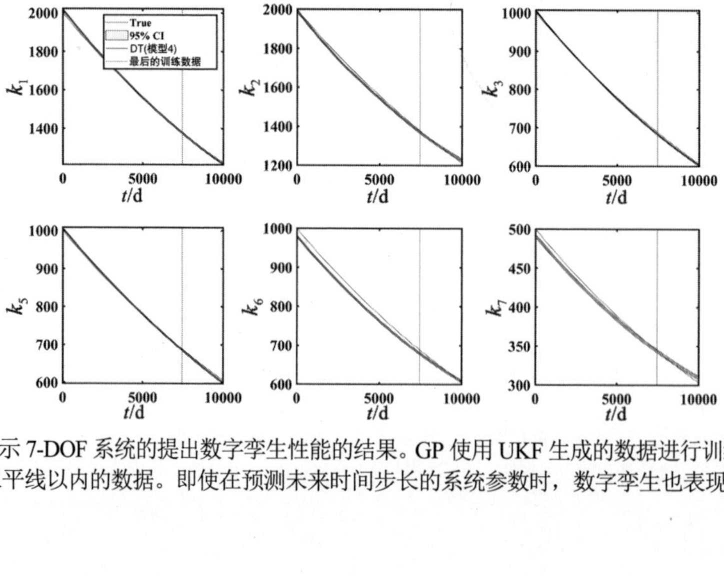

图 9.20　表示 7-DOF 系统的提出数字孪生性能的结果。GP 使用 UKF 生成的数据进行训练。GP 可使用水平线以内的数据。即使在预测未来时间步长的系统参数时，数字孪生也表现出色